案例展示（01~15例）

01 第16页 黑白经典千鸟格美甲

02 第20页 粉色粗花呢格纹美甲

03 第23页 蓝色优雅格纹美甲

04 第26页 红色绒感格纹美甲

05 第30页 蓝色毛呢格子美甲

06 第33页 蓝色衬衫格纹美甲

07 第36页 黄色朋克毛衣美甲

08 第39页 蓝色破洞牛仔美甲

09 第42页 彩色可爱豹纹美甲

10 第45页 彩色成熟豹纹美甲

11 第50页 清新花朵美甲

12 第53页 纯洁百合美甲

13 第56页 热恋玫瑰美甲

14 第59页 复古花草美甲

15 第63页 涂鸦花草美甲

案例展示（16~30例）

16 第 66 页 写意花卉美甲

17 第 69 页 猫眼秋叶美甲

18 第 72 页 枫糖秋叶美甲

19 第 75 页 复古干花美甲

20 第 78 页 贝壳花朵美甲

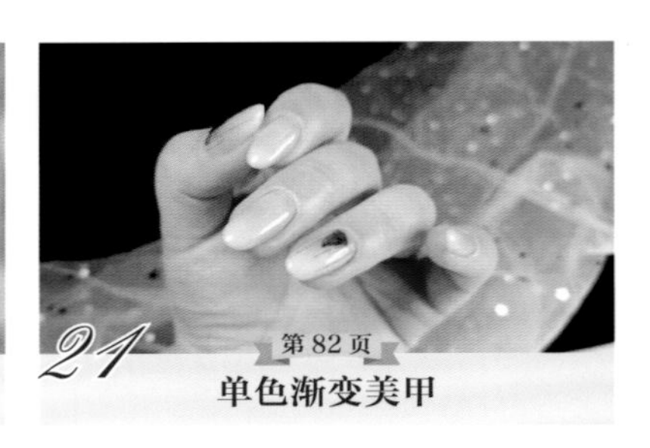
21 第 82 页 单色渐变美甲

22 第 85 页 多色渐变美甲

23 第 88 页 彩虹渐变美甲

24 第 91 页 马尾渐变美甲

25 第 93 页 色块渐变美甲

26 第 96 页 印花渐变美甲

27 第 100 页 裸色蕾丝美甲

28 第 102 页 面纱蕾丝美甲

29 第 105 页 复古蕾丝美甲

30 第 108 页 渐变蕾丝美甲

专业美甲设计与制作88例

JiaNail ◎ 编著

人民邮电出版社
北京

图书在版编目（CIP）数据

专业美甲设计与制作88例 / JiaNail编著. -- 北京 :
人民邮电出版社, 2021.4
ISBN 978-7-115-55050-7

Ⅰ. ①专… Ⅱ. ①J… Ⅲ. ①美甲 Ⅳ. ①TS974.15

中国版本图书馆CIP数据核字(2020)第195702号

内 容 提 要

本书是专业美甲制作案例教程，共 88 个案例。本书讲解了胶类美甲的制作方法，并通过详细的步骤向读者完整演示了每款美甲的制作过程。

本书共 13 章。第 1～5 章为基础篇，为了让初次接触胶类美甲产品的读者能对美甲制作有最基本的认知，这部分讲述的都是一些操作相对简单的案例，且款式、风格偏日常化；第 6～9 章为进阶篇，这部分结合指甲油、晕染液等美甲产品进行美甲设计创作，无论是款式设计，还是制作技法，都更规范、专业；第 10～13 章为高阶篇，这部分主要从款式设计方面进行不同风格的美甲创作。本书中所有的美甲案例在图文步骤的基础上都配以精心制作的视频，系统、详细地展示了每个美甲款式的制作过程，并为读者提供了详尽的款式搭配和配色方案。

本书既适合美甲初学者学习，又适合有一定美甲制作经验的美甲师参考。

◆ 编　　著　JiaNail
责任编辑　张玉兰
责任印制　马振武

◆ 人民邮电出版社出版发行　　北京市丰台区成寿寺路 11 号
邮编　100164　　电子邮件　315@ptpress.com.cn
网址　https://www.ptpress.com.cn
北京盛通印刷股份有限公司印刷

◆ 开本：787×1092　1/16
印张：18.75
字数：842 千字　　　　2021 年 4 月第 1 版
印数：1 – 2 300 册　　　2021 年 4 月北京第 1 次印刷

定价：149.00 元

读者服务热线：(010) 81055410　印装质量热线：(010) 81055316
反盗版热线：(010) 81055315
广告经营许可证：京东市监广登字 20170147 号

案例展示（31~45例）

31 第 112 页 浮雕蕾丝美甲

32 第 116 页 休闲猫咪美甲

33 第 119 页 知性飞羽美甲

34 第 122 页 北欧风狗狗美甲

35 第 125 页 甜美樱桃美甲

36 第 128 页 梦幻独角兽美甲

37 第 131 页 仙气精灵美甲

38 第 135 页 暗夜怪兽美甲

39 第 139 页 可爱动物美甲

40 第 142 页 清甜笑脸美甲

41 第 146 页 极简波普美甲

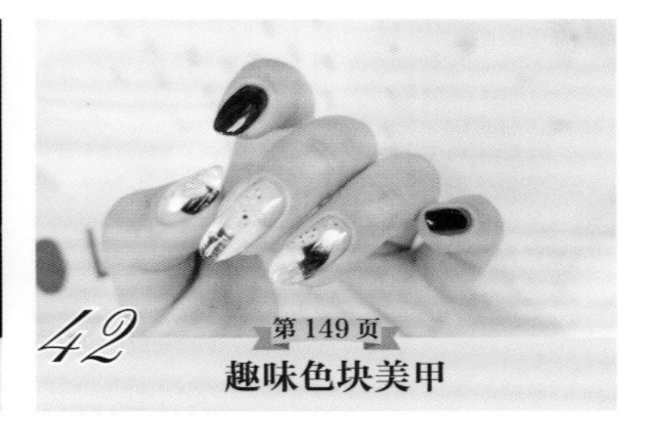
42 第 149 页 趣味色块美甲

43 第 152 页 随性波点美甲

44 第 155 页 混搭几何美甲

45 第 158 页 极致金饰美甲

案例展示（46~60例）

46 第162页
轻奢大理石美甲

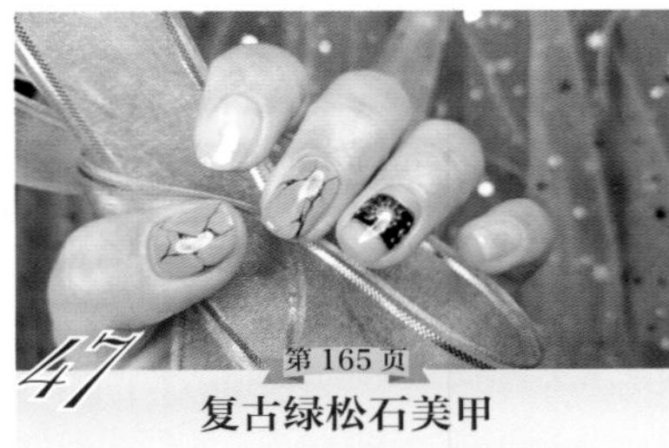

47 第165页
复古绿松石美甲

48 第168页
别致琥珀石美甲

49 第170页
柔美红纹石美甲

50 第173页
幻彩黑欧泊美甲

51 第176页
清透天青石美甲

52 第179页
魅惑紫晶洞美甲

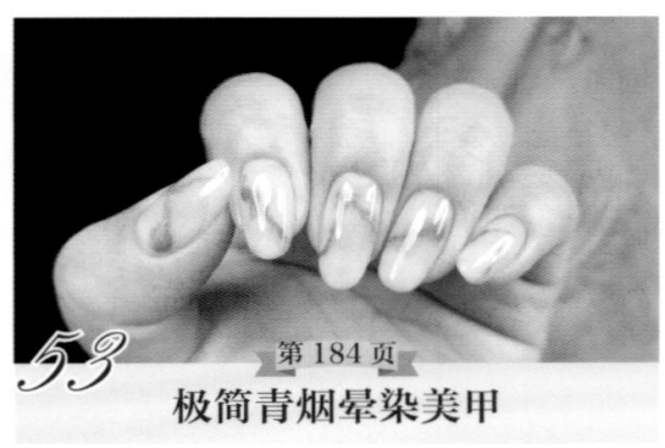

53 第184页
极简青烟晕染美甲

54 第186页
混搭蓝舞晕染美甲

55 第189页
沁凉冰块晕染美甲

56 第192页
层叠斑斓晕染美甲

57 第195页
深邃蓝洞晕染美甲

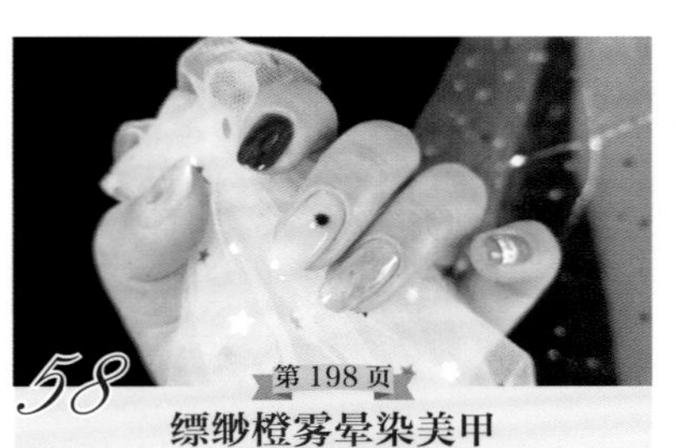

58 第198页
缥缈橙雾晕染美甲

59 第201页
奇幻星空晕染美甲

60 第204页
碧波湖水晕染美甲

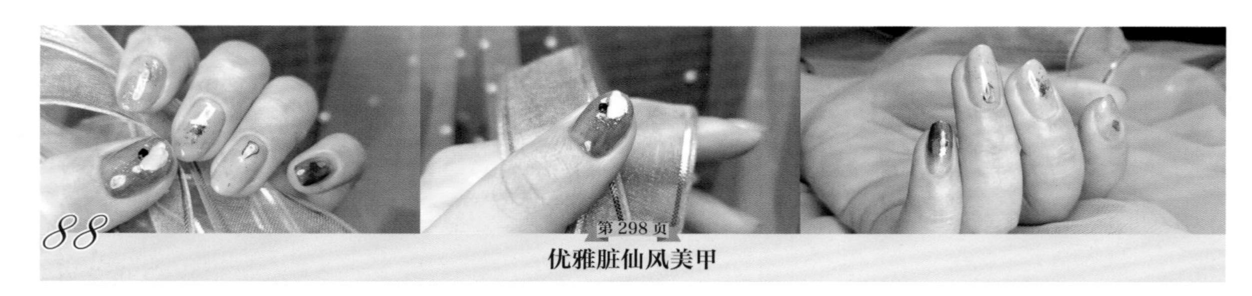

前言

目前，美甲这一艺术已经被大众熟知。对追求精致生活的女性而言，美甲是日常装扮中非常重要的部分。

在美甲行业兴起之初，有些人提出美甲产品在使用时存在一些问题，如指甲油干得慢导致在美甲过程中等待的时间过长等。这些问题使得部分人对美甲望而却步。之后，美甲行业先驱者从补牙的技术中找到灵感，利用天然树脂的感光性开发了光固化产品。这类产品经过多年的升级换代，发展到今天成了美甲常用的“胶（英文名称为Gel）”。实际上，Gel是光固化产品的一个分支，其中文名称“胶”则成了美甲光固化产品的统称。

本书是以胶类美甲产品为主要制作材料的专业美甲案例教程。本书通过不同系列多个案例的讲解，让读者了解胶类美甲产品的基本操作流程，读者足不出户就能学到较全面的专业美甲知识。

在学习本书之前，笔者想要给读者一些建议。美甲制作所承载的时尚元素是不断更新的，因此制作美甲时，在掌握了基本的制作方法与技巧以后，需要不断地创新，避免墨守成规。

随着美甲技术不断推陈出新，各类美甲材料应运而生。作为一个热衷于美甲DIY的博主，我时常会通过社交平台分享自己对各种美甲新产品、新技术的尝试过程，同时把新产品运用到日常的美甲款式制作中，并以视频的形式记录下来与大家分享。在分享的过程中，我得到了很多专业人士的认可和鼓励，这让我感到十分开心。我希望通过本书把我多年来积累的美甲设计经验分享给更多热爱美甲的人。

JiaNail
2020年12月

推荐语

（排名不分先后）

几年前，我与JiaNail因为共同的爱好在微博上相识。一路走来，算是见证了JiaNail在美甲设计上的成长与进步。虽然JiaNail不是科班出身的美甲师，但她对美的追求不输任何人。这本书收录了她大量的美甲设计作品，不仅讲解了印花涂色技巧、彩绘晕染技巧、饰品搭配技巧等，还对每个款式的设计构思与制作思路进行了详细分析，并以视频的形式将制作过程直观地展示出来，让更多喜欢美甲的人能轻松做出好看的美甲。这是一本不可多得的新手入门级专业美甲教程。

——美业从业者/美妆博主 Lyrae就是lyrae

JiaNail是与Anesidora安妮丝合作多年的美甲博主。她的美甲功底扎实，在色彩搭配、造型塑造和饰品选择等方面总能带给我惊喜。JiaNail用专业与热情倾心打造了这本书，相信能给美甲初学者和美甲从业者带来更多的灵感。

——Anesidora安妮丝运营 小潘

我刚进入美甲圈没多久就认识了JiaNail，她很热衷美甲这门艺术。在创作过程中，她的想法总是新奇又多样，总能充分结合美甲产品的特性与优点设计出独具一格的美甲款式，这些款式有许多令人惊喜的小细节。相信这本书能给广大美甲设计者带来福音，让大家收获更多的美甲设计方法与灵感。

——微博“刷刷我的指甲”创办人 优越又惊恐

我在时尚杂志看到各具特色的美甲造型，总是忍不住想要自己尝试。我和JiaNail因为共同的爱好而结识，我们都在DIY美甲的过程中获得了很多乐趣。JiaNail将自己多年的DIY美甲设计经验集结成书，并通过案例搭配视频的方式详尽地介绍了各种简单、易上手的美甲方法与技巧。新手通过学习本书也无须再依赖美甲沙龙，在家就能做出精致、梦幻的美甲。还等什么呢？赶快动手学起来吧！

——时尚博主 海燕酱旗舰号

第 1 章
格子与纹理系列……… 015

第 2 章
植物系列…………… 049

第 3 章
渐变系列…………… 081

第 4 章
蕾丝系列…………… 099

第 5 章
童趣系列…………… 115

进阶篇

第 6 章

几何元素系列........... 145

第 7 章

天然石系列............. 161

第 8 章

晕染系列............... 183

第 9 章

粉的运用系列.......... 211

高阶篇

第10章 创意系列 225

第11章 中国风系列 243

第12章 节日系列 265

第13章 经典系列 285

Manicure

第1章 格子与纹理系列

基础篇

黑白经典千鸟格美甲

黑白经典千鸟格美甲主要采用印花技法制作完成，配色为黑白红经典搭配，带有奢华的钻饰和雅致的千鸟格纹理，尽显高雅品位。其制作难点在于印花图案在甲面上的完整呈现，而想要做到这一点，关键在于转印操作中的涂、刮、取、印这几个步骤要一气呵成，步骤之间不能有太长时间的停顿，否则印油会变干，从而导致印取的图案不完整或转印的图案不完整的情况发生。

使用材料与工具

01 OPI底胶
02 哈摩霓（Harmony）封层
03 白色底胶
04 CND SHELLAC LUXE #303
05 哈摩霓加固胶
06 粘钻胶（Dolly Gel）
07 指缘打底胶（DanceLegend）
08 SWEETCOLOR黑色印油
09 SWEETCOLOR白色印油
10 印花板hehe079
11 印花板乔安QA81
12 印章
13 刮板
14 美甲专用清洁巾
15 清洁液
16 美甲灯
17 洗甲水
18 金色椭圆金属圈
19 球形珍珠
20 尖底钻
21 平头美甲笔
22 斜头美甲笔
23 极细彩绘笔
24 弯头镊子
25 榉木棒

操作步骤

step 01

用美甲专用清洁巾蘸取清洁液，擦净甲面。

step 02

给食指、中指、无名指和小指的指甲涂OPI底胶并照灯固化30秒。

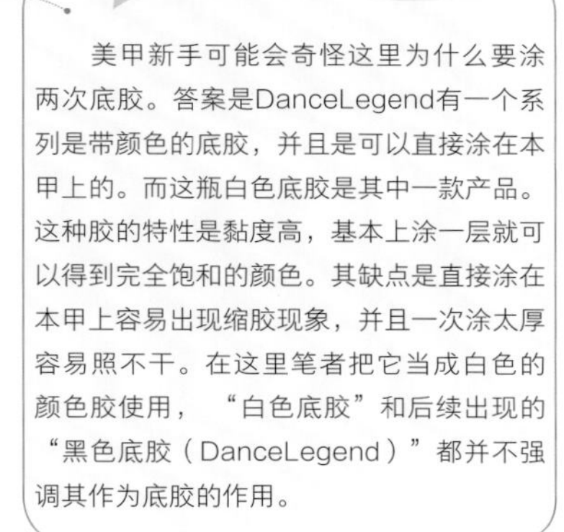

提示

美甲新手可能会奇怪这里为什么要涂两次底胶。答案是DanceLegend有一个系列是带颜色的底胶，并且是可以直接涂在本甲上的。而这瓶白色底胶是其中一款产品。这种胶的特性是黏度高，基本上涂一层就可以得到完全饱和的颜色。其缺点是直接涂在本甲上容易出现缩胶现象，并且一次涂太厚容易照不干。在这里笔者把它当成白色的颜色胶使用，“白色底胶”和后续出现的“黑色底胶（DanceLegend）”都并不强调其作为底胶的作用。

step 03

用平头美甲笔给食指指甲涂哈摩霓加固胶，为后面的印花做准备。

提示

众所周知，胶固化后表面会有浮胶，这种浮胶会影响印花的效果。在做印花的时候，一定要先擦掉前面底色的浮胶。在此之后要做透明底色的镂空图案，不能在底胶上直接擦浮胶，因此这里涂一层哈摩霓加固胶，可以在保护底胶的同时加固甲面。这一步也可以用免洗封层代替哈摩霓加固胶。

step 04

给中指和小指的指甲涂第1层CND SHELLAC LUXE#303，给无名指指甲涂第1层白色底胶，然后照灯固化60秒。

step 05

擦掉食指指甲上的浮胶，然后给中指、小指和无名指的指甲涂第2层颜色，所选颜色与第1层相同，再照灯固化60秒。

step 06

擦掉无名指指甲上白色底胶的浮胶，然后在食指指甲周围涂指缘打底胶，为后面印花做准备。

step 07

将SWEETCOLOR白色印油涂在印花板hehe079上。然后使刮板和印花板成45°角，用刮板快速刮掉多余的印油。这一步要求做到快、准，不要来回刮，一次刮好才能保证印花板上的图案被印油均匀填充，而不至于提前变干。

提示

印花材料可以是油性的（印花专用指甲油，简称“印油”），也可以用光固化产品（印花胶）。针对这个案例，两种产品做出来的效果是一样的，操作上稍微有差别。选什么样的产品，美甲师应该询问客人，DIY爱好者可以根据自己的习惯针对不同的产品练习不同的印花方式。

step 08

将印章滚动按压在带有印油的印花板上，印取图案，然后把印章上的图案转印在食指指甲上。

step 09

用斜头美甲笔蘸取少许洗甲水，轻轻点在指缘位置，使甲面和指缘打底胶上的图案分开。

step 10

用弯头镊子撕掉指缘打底胶，然后用蘸有洗甲水的斜头美甲笔小心地清理指缘处多余的图案。

step 11

在无名指的指缘涂指缘打底胶。

step 12

将SWEETCOLOR黑色印油涂在印花板乔安QA81上，然后用刮板刮掉多余的印油。用印章印取图案并转印到无名指的指甲上。

step 13

用蘸有洗甲水的斜头美甲笔将甲面和指缘打底胶上的图案分开，并用弯头镊子撕掉指缘打底胶。

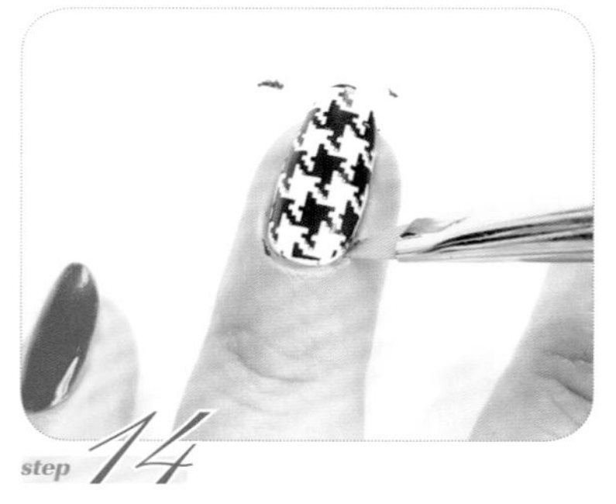

step 14

用蘸有洗甲水的斜头美甲笔小心地清理无名指指缘处多余的图案。无名指的印花制作完成。

提示

粘钻胶是果冻状的，在照灯前黏度较高，不适合用笔刷而适合用榉木棒取胶，这样放上饰品后比较容易固定，方便我们在甲面上摆出喜欢的造型。

step 15

给食指和无名指的指甲涂哈摩霓封层并照灯固化60秒。然后用榉木棒蘸取少许粘钻胶涂到中指指甲靠近指缘的位置。

提示

填充的时候一定要避开钻饰的光泽面，只涂底部即可。同时，珍珠、金属饰品等的底部一定要确保被全部包裹在加固胶内。

step 16

用弯头镊子在粘钻胶上放几颗大小不一的尖底钻和一颗球形珍珠，并整体调整成水滴状（这种放置方法称为“堆钻”），然后照灯固化30秒。用极细彩绘笔蘸取少许哈摩霓加固胶，填充钻饰之间的空隙。

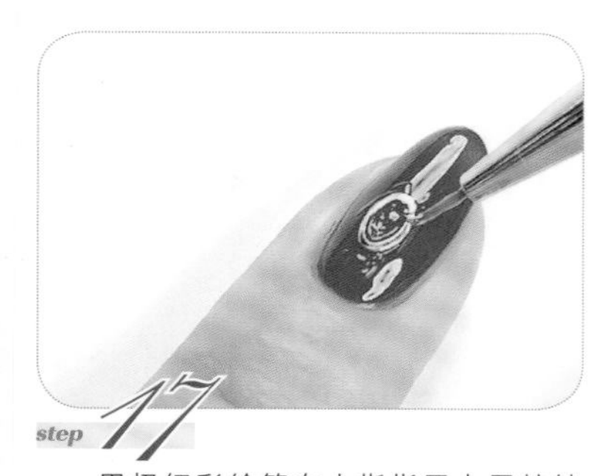

step 17

用极细彩绘笔在小指指甲上用粘钻胶粘贴一个金色椭圆金属圈作为装饰，然后照灯固化30秒。

step 18

在中指和小指的指甲上涂哈摩霓封层。在涂中指指甲时，饰品周围用极细彩绘笔代替瓶装胶的大笔刷，仔细地涂好钻饰表面以外的地方。检查并确认没有遗漏后照灯固化60秒。

step 19

采用与无名指指甲同样的手法制作拇指指甲，照灯后擦掉所有指甲上的浮胶。制作结束。

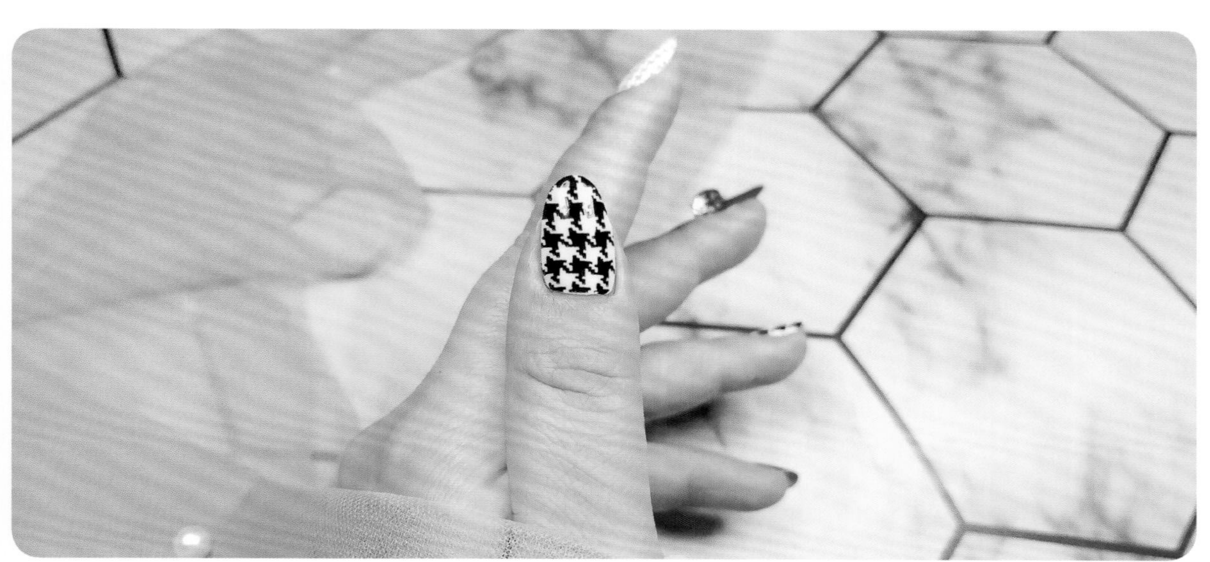

02

粉色粗花呢格纹美甲

粉色粗花呢格纹美甲的制作灵感来自处处透着轻奢、优雅气质的粗花呢布料，由印花和饰品贴纸搭配制作而成，并且带有磨砂效果，适合秋冬装扮。本案例制作流程快速且简单，制作要点在于将磨砂封层涂在印花图案上时要更仔细，要认真检查指甲根部和指尖，以免涂得不到位或在照灯擦掉浮胶以后发现印花图案不完整。

使用材料与工具

01 OPI底胶
02 哈摩霓封层
03 Presto磨砂封层
04 哈摩霓加固胶
05 安妮丝（Anesidora）GG24
06 安妮丝GS08
07 安妮丝GW19
08 SWEETCOLOR白色印油
09 丫亲安印油北欧系列062
10 指缘打底胶
11 印章
12 印花板hehe074
13 刮板
14 美甲专用清洁巾
15 清洁液
16 美甲灯
17 洗甲水
18 粉色圆形亮片组合
19 奶茶色哑光金属链条
20 玫瑰金色金属珠子
21 玫瑰金色英文字贴纸
22 弯头镊子
23 尖头镊子
24 拉线笔
25 斜头美甲笔
26 死皮剪
27 榉木棒

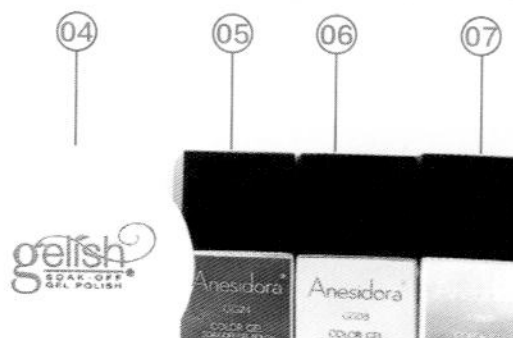
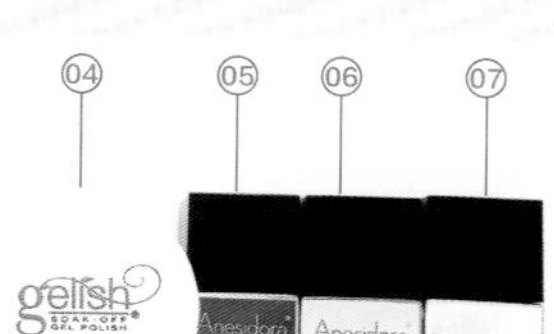

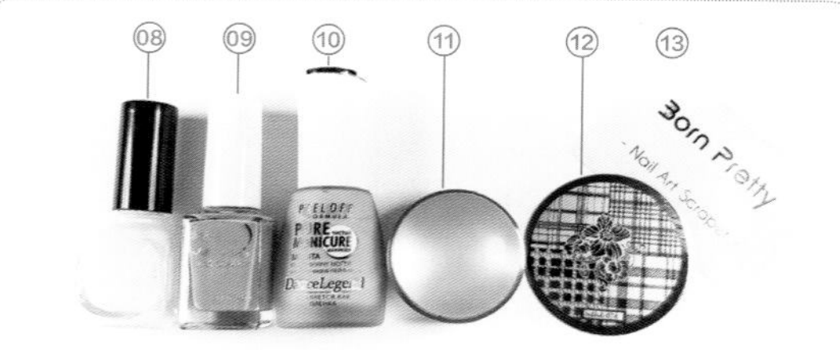

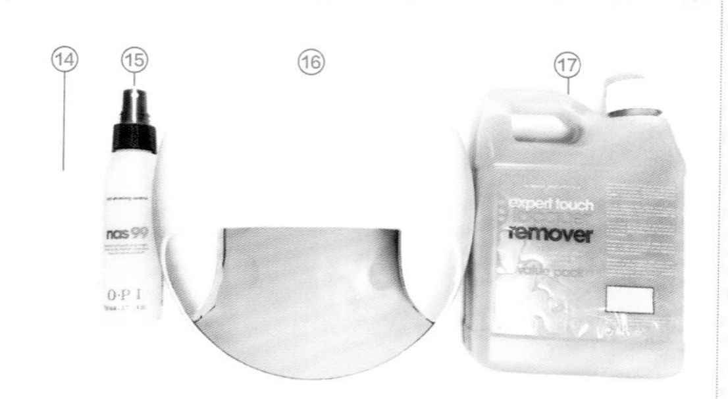

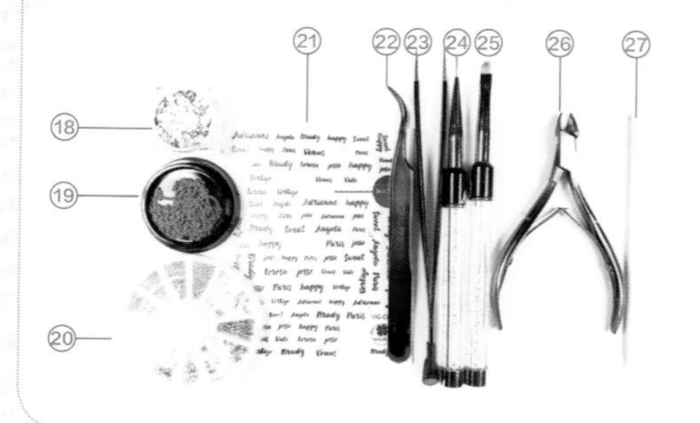

操作步骤

step 01

用美甲专用清洁巾蘸取清洁液擦净甲面，然后给食指、中指、无名指和小指的指甲涂OPI底胶并照灯固化30秒。

step 02

给食指和小指的指甲涂第1层安妮丝GW19，给中指指甲涂第1层安妮丝GS08，给无名指指甲涂第1层安妮丝GG24，然后一起照灯固化30秒。

step 03

给以上指甲涂第2层颜色，所选颜色与第1层相同，并照灯固化30秒，然后给食指和小指的指甲涂第3层安妮丝GW19并照灯固化30秒。擦掉所有指甲上的浮胶，为后面的操作做准备。

step 04

取一条大小合适的玫瑰金色英文字贴纸贴在食指指甲上，然后用尖头镊子的硅胶头按压贴纸，使贴纸与甲面贴合。

step 05

用死皮剪剪一段玫瑰金色英文字贴纸贴在小指指甲上，并用尖头镊子的硅胶头按压贴纸，然后在贴好贴纸的食指和小指指甲上涂Presto磨砂封层并照灯固化30秒。

step 06

擦掉食指和小指指甲上的浮胶，呈现磨砂效果，然后在中指的指缘涂指缘打底胶。

提示

在甲面上贴带有背胶的贴纸时，按压这一步一定要做到位。直接贴上不能保证贴纸是完全贴合甲面的，如果有空气在里面，涂了封层以后，可能会导致甲面出现贴纸断开或部分起鼓的情况。不平整的贴纸既不美观，又会影响美甲效果的持久度。

step 07

将SWEETCOLOR白色印油涂在印花板hehe074上，然后用刮板刮掉印花板上多余的印油。用印章印取图案转印到中指指甲上。

step 08

用斜头美甲笔蘸取少许洗甲水并点在中指指缘位置，使中指甲面和指缘打底胶上的图案分开，然后撕掉指缘打底胶，并在无名指的指缘涂指缘打底胶。

step 09

将丫亲安印油北欧系列062涂在印花板hehe074上，然后用刮板刮掉印花板上多余的印油。用印章印取图案转印到无名指指甲上。

step 10

用榉木棒轻轻将无名指指甲图案与多余的图案分开，然后将指缘打底胶连同多余图案一起轻轻撕掉。

step 11

用蘸取了洗甲水的斜头美甲笔小心地清理指缘处多余图案，然后给中指指甲涂一层哈摩霓封层，并给无名指指甲涂Presto磨砂封层，照灯固化60秒。

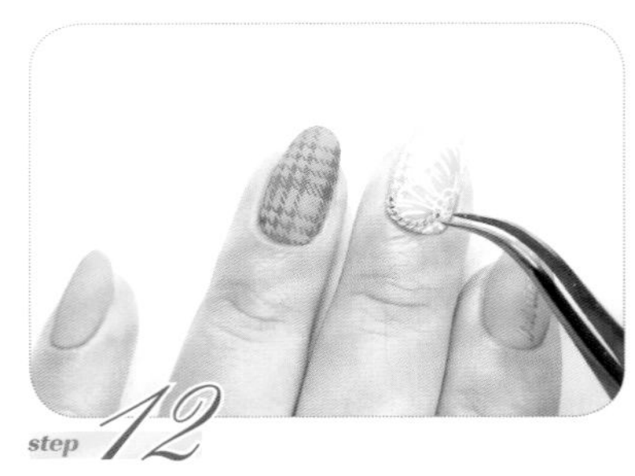

step 12

擦掉无名指指甲上的浮胶，无名指指甲制作完成。用弯头镊子给中指指甲放上裹满哈摩霓加固胶的奶茶色亚光金属链条。

step 13

用拉线笔在印花图案的花芯位置放上几颗裹满哈摩霓加固胶的玫瑰金色金属珠子，然后照灯固化30秒。

step 14

给中指指甲涂一层Presto磨砂封层，饰品的部分用拉线笔满涂，检查好后照灯固化30秒。

step 15

采用与中指指甲同样的手法处理拇指指甲，在金属链条前方粘一条粉色圆形亮片，照灯后擦掉所有指甲上的浮胶。案例制作结束。

03

蓝色优雅格纹美甲

蓝色优雅格纹美甲的制作结合了印花和手绘的技法。通过印花我们能快速地在甲面上制作出经典格纹效果，搭配皮草胶，呈现出知性而优雅的美甲效果。本案例的制作难点在于手绘部分，只有多加练习才能保证制作的条纹宽窄一致。如果觉得这种操作有难度，可以都采用印花技法。

使用材料与工具

①Presto磨砂封层
②马苏拉（MASURA）封层
③OPI底胶
④哈摩霓加固胶
⑤安妮丝GP10
⑥安妮丝GP11
⑦安妮丝GP14
⑧安妮丝GS20
⑨印章
⑩刮板
⑪MOYOU LONDON印花板（几何主义系列19）
⑫SWEETCOLOR白色印油
⑬美甲专用清洁巾
⑭清洁液
⑮美甲灯
⑯洗甲水
⑰死皮剪
⑱尖头镊子
⑲极细彩绘笔
⑳斜头美甲笔
㉑拉线笔
㉒半圆珍珠
㉓玫瑰金色金属珠子
㉔玫瑰金色线条贴纸
㉕胶带

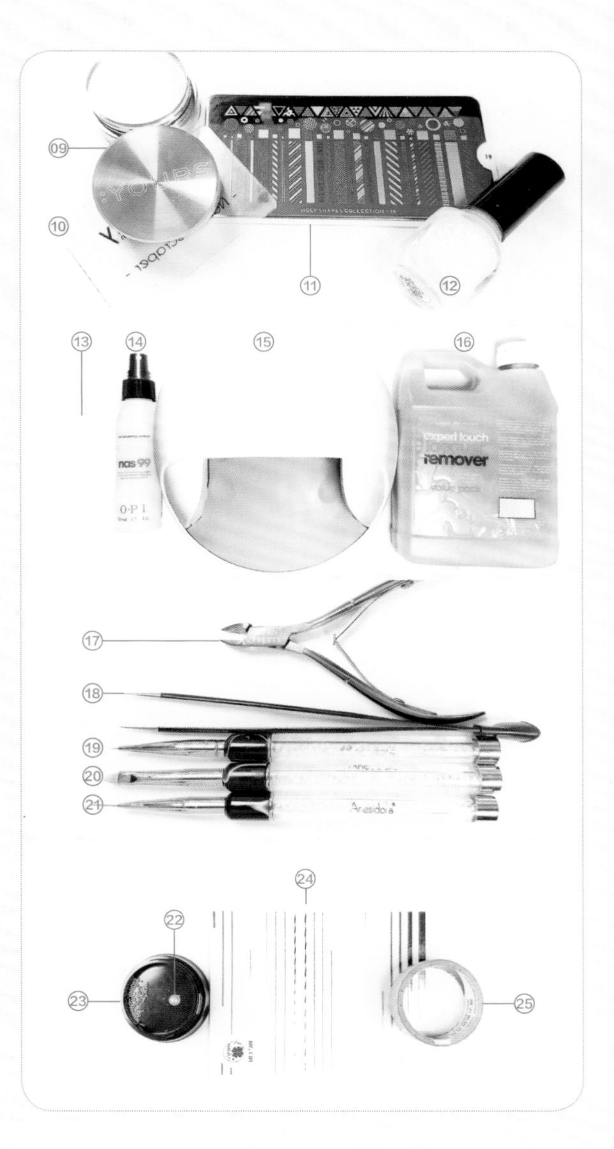

操作步骤

step 01

用美甲专用清洁巾蘸取清洁液擦净甲面，然后给食指、中指、无名指和小指的指甲涂OPI底胶并照灯固化30秒。

step 02

给食指和中指的指甲涂第1层安妮丝GP11，给无名指指甲靠近指缘一端1/3的部分涂第1层安妮丝GS20，给小指指甲涂第1层安妮丝GP10，涂好后一起照灯固化30秒。

step 03

给无名指指甲的指尖涂第1层安妮丝GP14并照灯固化30秒。

提示

在同一个甲面需要涂不同颜色的情况下，最好先涂一半颜色并照灯固化后再涂另外一半颜色。虽然这样操作稍显麻烦，但是可以让不同颜色交接的线条更清晰，避免不同颜色互相渗透和混合。

step 04

给以上指甲涂第2层颜色，所选颜色与第1层相同，并照灯固化30秒。然后用拉线笔蘸取安妮丝GP10给中指指甲画一条条纹，并给食指和小指的指甲涂一层Presto磨砂封层，照灯固化30秒。

提示

条纹的宽度根据每个人的指甲宽度来定，一般是甲面宽度的1/4左右。

提示

在这里，横向条纹的绘制用的是和竖向条纹一样的颜色，在实际操作中也可以使用不同的颜色。

step 05

擦掉食指和小指指甲上的浮胶，得到磨砂效果。然后用拉线笔蘸取安妮丝GP10，在无名指指甲的深色部分画一条条纹并照灯固化30秒。

step 06

在中指指甲上画出横向条纹，然后给无名指指甲也画一条横向的条纹并照灯固化30秒。擦掉中指和无名指指甲上的浮胶，准备印花。

step 07

将SWEETCOLOR白色印油涂在MOYOU LONDON印花板（几何主义系列19）上，用刮板刮掉印花板上多余的印油，并用印章印取图案，再用胶带粘走印章上多余的图案。

step 08

将印章上的图案转印到无名指指甲上，并用斜头美甲笔蘸取少许洗甲水，将指缘处多余的图案清理干净。

step 09

用同样的手法继续给无名指和中指的指甲添加图案。印花完成后，给中指指甲涂上Presto磨砂封层。后续还要在无名指指甲上放饰品，所以给无名指指甲涂上马苏拉封层，再照灯固化30秒。

提示

MASURA Extreme Gloss Top这款封层照灯后无浮胶，是免洗封层，照灯后不用擦浮胶。

提示

贴带背胶的贴纸时一定要注意严格按操作步骤进行：取少许贴纸，放好后剪掉多余的部分。这样是为了贴的时候方便对位置，且调整的时候不会碰到需要贴合的部分，影响黏度。同时，在剪去多余部分的时候，可以配合指甲形状尽可能地剪到合适的位置。

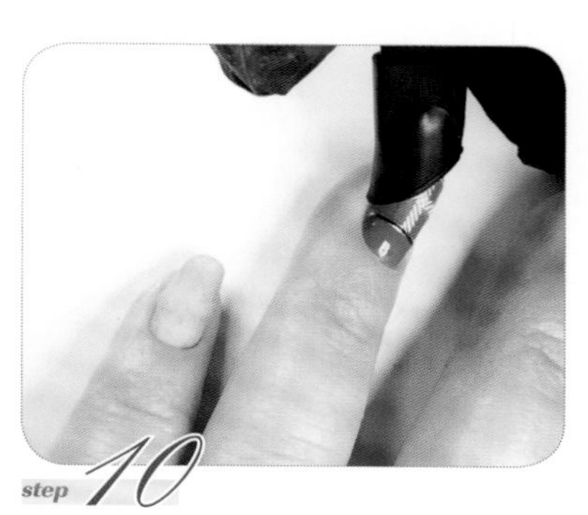

step 10

取一条玫瑰金色线条贴纸，将其贴在无名指指甲两种颜色的分界处。然后将死皮剪尽可能地贴近指缘，剪掉多余的部分，并用尖头镊子的硅胶头按压贴纸，使其贴合。涂一层马苏拉封层，以保护贴纸，再照灯固化30秒。

step 11

用拉线笔蘸取哈摩霓加固胶，在玫瑰金色线条贴纸的中间粘上一颗半圆珍珠，然后照灯固化30秒。

step 12

用拉线笔蘸取哈摩霓加固胶，填充半圆珍珠周围的空隙，再在半圆珍珠周围粘一圈玫瑰金色金属珠子，并照灯固化60秒。用哈摩霓加固胶包裹所有饰品，并照灯固化60秒。

step 13

避开饰品，给无名指指甲涂Presto磨砂封层并照灯固化30秒。然后擦掉浮胶，呈现磨砂效果。在饰品上涂马苏拉封层，再照灯固化30秒。

提示

这一步，饰品周围一般不容易进行涂抹操作，可以用极细彩绘笔进行操作。

step 14

采用与中指指甲同样的手法制作拇指指甲，只是底色换成安妮丝GP14。擦掉所有指甲上的浮胶。制作结束。

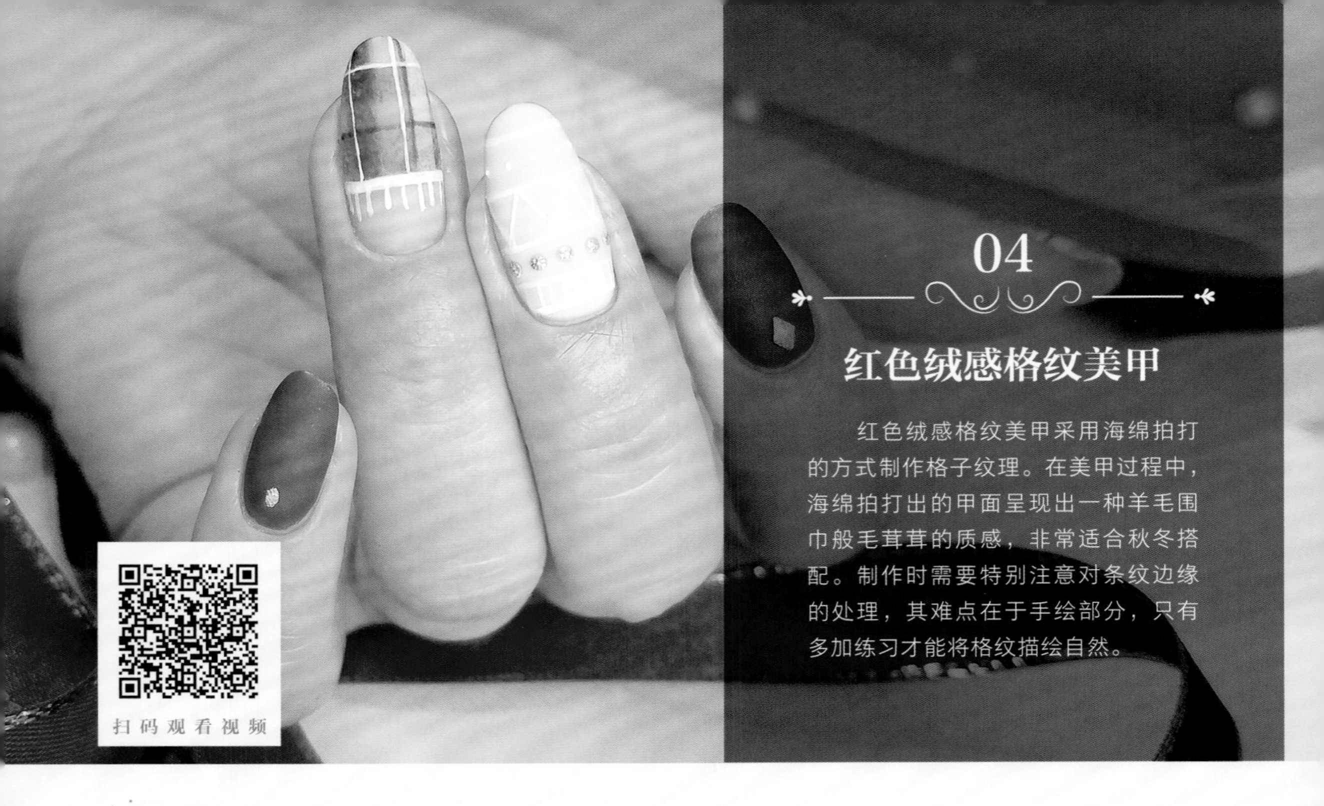

04

红色绒感格纹美甲

红色绒感格纹美甲采用海绵拍打的方式制作格子纹理。在美甲过程中，海绵拍打出的甲面呈现出一种羊毛围巾般毛茸茸的质感，非常适合秋冬搭配。制作时需要特别注意对条纹边缘的处理，其难点在于手绘部分，只有多加练习才能将格纹描绘自然。

使用材料与工具

01 OPI底胶
02 Presto磨砂封层
03 马苏拉封层
04 OPI GC V32
05 OPI GC T65
06 masura294-410
07 masura294-422
08 粘钻胶
09 白色彩绘胶
10 美甲专用清洁巾
11 清洁液
12 美甲灯
13 玫瑰金色金属饰品
14 海绵
15 调色盘
16 平头美甲笔
17 拉线笔
18 榉木棒

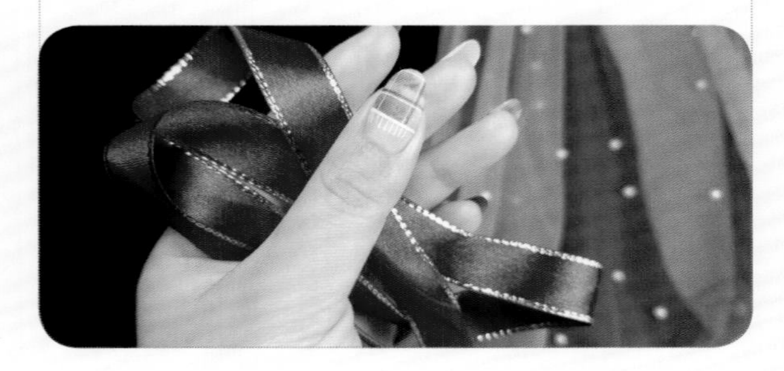

操作步骤

step 01

用美甲专用清洁巾蘸取清洁液，擦净甲面。然后给食指、中指、无名指和小指的指甲涂OPI底胶，并照灯固化30秒。

step 02

给食指和小指的指甲涂第1层masura 294-422，给中指指甲涂第1层OPI GC V32，给无名指指甲涂OPI GC T65，然后一起照灯固化30秒。

step 03

给以上指甲涂第2层颜色，所选颜色与第1层相同，并照灯固化30秒。然后给食指和小指的指甲涂第3层masura294-422，给中指指甲涂第3层OPI GC V32。擦掉无名指指甲上的浮胶，照灯固化30秒。

step 04

用粘钻胶给食指和小指的指甲粘上一个磨砂面的菱形玫瑰金色金属饰品，并照灯固化30秒。然后给食指和小指的指甲涂Presto磨砂封层，并擦掉浮胶。

step 05

在调色盘上点少许masua 294-422，用宽度合适的海绵在调色盘上拍几下，确保胶被海绵均匀吸取。

step 06

用吸取了胶的海绵轻轻拍打无名指指甲，然后轻轻转动甲面，让海绵拍出来的条纹颜色均匀。

step 07

用干净的平头美甲笔刷掉多余的胶，使甲面呈现出一条干净的横条纹。将该条纹作为第1条横条纹，照灯固化30秒。

step 08

用同样的手法在甲面上制作出第2条横条纹，并照灯固化30秒。

step 09

在调色盘上点少许masura 294-410，用稍微薄一些的干净海绵在调色盘上拍几下。

提示

注意，每刷一笔，就要用清洁液将平头美甲笔清洗一遍，再刷下一笔，以免因为平头美甲笔不干净而让条纹变花。

step 10

用同样的手法在甲面上拍出第1条竖条纹，注意竖条纹的位置不要超过第1条横条纹的边界。然后用干净的平头美甲笔将条纹清理干净，使其更清晰。

step 11

换一块干净的海绵，在调色盘上取适量白色彩绘胶，在右侧甲面处拍出第2条竖条纹。用平头美甲笔将条纹清理干净，并照灯固化30秒。

step 12

给甲面涂一层马苏拉封层，以平整甲面，照灯固化30秒。然后用拉线笔蘸取少许masura294-410，在右侧画一条细的竖条纹，在第1条横条纹上画一条细的横条纹。

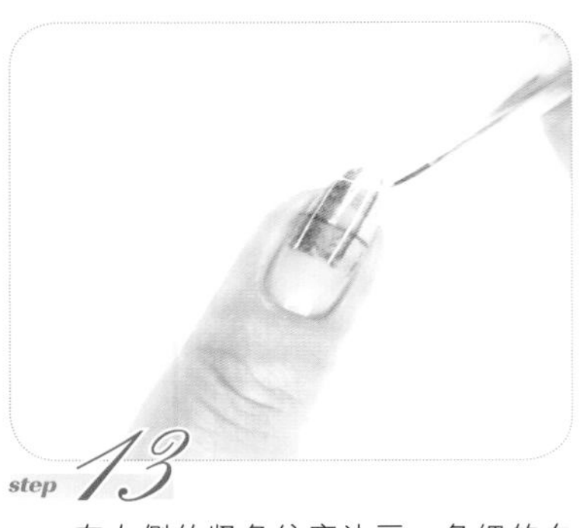

step 13

在右侧的竖条纹旁边画一条细的白色竖条纹，在左侧画一条细的白色竖条纹，在第2条横条纹上画一条细的白色横条纹。然后照灯固化30秒。

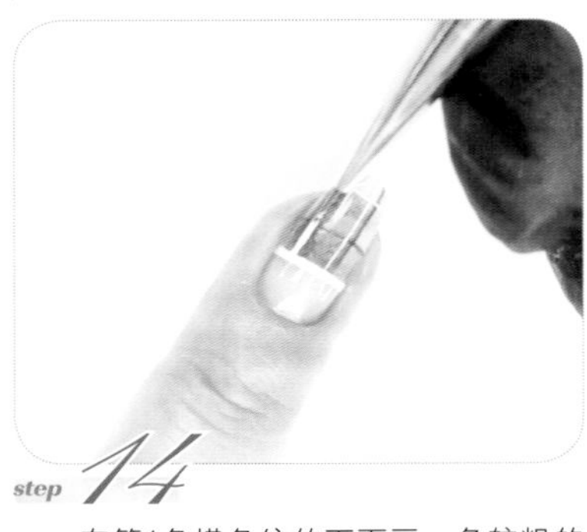

step 14

在第1条横条纹的下面画一条较粗的白色横条纹，在下面随意地画一排竖向的短细线，模拟流苏的感觉。在左侧画一条较粗的白色竖条纹，覆盖原来左侧的细竖条纹。然后照灯固化30秒。

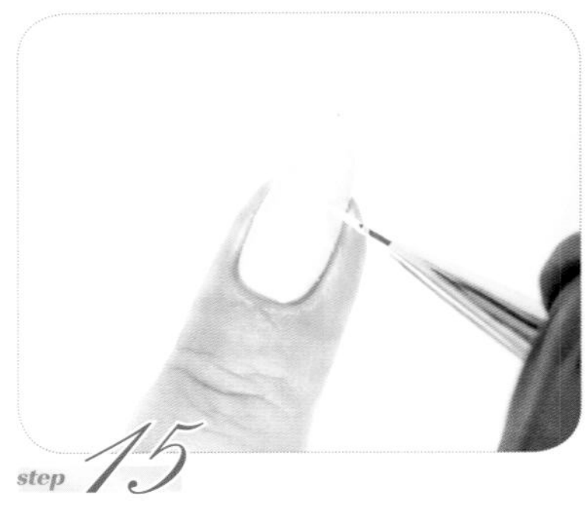

step 15

在中指指甲上画4条细的白色横条纹，注意间距要合适。然后在第2条和第3条横条纹中间位置定好均匀的几个点，然后斜向连接几个点，得到几个大小均匀的三角形。

step 16

在三角形上面的两条横条纹之间点上几个圆点。然后在靠近中指指缘的位置画一条细的横条纹，用櫸木棒在三角形下面涂少许粘钻胶，粘上几颗圆形的玫瑰金色金属饰品。照灯固化30秒。

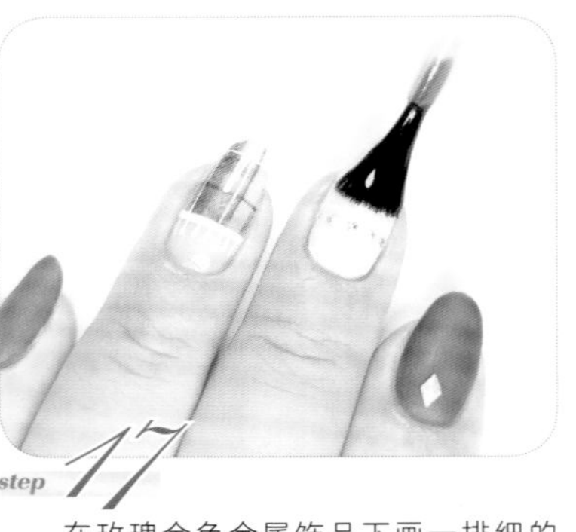

step 17

在玫瑰金色金属饰品下画一排细的竖条纹并照灯固化30秒。然后给中指和无名指的指甲涂Presto磨砂封层，并照灯固化30秒。

step 18

采用与无名指指甲同样的手法制作拇指指甲，擦掉所有指甲上的浮胶。制作结束。

05

蓝色毛呢格子美甲

蓝色毛呢格子美甲模仿的是小香风呢子大衣的面料质感，同时搭配磨砂效果，适合秋冬搭配，低调而不失华丽。其制作方法较简单，颜色可以根据具体搭配进行调整。需要注意的是，在选择画线用的胶时一定要选择黏度高、流动性弱的胶，这样在美甲过程中才能表现出线条的立体感。

使用材料与工具

01 OPI底胶
02 Presto磨砂封层
03 CND SHELLAC LUXE#176
04 OPI HP H10
05 KellyKessa印花胶009
06 心胶黄色（Pretty Cala Gel Vanilla Yellow）
07 白色彩绘胶
08 银色彩绘胶（Artist Gel）
09 masura294-384
10 粉色印花胶（BORN PRETTY BP-FW04）
11 美甲专用清洁巾
12 清洁液
13 美甲灯
14 银色月亮饰品
15 半圆珍珠
16 粘钻胶
17 拉线笔

操作步骤

step 01

用美甲专用清洁巾蘸取清洁液，擦净甲面。然后给食指、中指、无名指和小指的指甲涂OPI底胶并照灯固化30秒。

step 02

给食指和无名指的指甲涂第1层masura 294-384，给中指指甲涂第1层OPI HP H10，然后照灯固化30秒。

step 03

给小指指甲涂第1层CND SHELLAC LUXE #176，然后照灯固化60秒。

step 04

给以上指甲涂第2层颜色，所选颜色与第1层相同，并照灯固化60秒。然后给食指、无名指和小指的指甲涂Presto磨砂封层，并照灯固化30秒。

step 05

擦掉浮胶，使甲面呈磨砂效果。然后用拉线笔蘸取CND SHELLAC LUXE #176，在无名指指甲上画十字线，并照灯固化30秒。

step 06

用拉线笔蘸取KellyKessa印花胶009，在无名指指甲的空白处画十字线，并照灯固化30秒。蘸取心胶黄色，继续在无名指指甲上画十字线，并照灯固化30秒。

step 07

用拉线笔蘸取白色彩绘胶，在无名指指甲上画十字线，并照灯固化30秒。然后蘸取粉色印花胶，在无名指指甲上画十字线，并照灯固化30秒。

step 08

用拉线笔蘸取银色彩绘胶，在无名指指甲上画十字线，并照灯固化30秒。然后在无名指指甲上涂Presto磨砂封层，并照灯固化30秒。

step 09

采用与小指指甲同样的手法制作拇指指甲，并在此基础上用粘钻胶给拇指指甲粘上银色月亮饰品和半圆珍珠。擦掉所有指甲上的浮胶。制作结束。

提示

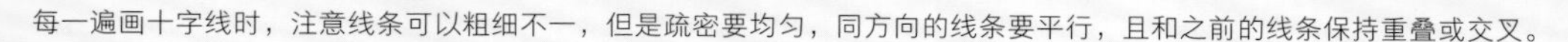

每一遍画十字线时，注意线条可以粗细不一，但是疏密要均匀，同方向的线条要平行，且和之前的线条保持重叠或交叉。

CND
GEL POLISH
0.42 FL. OZ./12.5

06

蓝色衬衫格纹美甲

蓝色衬衫格纹美甲的制作灵感源自格子衬衫。这款美甲由多种颜色搭配制作而成，整体风格偏清新、可爱，适合短方形和短圆形指甲，避免用于长圆形和杏仁形指甲。这款美甲制作的难点在于9个格子在甲面上的分布，要保证中心的格子是正方形的。同时，在涂颜色时需要仔细，避免涂出格子。颜色搭配上除了蓝色系搭配，粉紫色系搭配也非常值得尝试。

使用材料与工具

01 OPI底胶
02 马苏拉封层
03 安妮丝磨砂封层
04 安妮丝GS23
05 安妮丝GS08
06 安妮丝GS28
07 安妮丝GS20
08 安妮丝GF23
09 安妮丝GF22
10 美甲专用清洁巾
11 清洁液
12 美甲灯
13 玫瑰金色线条贴纸
14 死皮剪
15 短平头笔
16 极细彩绘笔
17 拉线笔
18 尖头镊子
19 哈摩霓加固胶

操作步骤

step 01

用美甲专用清洁巾蘸取清洁液，擦净甲面，用死皮剪修剪死皮。然后给食指、中指、无名指和小指的指甲涂OPI底胶，并照灯固化30秒。

step 02

给食指指甲涂第1层安妮丝GF22，给中指指甲薄薄地涂一层哈摩霓加固胶，给无名指指甲涂一层安妮丝GS23，给小指指甲涂一层安妮丝GS20。然后照灯固化60秒。

step 03

给食指、无名指和小指的指甲涂第2层颜色，所选颜色与第1层相同，并照灯固化30秒。

提示

给中指指甲涂哈摩霓加固胶是为了保护底胶，同时方便后续画线对甲面进行分割，分割后再涂上不同的颜色。在这种情况下，如果一次画线没画准位置，还可以用美甲专用清洁巾蘸取清洁液擦掉并重画。当然，针对手绘技术很娴熟的制作者，这一步可以省略。

step 04

擦掉中指指甲上哈摩霓加固胶的浮胶。然后用拉线笔蘸取少许安妮丝GS23，在中指指甲上画两条横向细条纹和两条竖向细条纹，以对甲面进行分割。如果甲面比较大，可以把格子分多一些。这里笔者将其分成了常见的九宫格样式。

step 05

给食指、无名指和小指的指甲涂第3层颜色，所选颜色与第1层相同，并照灯固化30秒。然后用极细彩绘笔在中指指甲九宫格的上格、下格、左格、右格分别涂第1层安妮丝GS08、安妮丝GS23、安妮丝GF23和安妮丝GF22。

step 06

给食指、无名指和小指的指甲涂马苏拉封层并照灯固化30秒。然后用极细彩绘笔给中指指甲九宫格左上角、右上角、左下角、右下角和中间格子分别涂第1层安妮丝GS20、安妮丝GF23、安妮丝GF22、安妮丝GS20和安妮丝GS28，并照灯固化30秒。

提示

这里画线主要是起到分割甲面的作用，并非作为效果使用，因此画线不需要很均匀，只需要下笔轻一些，保持线条细一些即可。同时，甲面是有弧度的，分割甲面的时候只要保证中间的那个格子是正方形的且在甲面的中心位置即可。

step 07

给中指指甲九宫格的上格、下格、左格、右格涂第2层颜色，所选颜色与第1层相同，并照灯固化30秒。再用极细彩绘笔给九宫格的左上角、右上角、左下角、右下角和中间格子涂第2层颜色，所选颜色与第1层相同。涂好后检查甲面，如有涂出格子的胶，用短平头笔擦干净。照灯固化30秒。

step 08

擦掉浮胶后，在九宫格交接的地方贴上细细的玫瑰金色线条贴纸。用尖头镊子的硅胶头按压贴纸，使其贴合。然后给食指、中指、无名指和小指的指甲涂马苏拉封层，并照灯固化30秒。

step 09

给食指、中指、无名指和小指的指甲涂安妮丝磨砂封层，使其呈现出磨砂效果并照灯固化30秒。最后采用与中指指甲差不多的手法制作拇指指甲。制作结束。

提示

因为安妮丝磨砂封层是免洗的，因此不用擦掉浮胶。

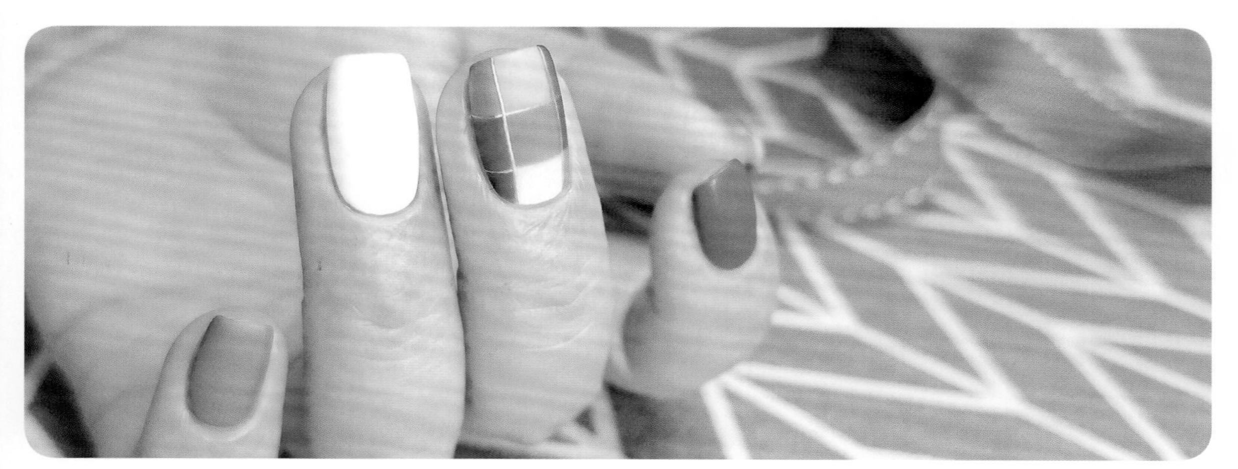

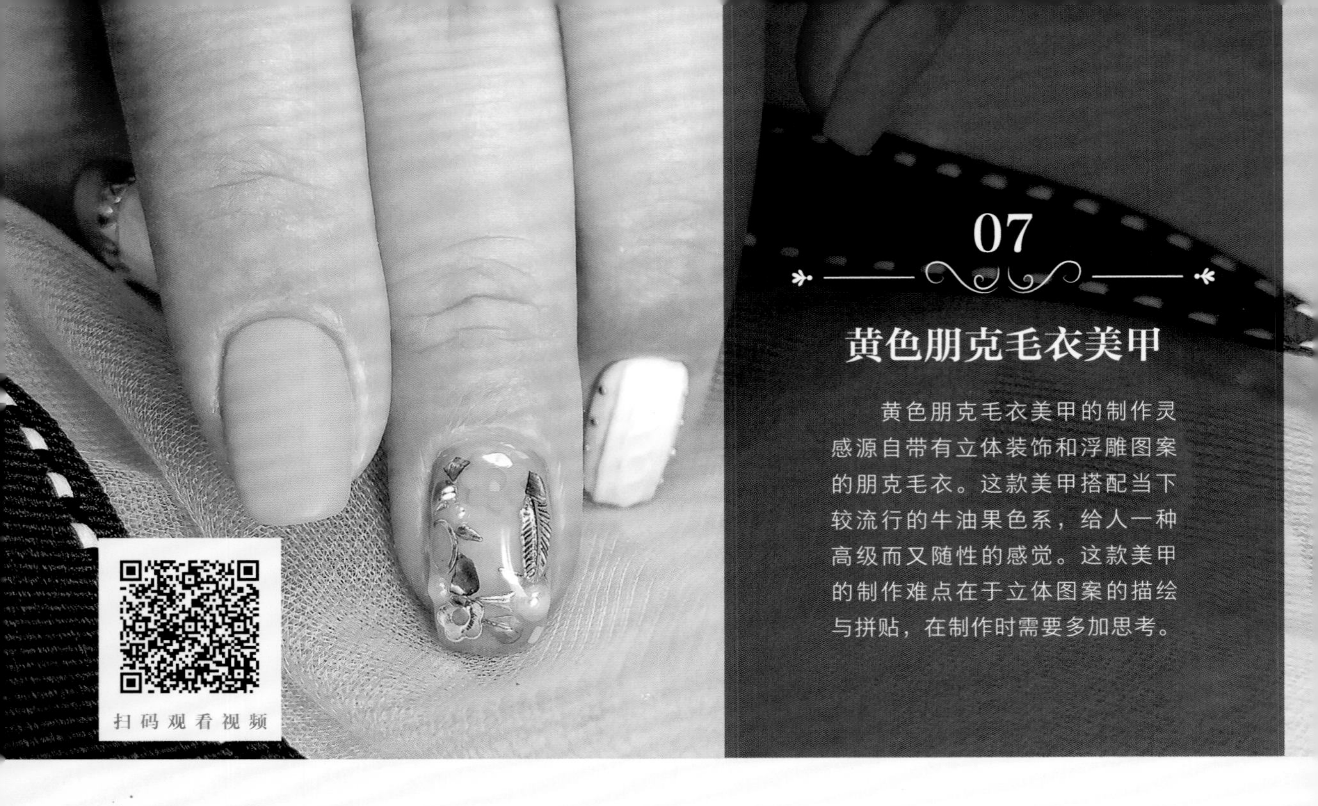

07

黄色朋克毛衣美甲

黄色朋克毛衣美甲的制作灵感源自带有立体装饰和浮雕图案的朋克毛衣。这款美甲搭配当下较流行的牛油果色系，给人一种高级而又随性的感觉。这款美甲的制作难点在于立体图案的描绘与拼贴，在制作时需要多加思考。

使用材料与工具

01 OPI底胶
02 马苏拉封层
03 安妮丝磨砂封层
04 安妮丝GS25
05 安妮丝GS23
06 哈摩霓加固胶
07 粘钻胶
08 美甲专用清洁巾
09 清洁液
10 美甲灯
11 水晶粉
12 搅拌棒
13 旧钢推
14 尖头镊子
15 粉尘刷
16 平头美甲笔
17 拉线笔
18 短平头笔
19 各色贝壳片
20 大小不一的半圆珍珠
21 金色金属饰品
22 银色金属饰品
23 调色盘

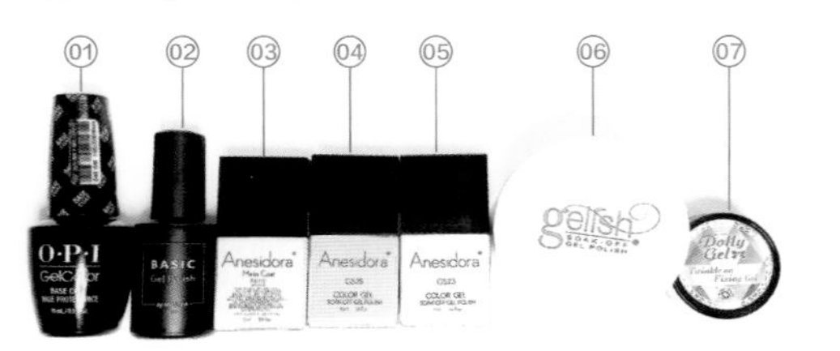

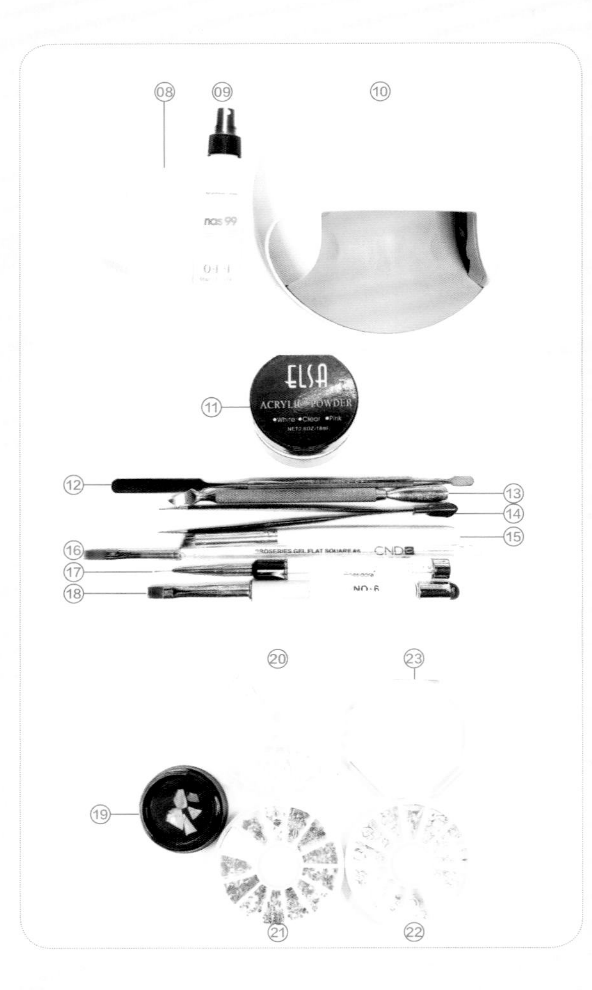

操作步骤

step 01

用美甲专用清洁巾蘸取清洁液，擦净甲面。然后给食指、中指、无名指和小指的指甲涂OPI底胶，并照灯固化30秒。

step 02

给中指指甲涂上粘钻胶，用尖头镊子夹取各色贝壳片、大小不一的半圆珍珠和金属饰品，将其放在甲面上。然后给食指和小指的指甲涂第1层安妮丝GS25，给无名指指甲涂第1层安妮丝GS23，并照灯固化30秒。

step 03

给食指、无名指和小指的指甲涂第2层颜色，所选颜色与第1层相同。然后用平头美甲笔在中指指甲的饰品上厚涂一层哈摩霓加固胶，找平甲面，做好甲面的弧度建构，照灯固化60秒。

提示

为了让饰品和甲面在颜色上有所呼应，饰品中有一朵黄绿色的立体花，颜色和食指、小指指甲的颜色一样。这个是笔者自己用模具做的。做法参考本书第87个案例，里面有详细的做法介绍。

step 04

给食指和小指的指甲涂第3层颜色，所选颜色与第1层相同。然后给中指指甲涂马苏拉封层，并照灯固化30秒。

step 05

将少许水晶粉放到调色盘上，向其中滴上一两滴安妮丝GS23，用搅拌棒搅拌均匀。

step 06

蘸取少许混合好的胶，将其涂到无名指指甲上。然后用拉线笔顺着甲面进行划拉，直至甲面上出现一条立体的线条。

提示

水晶粉和胶混合可以做出简易的雕花胶。雕花胶有一定的塑性功能，但不容易操作。雕花胶可用来制作浮雕纹理，这样会事半功倍。

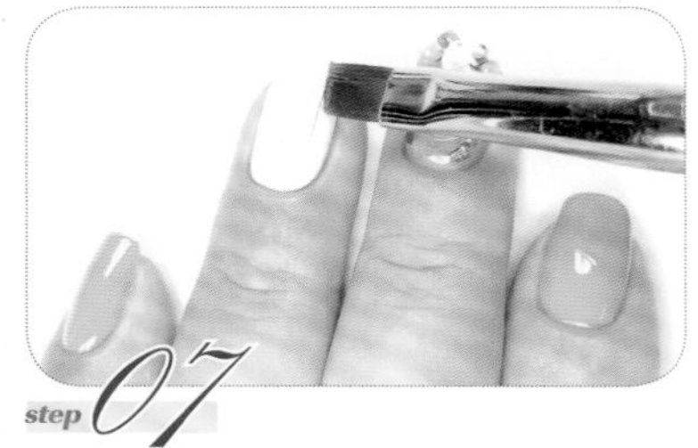

step 07

用短平头笔慢慢地将无名指指甲上的胶从两边往中间推，让线条更立体。

step 08

推出一条线后，清理干净短平头笔。然后用干净的短平头笔蘸取清洁液，刷掉多余的胶，使没有立体图案的甲面保持干净。照灯固化30秒。

step 09

蘸取少许混合好的胶，将其涂在与上一条线平行的方向（甲面左边）。然后用短平头笔将胶往线条的中间推，让线条慢慢变立体。清理线条边缘多余的胶，照灯固化30秒。

step 10

用拉线笔蘸取少许安妮丝GS23，在两条立体线条中间描绘毛衣图案，画好后不要照灯，在画好的图案上用搅拌棒撒一层水晶粉，轻轻抖掉多余的水晶粉，照灯固化30秒。用粉尘刷刷掉多余的水晶粉，注意不要碰到图案。

step 11

在原有毛衣图案的基础上用安妮丝GS23再描绘一次。同样在画好的图案上撒一层水晶粉，并轻轻抖掉多余的粉后照灯固化30秒。

step 12

用粉尘刷刷掉多余的水晶粉。如果此时觉得毛衣图案还不够立体，还可以继续重复之前的步骤，直至图案效果达到理想状态。

提示

撒水晶粉的时候，注意撒薄薄的一层即可，不可过多，否则可能会导致下面的胶体流动而破坏图案效果，同时导致照灯的时候胶体无法干透。

step 13

在食指、无名指和小指的指甲上刷上一层安妮丝磨砂封层并照灯固化30秒。然后在无名指指甲的两边分别用粘钻胶小心地粘上几颗金色金属饰品并照灯固化30秒。用与制作无名指指甲差不多的方法制作拇指指甲。制作结束。

提示

如果想让指甲上的装饰物在完成之后不会挂到衣服或头发，可在完成以上操作后，给指甲小心地涂上封层。

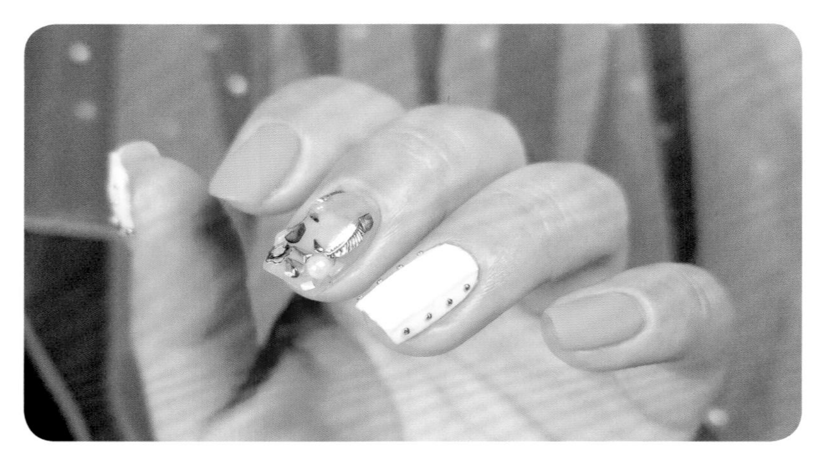

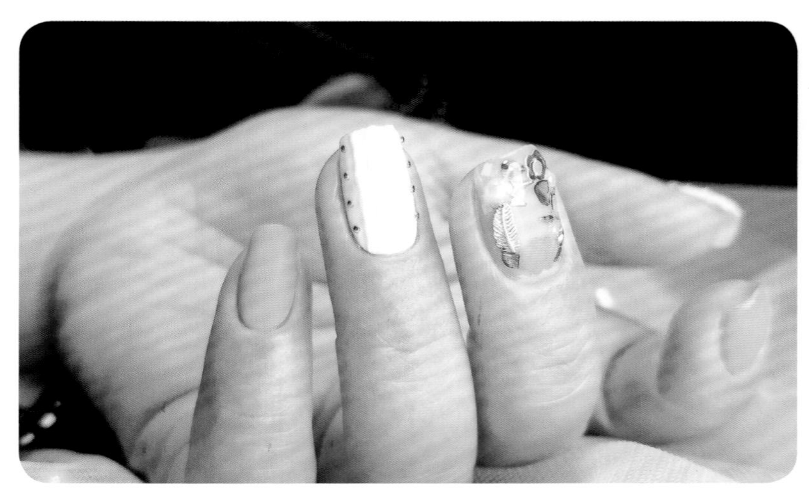

08

蓝色破洞牛仔美甲

蓝色破洞牛仔美甲的制作灵感源自破洞牛仔面料。这款美甲搭配英文字和金豆豆，狂野又不失可爱。其制作难点在于手绘部分，画虚线时要做到长短和粗细均一致，初学者只有多加练习才能掌握。同时，破洞的大小和位置需根据每个人甲面的大小进行调整，同时应避免露出游离线。

使用材料与工具

01 OPI底胶
02 Presto磨砂封层
03 OPI GC BA1
04 Essie gel#5053
05 CND SHELLAC LUXE #176
06 白色彩绘胶
07 粘钻胶
08 美甲专用清洁巾
09 清洁液
10 美甲灯
11 金豆豆
12 调色盘
13 拉线笔
14 极细彩绘笔
15 短平头笔
16 锯齿晕染笔
17 尖头镊子
18 榉木棒
19 棉签
20 玫瑰金色英文字贴纸

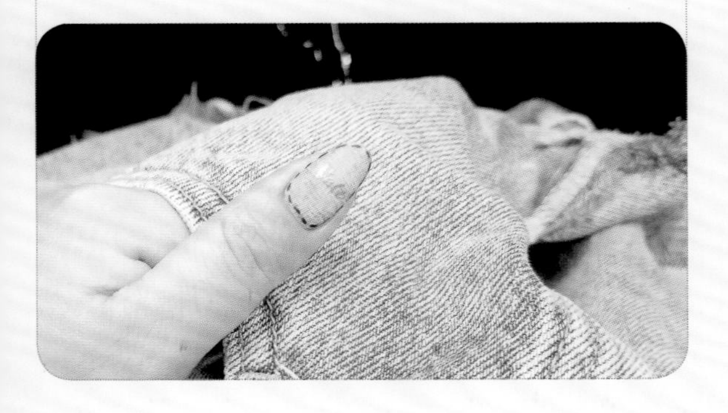

操作步骤

step 01

用美甲专用清洁巾蘸取清洁液，擦净甲面。然后给食指、中指、无名指和小指的指甲涂OPI底胶，并照灯固化30秒。

step 02

在食指指甲上方约2/3的部分涂OPI GC BA1。然后用极细彩绘笔在中指指甲上涂OPI GC BA1，留出中间区域，作为破洞的表现位置。

step 03

采用与食指指甲同样的手法给无名指指甲涂OPI GC BA1，给小指指甲涂OPI GC BA1并照灯固化30秒。给食指、中指、无名指、小指的指甲涂第2层颜色，所选颜色与第1层相同，并照灯固化30秒。擦掉所有指甲上的浮胶。

提示

在留破洞位置的时候，注意避开游离线。如果觉得留出的破洞大小不够，或者画的时候没有画好，照灯前可以用干净的短平头笔蘸取清洁液擦掉多余的胶。擦的时候一定要注意，每擦一下甲面，就要清理一下短平头笔。

step 04

在调色盘上点少许Essie gel# 5053，用锯齿晕染笔蘸取胶后在调色盘上反复润笔，使笔尖的胶量均匀。

step 05

用锯齿晕染笔蘸取胶，在食指指甲上分横竖两个方向涂甲面，均匀地画出细细的格纹。避开破洞位置，采用与食指指甲同样的手法在中指指甲上画出细细的格纹。

step 06

避开甲面留白部分，采用与食指指甲同样的手法在无名指、食指和小指的指甲上画出细细的格纹。用棉签蘸取清洁液，擦掉指缘处多余的胶并照灯固化30秒。

提示

在涂的过程中，为了保证线条横平竖直，在破洞位置可以先直接拉过去，再用棉签蘸取清洁液，擦掉破洞位置多余的胶。

step 07

用锯齿晕染笔蘸取适量白色彩绘胶，给食指指甲画第2层格纹，注意格纹不要画得太密。

step 08

用同样的手法给中指指甲画上白色格纹。先画竖向条纹，然后用棉签蘸取清洁液，擦掉破洞部分多余的胶。

step 09

给中指指甲画横向条纹，注意画的时候可以顺带给破洞位置画少许，模拟出牛仔破洞的效果。用拉线笔蘸取白色彩绘胶，在破洞的周围随意画出一些纹理，使破洞效果更加逼真。

step 10

采用同样的手法给无名指、食指和小指的指甲画上白色格纹，画好后擦掉指缘处的胶并照灯固化30秒。

step 11

用干净的锯齿晕染笔蘸取适量OPI GC BA1，在调色盘上润笔，并在白色和深蓝色比较密集的地方涂，让格纹更均匀，再照灯固化30秒。

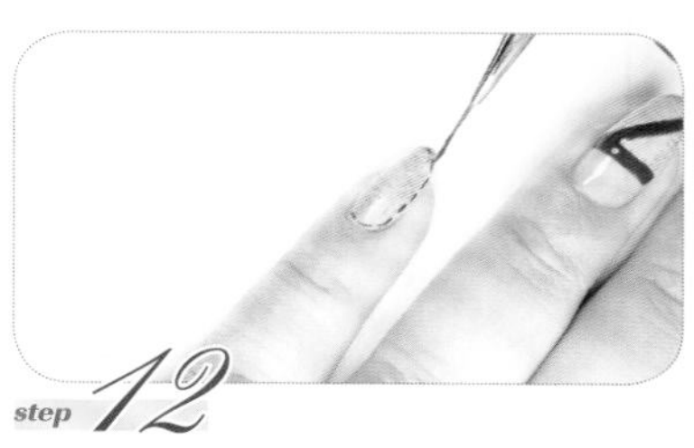

step 12

用拉线笔蘸取少许CND SHELLAC LUXE #176，在食指和无名指指甲上的透明交接处画一条横条纹，给无名指指甲多画一条斜线。然后用CND SHELLAC LUXE #176在小指指甲周围画一圈虚线。照灯固化30秒。

提示

如果觉得之前画的格纹本身比较均匀，可以省略这一步操作。

step 13

由于中指指甲较长，显得中指指甲效果与其他甲面效果不太协调。经过思考之后，用拉线笔在中指指尖的部分点少许白色彩绘胶，模拟另外一个破洞的边缘效果。再给原先的破洞添加几笔拉线。

step 14

用拉线笔蘸取少许白色彩绘胶，在食指、无名指的指甲已画好的深色宽线条上分别画两条虚线，照灯固化。在食指指甲的条纹两端点少许粘钻胶，在无名指指甲的两条深蓝色的条纹交接处点少许粘钻胶。用桴木棒处理多余的粘钻胶。

step 15

用尖头镊子在点了粘钻胶的位置粘贴上金豆豆并照灯固化30秒。然后涂Presto磨砂封层，并照灯固化30秒。擦掉浮胶。

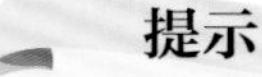

提示

在画这一步的时候一定要随意一些，不可中规中矩，以保证效果自然、真实。

step 16

采用与小指指甲同样的手法制作拇指指甲。由于拇指的甲面比较大，可在拇指指甲中间贴上玫瑰金色英文字贴纸，以丰富甲面效果。制作结束。

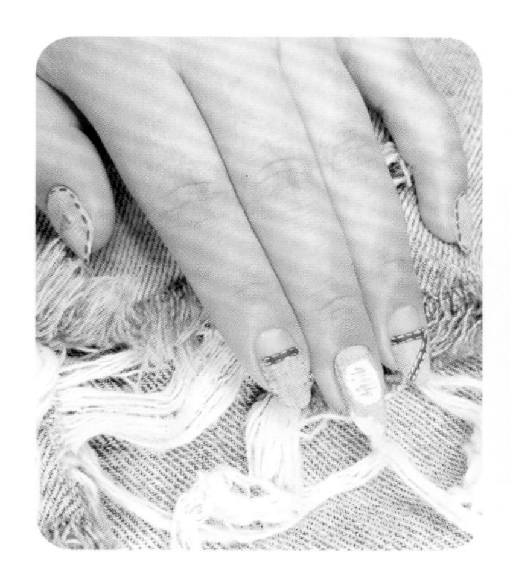

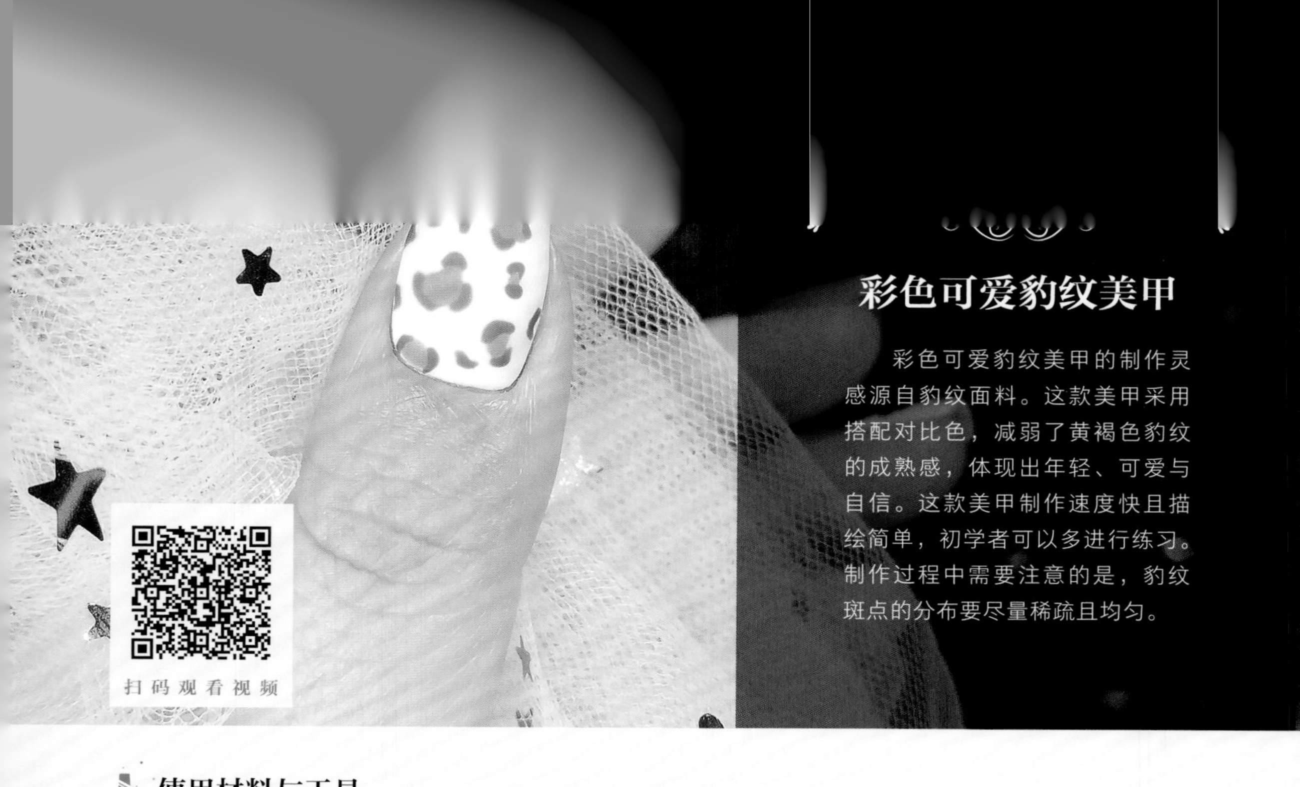

彩色可爱豹纹美甲

彩色可爱豹纹美甲的制作灵感源自豹纹面料。这款美甲采用搭配对比色，减弱了黄褐色豹纹的成熟感，体现出年轻、可爱与自信。这款美甲制作速度快且描绘简单，初学者可以多进行练习。制作过程中需要注意的是，豹纹斑点的分布要尽量稀疏且均匀。

使用材料与工具

01 OPI底胶
02 马苏拉封层
03 OPI GC L24
04 安妮丝磨砂封层
05 安妮丝GAN40
06 安妮丝GS17
07 安妮丝GS23
08 粘钻胶
09 美甲专用清洁巾
10 清洁液
11 美甲灯
12 玫瑰金色金属珠子
13 玫瑰金色金属链条
14 拉线笔
15 弯头镊子
16 榉木棒

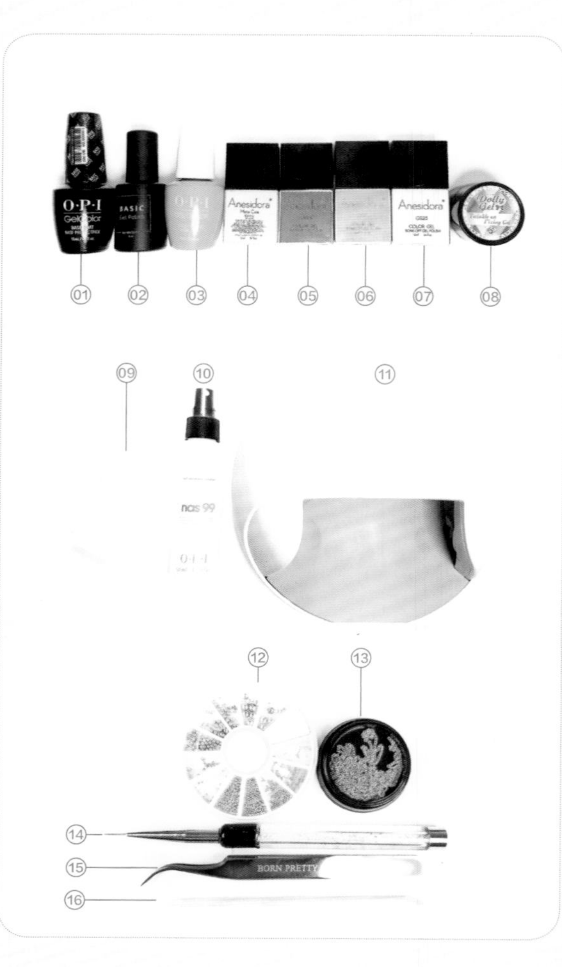

操作步骤

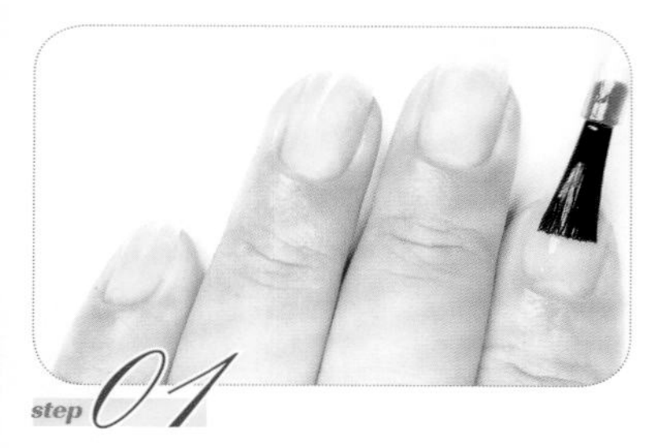

step 01

用美甲专用清洁巾蘸取清洁液，擦净甲面。然后给食指、中指、无名指和小指的指甲涂OPI底胶，并照灯固化30秒。

step 02

给食指指甲涂OPI GC L24，给中指指甲涂第1层安妮丝GS17，给无名指指甲涂第1层安妮丝GS23，给小指指甲涂第1层安妮丝GAN40，然后照灯固化30秒。

step 03

给食指、中指、无名指和小指的指甲涂第2层颜色，所选颜色与第1层相同，并照灯固化30秒。再给食指、中指和小指的指甲涂第3层颜色，所选颜色与第1层相同，并照灯固化30秒。

step 04

擦掉无名指指甲上的浮胶。然后用拉线笔蘸取少许OPI GC L24，在无名指指甲上随意地点几个斑点，并照灯固化30秒。

step 05

用干净的拉线笔蘸取少许安妮丝GAN 40，勾画蓝色斑点边缘，丰富其效果。然后在斑点中间空隙处点上小点，并照灯固化30秒。接着擦掉食指、中指、无名指和小指指甲上的浮胶，涂上马苏拉封层，并照灯固化30秒。

step 06

用榉木棒蘸取少许粘钻胶，将其涂在中指指甲上。然后用弯头镊子放上一根玫瑰金色金属链条，并在玫瑰金色金属链条旁边放几颗玫瑰金色金属珠子。擦掉多余的粘钻胶，照灯固化30秒。

提示

勾画时注意，大一点的斑点可以用3笔完成，小一点的斑点可以用2笔完成，且中间要断开。

step 07

涂马苏拉封层，使其包裹住饰品，并在找平甲面后照灯固化30秒。然后给食指、中指、无名指和小指的指甲涂安妮丝磨砂封层并照灯固化30秒。

step 08

采用与无名指指甲差不多的手法制作拇指指甲，只是斑点中心的颜色换成与中指指甲一样的颜色。制作结束。

10

彩色成熟豹纹美甲

彩色成熟豹纹美甲的制作灵感源自豹纹元素。豹纹拥有自信、勇敢、性感等美好寓意，是一种经典的流行元素。这款美甲的制作难点在于皮毛质感的表现。本案例制作过程稍微复杂一些，但是只要按步骤来操作，新手也可以顺利制作完成。

使用材料与工具

01 OPI底胶
02 马苏拉封层
03 安妮丝磨砂封层
04 粘钻胶
05 哈摩霓加固胶
06 白色底胶
07 黑色底胶
08 安妮丝GS17
09 安妮丝GAN40
10 安妮丝GF23
11 安妮丝GS23
12 小布透明胶（Orange Drop）S802
13 美甲专用清洁巾
14 清洁液
15 美甲灯
16 玫瑰金色线条贴纸
17 玫瑰金色金属饰品
18 死皮剪
19 平头美甲笔
20 锯齿晕染笔
21 拉线笔
22 小肥仔笔
23 法式笔
24 尖头镊子

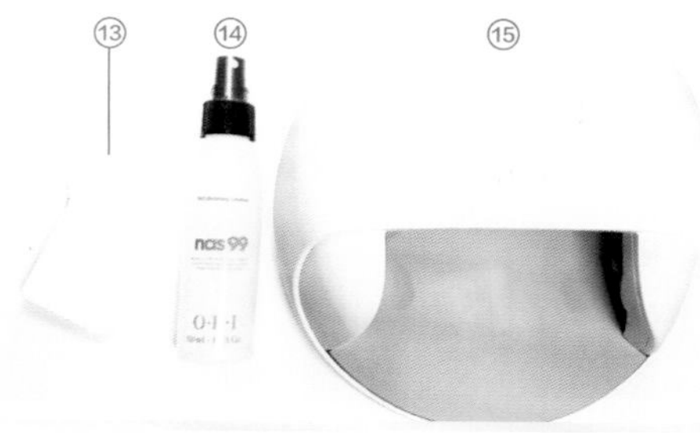

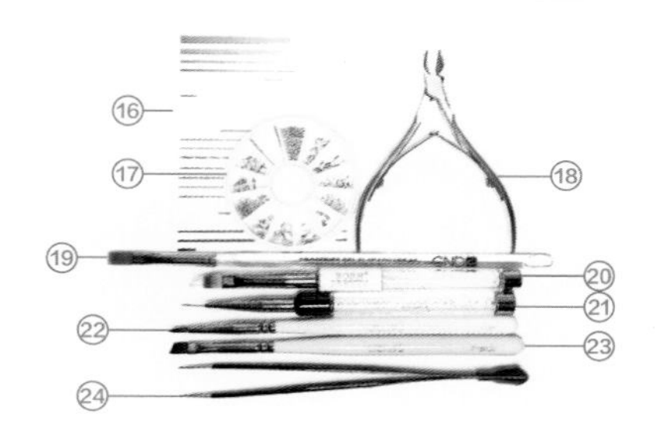

操作步骤

step 01

用美甲专用清洁巾蘸取清洁液，擦净甲面。然后给食指、中指、无名指和小指的指甲涂OPI底胶，并照灯固化30秒。

step 02

给食指和无名指的指甲涂第1层安妮丝GF23，给中指指甲涂第1层安妮丝GS23，给小指指甲涂第1层安妮丝GAN40，然后照灯固化30秒。

step 03

给食指、中指、无名指和小指的指甲涂第2层颜色和第3层颜色，所选颜色与第1层相同。每涂一层，就要照灯固化30秒。

step 04

用死皮剪剪下一块玫瑰金色线条贴纸。擦掉中指和无名指指甲上的浮胶。用尖头镊子夹取线条贴纸，将其贴在无名指指甲上并按压至贴合。再涂马苏拉封层，使之包裹贴纸并照灯固化30秒。

step 05

在贴纸的4个角上点上少许粘钻胶，将4个玫瑰金色金属饰品粘好并照灯固化30秒。再用平头美甲笔涂哈摩霓加固胶，使其包裹住饰品。照灯固化60秒。

step 06

擦掉食指、无名指和小指指甲上的浮胶，涂安妮丝磨砂封层并照灯固化30秒。

提示

照灯完成后，食指、无名指和小指的指甲制作完成。接下来开始专注于制作中指指甲上的豹纹。

step 07

用拉线笔蘸取少许黑色底胶，在中指指甲上画出几个由断点组成的椭圆，并在椭圆周围的空白处点少许小点，先不要照灯。

step 08

用拉线笔以每个点为起点，往外画出短线，表现出毛茸茸的感觉。从每个点画出的短线保持在2~3条即可。然后照灯固化60秒。

step 09

用小肥仔笔蘸取少许安妮丝GAN40，点在椭圆的中心并照灯固化30秒。然后用锯齿晕染笔蘸取少许安妮丝GAN40，在甲面上画出细线并照灯固化30秒。

提示

画短线的时候，注意椭圆以内的位置不要画。同时，画线的方向要稍微带点角度，并且画出来的短线要统一在一个方向上，避免杂乱。

提示

画细线时，注意细线要和短线方向一致，同时不要画到甲面两边的白色区域，只画中间区域即可。

step 10

用干净的锯齿晕染笔蘸取少许安妮丝GS17，叠加涂在画细线的区域，让甲面呈现出深浅不一的效果，然后照灯固化30秒。

step 11

用小肥仔笔蘸取少许安妮丝GAN40，在中指的指甲根部和指尖处点涂，让甲面的豹纹质感更强。然后用法式笔蘸取少许小布透明胶S802，将其涂在甲面的中心位置，注意涂时可随意一点，但不要将甲面涂满。

step 12

给中指指甲涂马苏拉封层，以平整甲面。然后照灯固化30秒。这一步操作非常重要，如果甲面不平整，就没办法画后面的白色高光。

step 13

用干净的锯齿晕染笔蘸取少许白色底胶，用笔尖在中指指甲上轻轻地画线。注意画线时一部分要和之前的短线方向保持一致，另一部分和短线交叉，以模拟皮毛尖上的高光。然后照灯固化30秒。

step 14

给中指指甲涂安妮丝磨砂封层，并照灯固化30秒。然后采用与中指指甲同样的手法制作拇指指甲。制作结束。

第2章 植物系列

基础篇

Manicure

11

清新花朵美甲

清新花朵美甲是叠印与手绘技法结合制作而成的，颜色淡雅，图案风格柔和，制作相对简单。制作这款美甲的难点在于叠印。制作时注意顺序不要乱，并且要遵守“先中间后周围，先小面积后轮廓线”的原则。

使用材料与工具

01 OPI底胶
02 哈摩霓封层
03 安妮丝GS23
04 安妮丝GS20
05 哈摩霓加固胶
06 美甲专用清洁巾
07 清洁液
08 美甲灯
09 洗甲水
10 丫亲安印油北欧系列056
11 SWEETCOLOR白色印油
12 PUEEN黑色印油
13 BORN PRETTY黑色激光印油
14 印章
15 玫瑰金转印纸
16 金豆豆
17 印花板物鹿上176
18 印花板物鹿上180
19 平头美甲笔
20 斜头美甲笔
21 榉木棒
22 刮板
23 胶带

操作步骤

step 01

用美甲专用清洁巾蘸取清洁液，擦净甲面。然后给食指、中指、无名指和小指的指甲涂OPI底胶并照灯固化30秒。

step 02

利用OPI底胶的浮胶在食指和小指的指甲上粘玫瑰金转印纸，用桦木棒按压平整。用平头美甲笔蘸取哈摩霓加固胶，给食指和小指的指甲薄薄地涂一层，并在食指和小指指甲的根部各放一颗金豆豆。

step 03

给中指指甲涂第1层安妮丝GS20，给无名指指甲涂第1层安妮丝GS23。然后将中指、无名指、食指和小指的指甲一起照灯固化60秒。

提示

粘贴时注意，在转印纸接触甲面后轻压一下，再干脆利落地撕开。同时，因为这里用的玫瑰金转印纸是不带背胶的，所以对胶的黏度要求比较高，黏度不够的胶（如瓶装的甲油胶）没法实现转印。

step 04

在金豆豆上点少许哈摩霓加固胶。然后给中指指甲和无名指指甲涂第2层颜色，所选颜色与第1层相同。照灯固化30秒。

step 05

用对应相同的颜色给中指和无名指的指甲涂第3层颜色，给食指和小指指甲涂哈摩霓封层。然后一起照灯固化60秒。

step 06

擦掉所有指甲上的浮胶，食指和小指的指甲制作完成。接下来给中指和无名指的指甲添加印花。

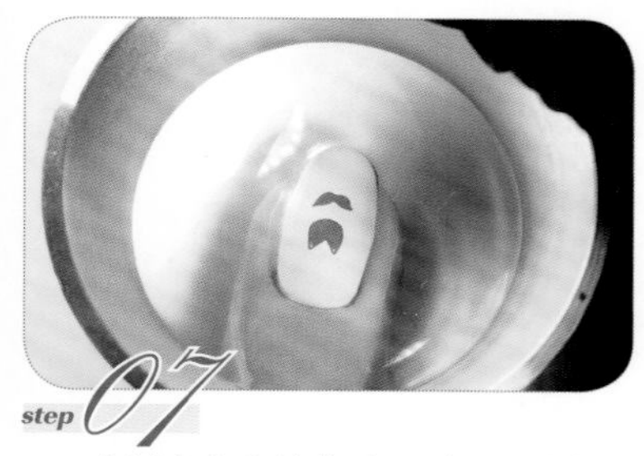

step 07

将丫亲安印油北欧系列056涂在印花板物鹿上180的花朵图案上，用刮板刮掉印花板上多余的印油。用印章印取图案并转印到无名指指甲的中心位置。

step 08

将PUEEN黑色印油涂在印花板物鹿上180的花朵线条图案上，用刮板刮掉印花板上多余的印油。用印章印取图案，对准无名指指甲上的花朵图案进行叠印，表现出花朵的茎和外轮廓。

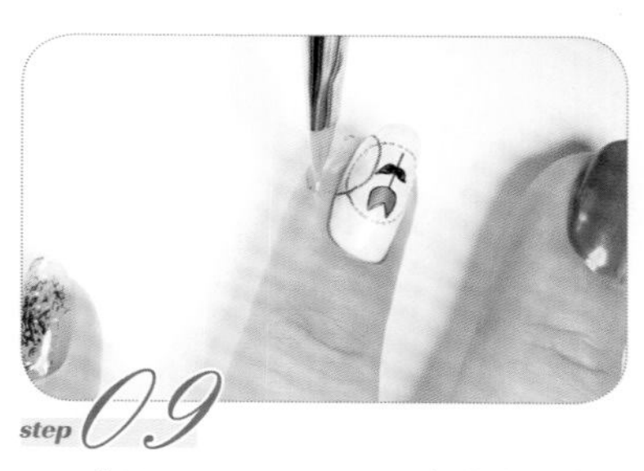

step 09

将BORN PRETTY黑色激光印油涂在印花板物鹿上176的圆圈图案上，用刮板刮掉印花板上多余的印油。用印章印取图案，对准叠印在无名指指甲花朵图案的周围。再用斜头美甲笔蘸取洗甲水，清理无名指指缘处多余的印花图案。

step 10

将SWEETCOLOR白色印油涂在印花板物鹿上176的图案上，用刮板刮掉印花板上多余的印油。用印章印取图案，用胶带粘走印章上多余的印花图案，只留下一条点线组合图案，再转印到中指指甲的游离线附近。

step 11

清理手指指缘处多余的印油。然后在印好图案的甲面上涂哈摩霓封层，并照灯固化60秒。再采用与中指指甲同样的手法制作拇指指甲。制作结束。

12 纯洁百合美甲

纯洁百合美甲是用填色印花技法代替手绘技法制作而成的，搭配百合花图案。百合花给人纯洁、高雅的感觉，在深蓝色底色的衬托下显得更加干净、清爽。这款美甲的制作难点主要在于用指甲油填色后对贴片干透时间的判断。

使用材料与工具

01 OPI底胶
02 哈摩霓封层
03 OPI GC T65
04 OPI GC W53
05 SWEETCOLOR黑色印油
06 SWEETCOLOR白色印油
07 OPI NL R30
08 OPI NL M55
09 印花板hehe084
10 印章
11 美甲专用清洁巾
12 清洁液
13 美甲灯
14 洗甲水
15 剪刀
16 弯头镊子
17 极细彩绘笔
18 斜头美甲笔
19 刮板
20 调色盘
21 洗笔杯

操作步骤

step 01

将SWEETCOLOR黑色印油涂在印花板hehe084的百合花图案上。然后用刮板刮掉印花板上多余的印油，并用印章印取图案。

step 02

将OPI NL M55放在调色盘里，用极细彩绘笔蘸取少许后画在花瓣靠近花芯的位置。注意要按照花瓣到花芯的顺序来画，不要使颜色产生堆积，轻轻画几笔即可。

step 03

将OPI NL R30指甲油放在调色盘里，用干净的极细彩绘笔蘸取后画在花瓣的中心位置，注意要顺着花瓣的纹路来画。

提示

涂色的顺序和普通画画的顺序相反，最先涂的颜色是最后呈现在最上面的颜色。所以这里先给颜色最深的部分上色。填不同的颜色前注意用洗笔杯洗笔。

step 04

在整个百合花的图案上涂上SWEET COLOR白色印油。涂好后将印花板转过来做印章检查，看看有没有遗漏的地方，如果有就填补上去，然后放到一旁晾干。

step 05

用美甲专用清洁巾蘸取清洁液，擦净甲面。然后给食指、中指、无名指和小指的指甲涂OPI底胶，并照灯固化30秒。

step 06

给食指指甲和小指指甲涂第1层OPI GC T65，给中指和无名指指甲涂第1层OPI GC W53，然后一起照灯固化30秒。

step 07

给食指、中指、无名指和小指的指甲涂第2层和第3层颜色，所选颜色与第1层相同。每涂一层，就要照灯固化30秒。

step 08

给食指和小指的指甲涂哈摩霓封层并照灯固化60秒，然后擦掉浮胶。食指和小指的指甲制作完成。

step 09

涂指甲底色这段时间，之前做好的贴片表面基本上干了。用弯头镊子轻轻将贴片从印章上揭下来，再根据指甲的大小对贴片进行规划分割。

提示

注意，一定要保证贴片不能完全干透，只需稍稍有些粘手，否则无法正常揭下来。

step 10

用弯头镊子将分割好的贴片粘到中指指甲上。然后一边比对甲面，一边用剪刀剪掉多出甲面的部分，再将贴片轻轻按压，粘贴到甲面上。

step 11

一边检查粘贴好的贴片，一边根据甲面的大小对贴片进行再次修剪。用斜头美甲笔蘸取少许洗甲水，在贴片的背面轻涂一下，对干透的贴片进行软化，使其更加贴合甲面。

step 12

采用同样的手法将剩下分割好的贴片粘贴在无名指的指尖边缘。等甲面干透后，用干净的美甲专用清洁巾擦掉甲面上的灰尘和粘贴片时手摸了甲面留下的油分。

提示

在软化时一定要格外小心，因为蘸取的洗甲水过多很可能会使贴片融化，蘸取的洗甲水过少又无法达到软化贴片的目的。

step 13

给粘好贴片的甲面涂哈摩霓封层并照灯固化60秒。擦掉食指、中指、无名指和小指指甲上的浮胶。

提示

这一步的封层可以涂两层，且中间不需要擦掉浮胶，以免在封层没有完全封住图案的情况下将图案一起擦掉。

step 14

采用与中指指甲同样的手法制作拇指指甲。制作结束。

13

热恋玫瑰美甲

热恋玫瑰美甲主要采用的是玫瑰花图案元素，玫瑰花象征着热恋。可以运用水转贴纸快速做出看似复杂的美甲图案效果。其制作要点在于水转贴纸的使用方法与技巧。

使用材料与工具

01 Essie gel#5055
02 OPI GC T65
03 OPI底胶
04 马苏拉封层
05 哈摩霓加固胶
06 银色彩绘胶
07 水转贴纸
08 洗笔杯
09 剪刀
10 尖头镊子
11 美甲专用清洁巾
12 清洁液
13 美甲灯
14 洗甲水
15 粉色大理石碎片
16 金色丝线
17 拉线笔
18 斜头美甲笔
19 平头美甲笔

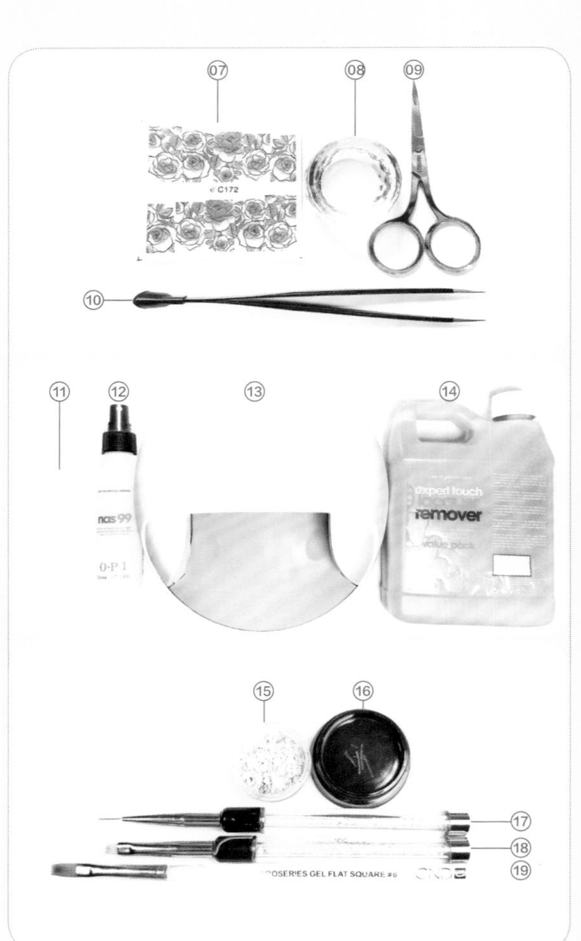

操作步骤

step 01

用美甲专用清洁巾蘸取清洁液，擦净甲面。然后给食指、中指、无名指和小指的指甲涂OPI底胶，并照灯固化30秒。

step 02

给食指和小指指甲涂第1层Essie gel#5055，给中指和无名指指甲涂第1层OPI GC T65。然后一起照灯固化30秒。

step 03

给食指、中指、无名指和小指的指甲涂第2层和第3层颜色，所选颜色与第1层相同。涂每一层都要照灯固化30秒。擦掉中指指甲上的浮胶，并用平头美甲笔在无名指指甲上薄涂一层哈摩霓加固胶，不要照灯。

step 04

用拉线笔在甲面上点少许哈摩霓加固胶。然后蘸取适量粉色大理石碎片，将其放到无名指指甲上。放置时注意指甲根位置的大理石碎片要密集一些，指尖位置的稀疏一些，使其呈现出一定的渐变效果。

step 05

给食指和小指指甲涂马苏拉封层，然后一起照灯固化60秒。食指和小指的指甲制作完成。

step 06

给无名指指甲涂少许哈摩霓加固胶，不要照灯。用拉线笔蘸取少许哈摩霓加固胶，将金色丝线放在无名指指甲上，调整好金色丝线的位置，照灯固化60秒。

提示

在摆放这类又小又轻的饰品时，用美甲笔粘贴比用镊子夹取方便。

step 07

用平头美甲笔在无名指指甲上厚厚地涂一层哈摩霓加固胶，使其包裹住所有饰品并做好甲面的弧度建构，然后照灯固化60秒。

step 08

给无名指指甲涂马苏拉封层并照灯固化30秒。无名指指甲制作完成。

step 09

从一大张水转贴纸上剪出一块适合甲面的，撕下水转贴纸表面起保护作用的透明胶纸。

step 10

比对指甲大小，对水转贴纸做适当修剪，然后把修剪好的水转贴纸泡在洗笔杯中等待几秒。

step 11

取出泡好的水转贴纸，用手轻轻一推，使印有图案的贴纸和白色的纸底板分开。用尖头镊子轻轻夹起分离纸底板后的水转贴纸，将其放到中指指甲上的合适位置。

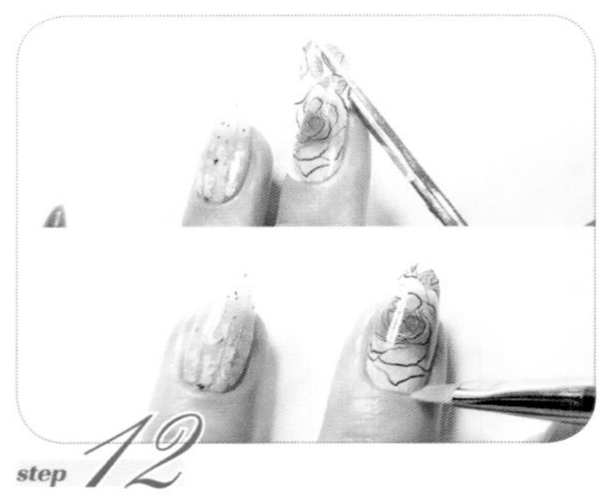

step 12

用尖头镊子的硅胶头将水转贴纸按压贴合，用剪刀剪去水转贴纸多余的部分。然后用斜头美甲笔蘸取少许洗甲水，在指缘处轻轻划拉，使水转贴纸融化，以去除多余的水转贴纸。

提示

注意，这里浸泡水转贴纸用常温的自来水即可，不要用热水。

提示

注意，轻压分离纸底板后的水转贴纸放到甲面上时要从甲面中心往四周推，让水转贴纸和甲面完全贴合，中间不能有气泡或水珠。如果贴上的水转贴纸不小心产生褶皱，可以趁水还没干时轻轻拉起水转贴纸边缘，再小心贴下，抚平所有褶皱。如果水转贴纸出现水已经干透无法正常粘贴的情况，可以用洗甲水擦掉水转贴纸，再贴上新的水转贴纸。水转贴纸是溶于洗甲水的，所以这一步一定要小心，洗甲水太多会破坏水转贴纸的完整度。

step 13

用一块干的美甲专用清洁巾擦净甲面上残留的水，然后涂马苏拉封层，照灯固化30秒。

step 14

采用与中指指甲同样的手法制作拇指指甲，然后用银色彩绘胶勾边。制作结束。

提示

新手操作时，如果甲面周围的水转贴纸不能完整贴合，可以在甲面周围用银色彩绘胶勾边。这样既可丰富美甲效果，又可起到“遮丑”的作用。

14

复古花草美甲

复古花草美甲的制作灵感源自油画。这款美甲搭配简单的印花图案，浓浓的复古风跃然于指尖之上，优雅而不失时尚。本案例的制作难点在于底色的晕染，需要制作者对色彩搭配有一定的把控能力。

使用材料与工具

01 OPI底胶
02 马苏拉封层
03 Presto磨砂封层
04 OPI GC V26
05 OPI GC N61
06 OPI GC L24
07 安妮丝GS17
08 安妮丝GS23
09 安妮丝GS25
10 masura294-393
11 马宝金属拉线胶（BABYMA Golden）M02
12 白色彩绘胶（PINK GEL）
13 黑色彩绘胶（PINK GEL）
14 SWEETCOLOR白色印油
15 MOYOU LONDON印油MN050
16 MOYOU LONDON印油MN005
17 印章
18 印花板hehe ORZ001
19 印花板hehe ORZ009
20 印花板hehe ORZ010
21 美甲专用清洁巾
22 清洁液
23 美甲灯
24 洗甲水
25 刮板
26 斜头美甲笔
27 拉线笔
28 彩绘笔

操作步骤

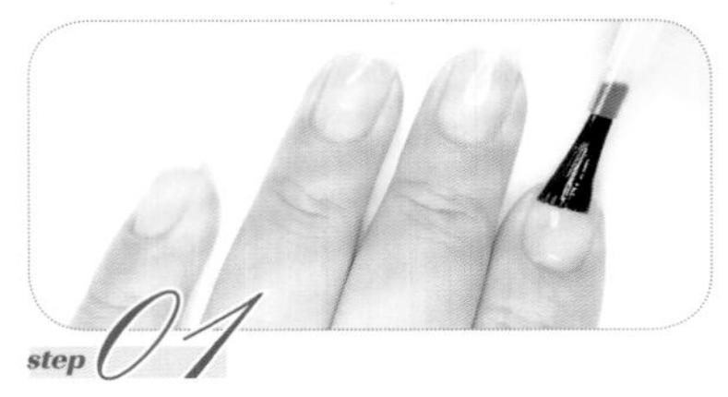

step 01

用美甲专用清洁巾蘸取清洁液，擦净甲面。然后给食指、中指、无名指和小指的指甲涂OPI底胶，并照灯固化30秒。

step 02

用彩绘笔蘸取少许安妮丝GS17，将其点涂在食指指甲上，点涂时可以稍微随意一些。蘸取少许OPI GC V26，将其涂在食指指甲上，将其与安妮丝GS17混合。

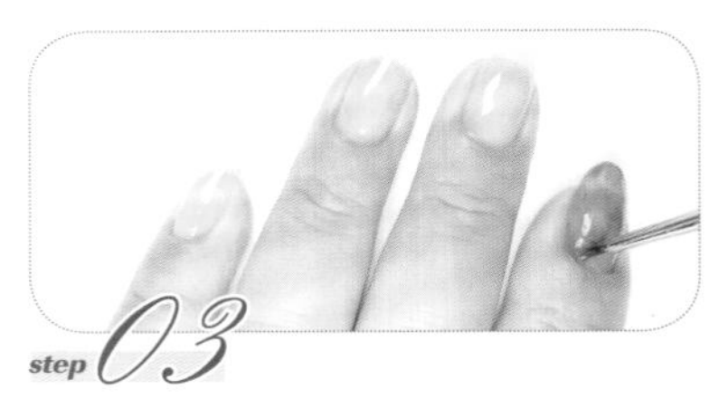

step 03

用残留了OPI GC V26的彩绘笔蘸取少许黑色彩绘胶，在食指指甲上画出少许竖向纹理。用干净的彩绘笔蘸取少许OPI GC V26，将其涂在指甲根部和甲面的中心位置。

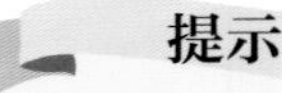

提示

因为颜色在笔上混合，所以这里画出的颜色为深棕色。

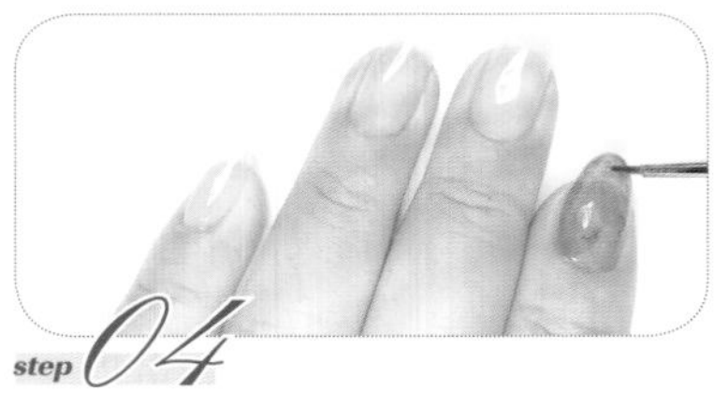

step 04

在甲面上颜色比较透的地方用彩绘笔点上少许masura294-393，这样黄色系的甲面会呈现出深浅不一的效果。

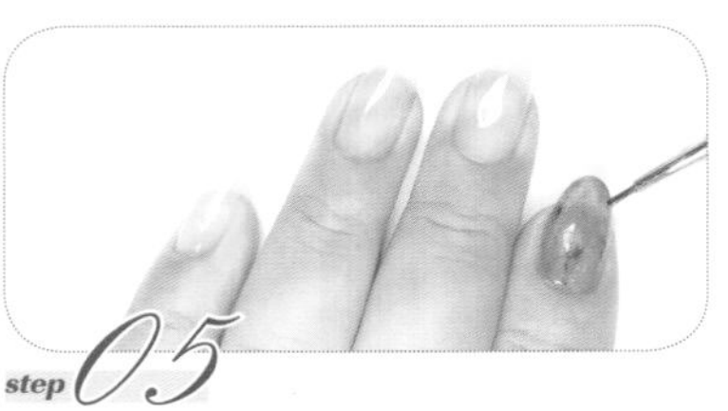

step 05

用彩绘笔在颜色交接处轻点几笔安妮丝GS17，并稍微融合一下色块。食指指甲的晕染制作完成。

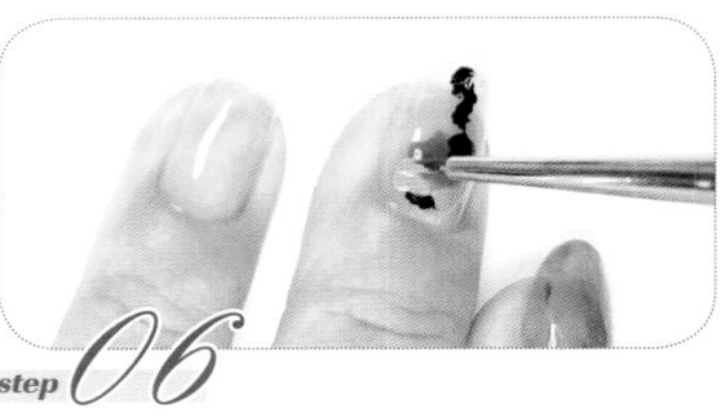

step 06

用彩绘笔在中指指甲上点少许OPI GC V26，然后在附近随意地点少许黑色彩绘胶，再点少许OPI GC L24。在点了OPI GC V26和OPI GC L24的旁边点少许安妮丝GS25。

提示

换颜色的时候，彩绘笔一般需要洗净。这样做是为了画出干净的颜色。有时候不擦，是为了得到另外一种效果，这与绘画是一样的道理。同时，在选择彩绘笔时，可以选择毛量稍多一些的，在这里使用极细美甲笔就不合适了。

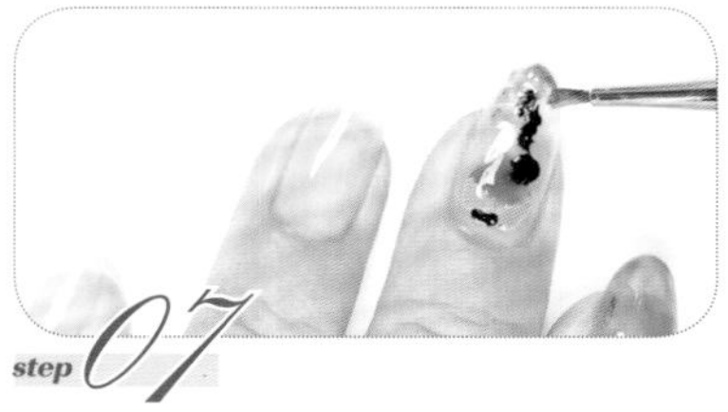

step 07

用残留有安妮丝GS25的彩绘笔蘸取少许安妮丝GS17，在指尖涂有黑色彩绘胶的地方点几下，随意画出混合的色块。

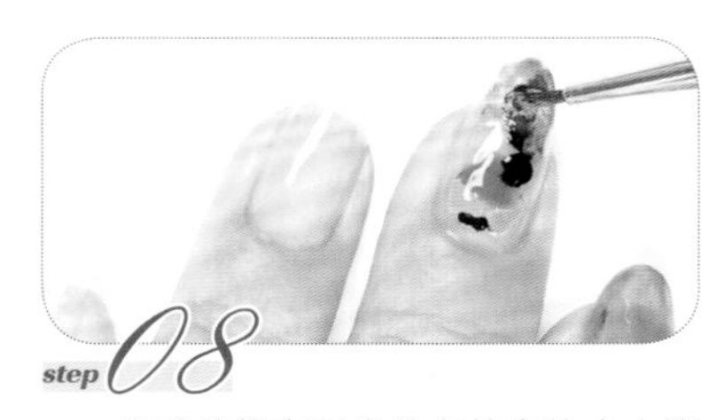

step 08

用彩绘笔在画出的色块旁边点少许OPI GC V26，然后用残留有OPI GC V26的彩绘笔直接混合黑色彩绘胶旁边的几种颜色。

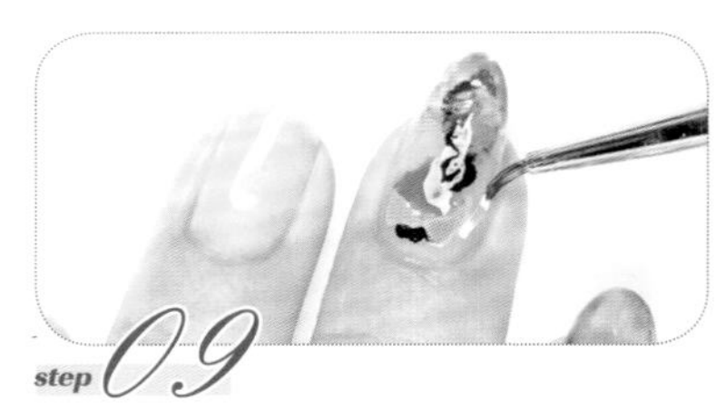

step 09

用干净的彩绘笔蘸取少许白色彩绘胶，将其点在OPI GC L24色块旁边，然后再点几笔在刚刚混过色的黑色彩绘胶上。

提示

混合颜色时注意不要把黑色彩绘胶全部混合，将靠近甲面中心位置的部分留出来。

step 10

用残留有白色彩绘胶的彩绘笔在黑色彩绘胶旁边轻刷一下，带出少许黑色彩绘胶即可，不要全部混合。擦干净彩绘笔，蘸取少许干净的白色彩绘胶，随意地点涂在甲面左边的空白处。

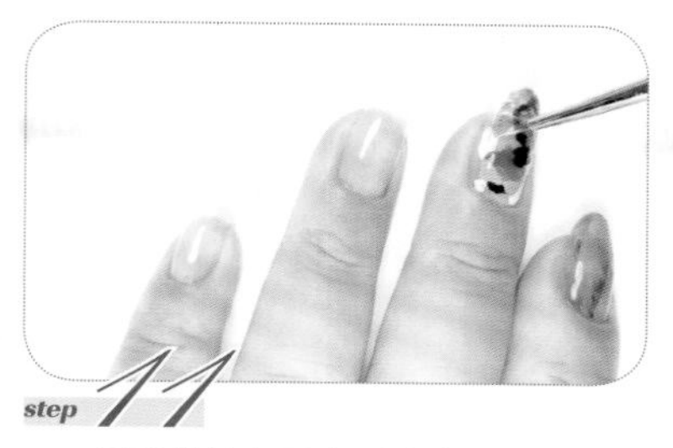

step 11

用彩绘笔在黑白刷痕旁边点少许安妮丝GS25，在甲面的空白处涂少许安妮丝GS17，使之与边缘的颜色混合。

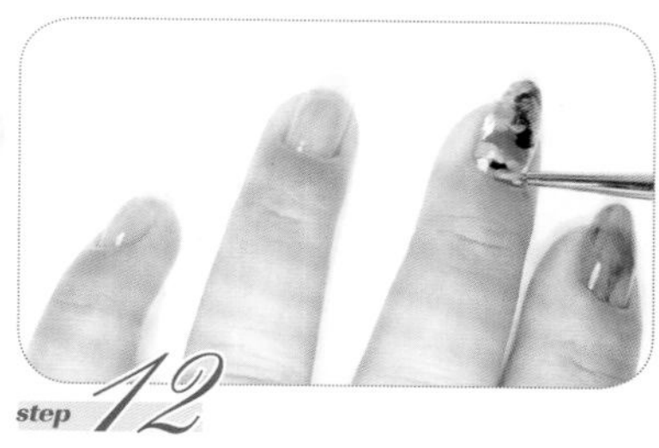

step 12

用彩绘笔在点了安妮丝GS17位置的旁边点少许masura294-393，使其与周围的颜色混合。然后蘸取少许OPI GC N61，点在最开始点的OPI GC L24的旁边，填充指甲根部的空白。点涂时注意仔细画出指缘的弧度。

step 13

观察甲面，发现指甲根部右边的白色色块面积过大。因此用彩绘笔蘸取少许masura 294-393，在白色彩绘胶一半的位置进行点涂混合。

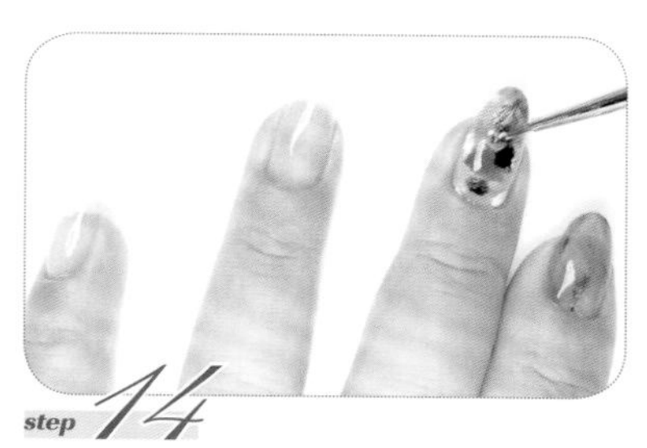

step 14

检查甲面，对色块交接太生硬的地方添加颜色，使颜色融合，直到效果理想为止。中指指甲制作完成。

step 15

给无名指指甲涂第1层安妮丝GS23，然后采用与中指指甲同样的手法制作小指指甲，再给食指指甲、中指指甲和小指指甲涂马苏拉封层，以平整甲面。给无名指指甲涂第2层颜色，所选颜色与第1层相同。照灯固化30秒。

step 16

给无名指指甲涂第3层颜色，不要照灯。然后用彩绘笔蘸取少许黑色彩绘胶，在无名指指甲上画几笔，让黑色彩绘胶和白色的安妮丝GS23适当融合，并呈现出笔触感。照灯固化30秒。

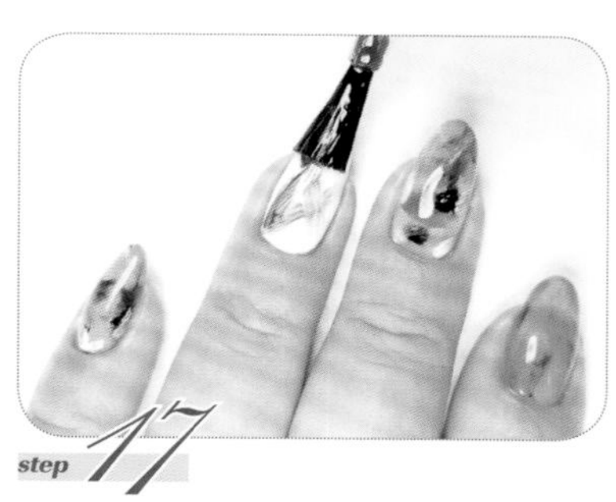

step 17

给无名指指甲涂马苏拉封层，起到平整甲面的作用。然后照灯固化30秒。

step 18

将MOYOU LONDON印油MN005涂在印花板hehe ORZ010的图案上，用刮板刮掉印花板上多余的印油。用印章印取图案，转印到食指指甲上。

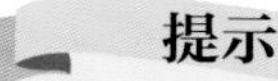

提示

这里的黑色彩绘胶一定要选延展性强且不流动的，如此才可能出现想要的笔触感。

step 19

将MOYOU LONDON印油MN050涂在印花板hehe ORZ010的邮戳图案上，用刮板刮掉印花板上多余的印油，用印章印取图案后叠印在食指指甲上。

step 20

将MOYOU LONDON印油MN050涂在印花板hehe ORZ010的弧形条纹图案上，用刮板刮掉印花板上多余的印油。用印章印取图案，斜向转印到中指指甲上。

step 21

将SWEETCOLOR白色印油涂在印花板hehe ORZ009的花朵图案上，用刮板刮掉印花板上多余的印油。用印章印取图案，叠印在中指指甲上。叠印时注意将花朵图案与弧形纹理错开。

step 22

将SWEETCOLOR白色印油涂在印花板hehe ORZ010的英文字体图案上，用刮板刮掉印花板上多余的印油。用印章印取图案，转印到无名指指甲上。

step 23

将MOYOU LONDON印油MN050涂在印花板hehe ORZ001的白色花朵图案上，用刮板刮掉印花板上多余的印油。用印章印取图案，转印到小指指甲上。

step 24

用蘸有洗甲水的斜头美甲笔清理指缘的印油图案，指缘皮肤上的印油先不管。然后用拉线笔蘸取少许马宝金属拉线胶M02，在中指指缘处勾边并照灯固化30秒。

step 25

给食指、中指、无名指和小指指甲涂Presto磨砂封层并照灯固化30秒。然后擦掉浮胶和印在指甲周围皮肤上的图案。之后用与制作中指指甲同样的方法制作拇指指甲。制作结束。

提示

印油的颜色比较浅且花纹较少时，可以在擦浮胶时用清洁液擦干净皮肤上的印油，不必再用指缘打底胶遮盖指缘皮肤。而如果印油的颜色比较深且图案特别密集，一定要用指缘打底胶，因为深色印油不易清理干净。

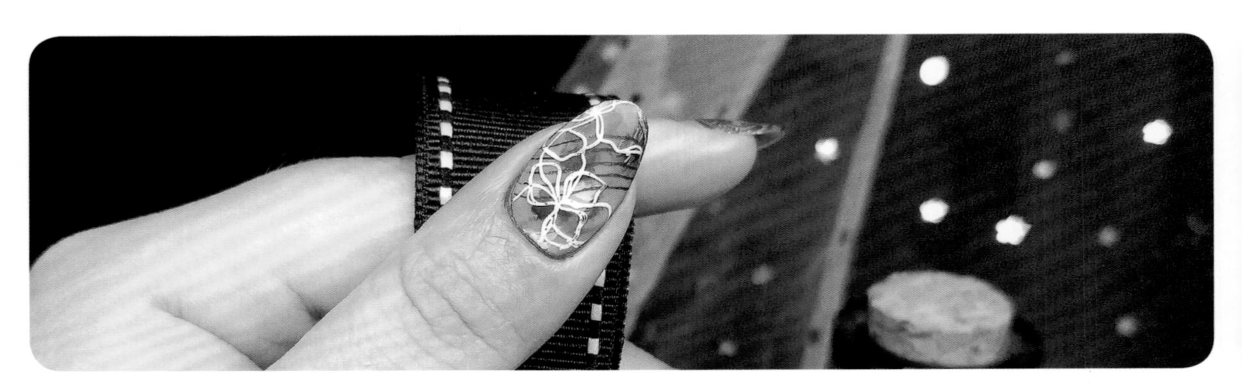

15

涂鸦花草美甲

涂鸦花草美甲的制作参考了花草插画。甲面上花草图案的风格为涂鸦风，绘制较随意，就算是新手或控笔不是很熟练的人也可以画出这种效果。这款美甲的制作难点在于构图，具体表现在花草图案在甲面上的大小和方向。

使用材料与工具

01 OPI底胶
02 马苏拉封层
03 OPI GC BA1
04 OPI HP F04
05 OPI GC N60
06 OPI GC L24
07 Essie gel#5053
08 安妮丝GS23
09 安妮丝GS41
10 安妮丝GS47
11 CND SHELLAC LUXE #303
12 黑色彩绘胶
13 美甲专用清洁巾
14 清洁液
15 美甲灯
16 调色盘
17 拉线笔
18 极细彩绘笔
19 小肥仔笔

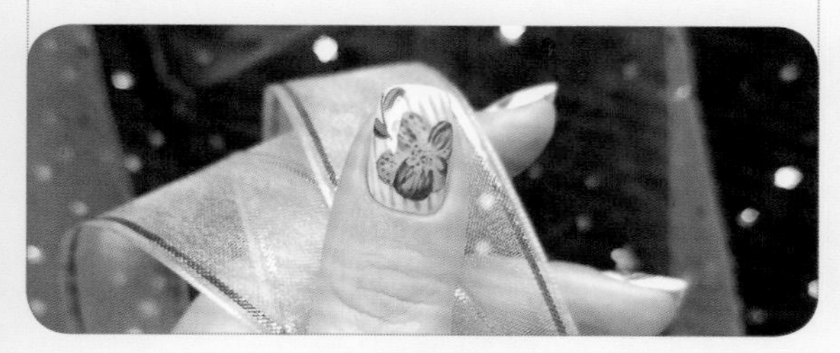

操作步骤

step 01

用美甲专用清洁巾蘸取清洁液，擦净甲面。然后给食指、中指、无名指和小指的指甲涂OPI底胶，并照灯固化30秒。

step 02

用安妮丝GS23给食指、中指、无名指和小指的指甲涂第1层颜色并照灯固化30秒。然后给食指、中指、无名指和小指的指甲涂第2层颜色，所选颜色与第1层相同，并照灯固化30秒。

step 03

擦掉浮胶，从食指指甲开始，用小肥仔笔蘸取安妮丝GS41，画第1片花瓣。然后用残留有安妮丝GS41的小肥仔笔蘸取安妮丝GS47，画第2片花瓣。接着清理干净小肥仔笔，再蘸取安妮丝GS47，画第3片花瓣。照灯固化30秒。

step 04

在第1片花瓣上涂少许CND SHELLAC LUXE #303，使花瓣呈现出一定的渐变效果。然后用黑色彩绘胶画出花蒂。用拉线笔蘸取OPI HP F04，画出花茎，并照灯固化30秒。

step 05

用拉线笔蘸取黑色彩绘胶，在第2片花瓣上勾出花瓣的轮廓线，然后在中间画几条花瓣的弧线。照灯固化30秒。

step 06

用极细彩绘笔蘸取少许Essie gel #5053，在中指指甲上点出5个点，组成一朵花。用此方法画出3朵花。瓶装甲油胶的胶体比较稀，点好以后需要马上照灯固化30秒。

step 07

用极细彩绘笔蘸取少许安妮丝GS47，在花朵的中心点上花蕊，并照灯固化10秒。然后用拉线笔蘸取OPI HP F04，画出花朵的茎叶，并照灯固化30秒。

step 08

用拉线笔蘸取黑色彩绘胶，简单画出叶脉。因为要体现涂鸦风，所以这里的叶脉可以只画一半。然后照灯固化30秒。

step 09

用极细彩绘笔蘸取少许OPI GC BA1，在无名指指甲上画出叶子，并照灯固化30秒。

step 10

用拉线笔在调色盘上将OPI GC BA1和黑色彩绘胶混合，得到深蓝色。用深蓝色画出叶子的轮廓和主叶脉，并选一片叶子画出小叶脉。然后照灯固化30秒。

step 11

在调色盘上将OPI GC BA1和Essie gel#5053混合，用拉线笔蘸取混合色，画在中间的叶片上，并照灯固化30秒。

step 12

用极细彩绘笔蘸取少许OPI GC L24，在小指指甲的中心位置画一个椭圆形的叶片，然后照灯固化30秒。

step 13

给小指指甲上的叶片涂OPI GC L24，作为第2层颜色。然后蘸取少许OPI GC N60，画在叶片的左边，边缘部分和OPI GC L24融合，让颜色过渡自然。照灯固化30秒。

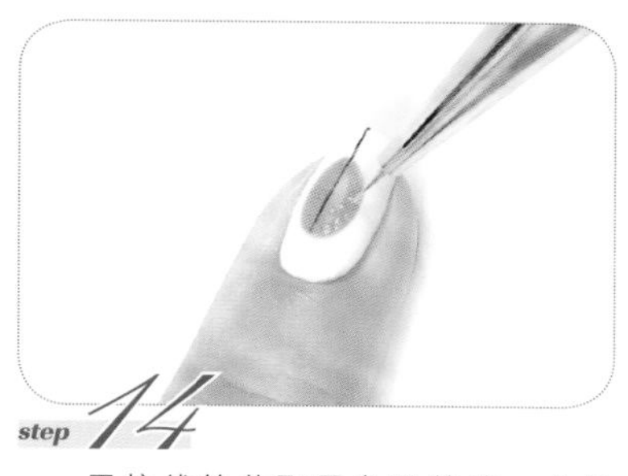

step 14

用拉线笔蘸取黑色彩绘胶，从叶片的顶部向下画一条细线，并照灯固化10秒。然后用极细彩绘笔蘸取OPI GC BA1，在叶片右边点几个小点作为装饰，并照灯固化10秒。

step 15

在叶片旁边用黑色彩绘胶画出一个较抽象的花形，并照灯固化30秒。用拉线笔蘸取黑色彩绘胶，在中指指甲上的蓝色花朵上勾出轮廓线，点出花芯后照灯固化30秒。

step 16

给食指、中指、无名指和小指指甲涂马苏拉封层，并照灯固化30秒。采用以上方法但不同的颜色制作拇指指甲。制作结束。

16

写意花卉美甲

写意花卉美甲的制作采用了写意技法，花朵只用了淡淡的黄色线条勾勒，并用较粗犷的方式进行表现。其制作过程较简单且易上手。针对花卉的制作，只要制作者稍微具备一些美术功底，把控好落笔的力度，就能描绘出理想的花卉效果。

使用材料与工具

01 OPI底胶
02 Presto磨砂封层
03 OPI GC T63
04 OPI GC V37
05 安妮丝GS47
06 Essie gel#5036
07 哈摩霓加固胶
08 粘钻胶
09 黑色印花胶（BORN PRETTY BP-FW12）
10 美甲专用清洁巾
11 清洁液
12 美甲灯
13 金豆豆
14 黑色金属螺纹棒
15 水滴形尖底钻
16 平头美甲笔
17 拉线笔
18 小肥仔笔
19 彩绘笔
20 尖头镊子
21 榉木棒

操作步骤

step 01

用美甲专用清洁巾蘸取清洁液，擦净甲面。然后给食指、中指、无名指和小指的指甲涂OPI底胶，并照灯固化30秒。

step 02

给食指、中指和无名指的指甲涂第1层OPI GC T63，给小指指甲涂第1层OPI GC V37，然后一起照灯固化30秒。

step 03

给食指、中指、无名指和小指的指甲涂第2层和第3层颜色，所选颜色与第1层相同。每涂一层颜色就要照灯固化30秒。

step 04

用小肥仔笔蘸取适量安妮丝GS47，在擦掉浮胶的无名指指甲上画出几个花瓣形状的色块。然后擦掉中指指甲上的浮胶，在甲面上随意地涂上几笔Essie gel#5036。

step 05

在食指和小指的指甲根部涂一点哈摩霓加固胶。然后用尖头镊子在食指和小指的指甲上涂了哈摩霓加固胶的地方分别放上一颗金豆豆，并照灯固化30秒。

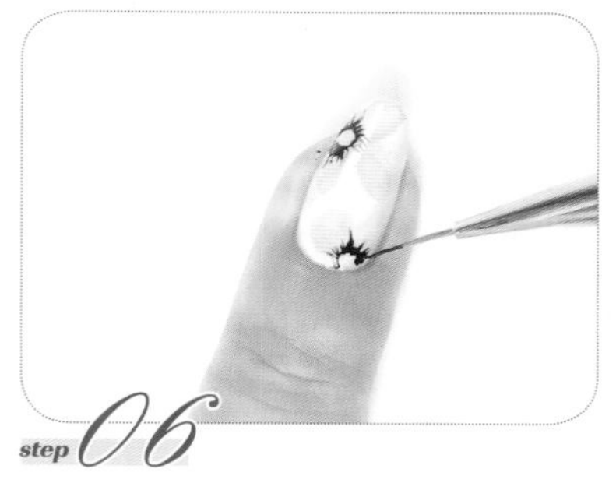

step 06

用拉线笔蘸取黑色印花胶，在无名指指甲上画出代表花芯的圆圈。画的时候注意圆圈不要闭合，可随意一点。以圆圈为中心往花瓣的方向画出一些细线。

提示

这里擦掉无名指和中指指甲上的浮胶是为了避免浮胶的颜色和后面涂的颜色混合，导致后面的颜色边缘不清晰。

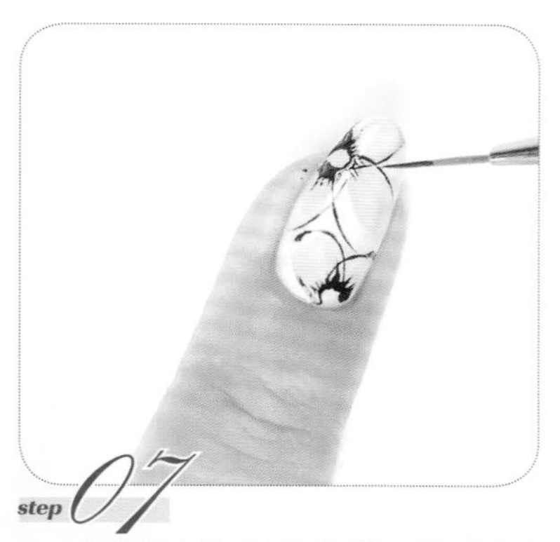

step 07

在花瓣色块周围画弧线，画弧线的目的并不是勾勒色块边缘，而是用弧线表示花瓣的具体形状。弧线要尽量画得自然、流畅。

step 08

从花芯往花瓣画几条稍长一点的细线，作为花瓣的褶皱。画的时候注意线条的流畅度，运笔要一气呵成，中间不要有停顿。然后照灯固化30秒。

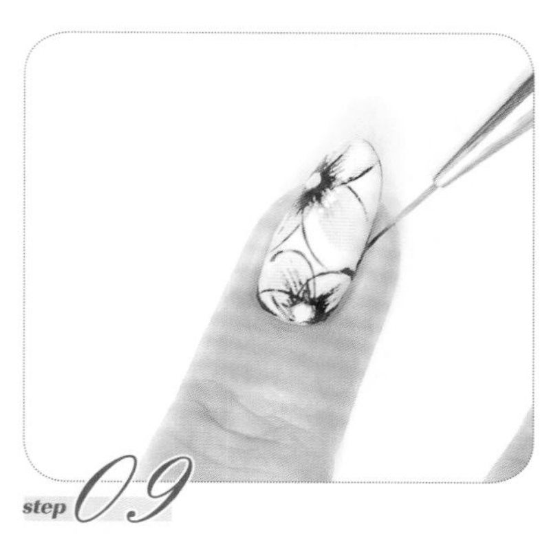

step 09

在甲面边缘随意地勾边，但是不要将整个甲面边缘都勾上，只选择其中的几段大致勾一下即可。然后照灯固化30秒。

step 10

用榉木棒蘸取粘钻胶，涂在中指指甲的中心位置。然后在粘钻胶上放一颗水滴形尖底钻和一根黑色金属螺纹棒，并照灯固化30秒。

step 11

用平头美甲笔给食指、小指和无名指的指甲分别涂一层哈摩霓加固胶。给食指和小指的指甲涂哈摩霓加固胶是为了包裹住金豆豆，给无名指指甲涂哈摩霓加固胶是为了平整甲面。

step 12

用彩绘笔蘸取适量哈摩霓加固胶，在中指指甲上的饰品周围仔细涂抹，并做好甲面的弧度建构。然后照灯固化60秒。

step 13

擦掉食指、中指、无名指和小指指甲上的浮胶，涂上Presto磨砂封层，并照灯固化30秒。采用与无名指指甲同样的手法制作拇指指甲。制作结束。

17

猫眼秋叶美甲

猫眼秋叶美甲的制作灵感源自带有秋叶元素的裙子，甲面上的叶子用猫眼胶进行描绘，猫眼胶有光泽，用其描绘出的叶子也带有魔幻光泽。本案例的制作难点在于叶子的绘制，要使叶子边缘整洁且颜色均匀。另外需要注意的是，用猫眼胶绘制叶子后，吸出光泽的位置一定要保证在主叶脉处，而不能在其他位置，否则得不到想要的效果。

使用材料与工具

01 OPI底胶
02 哈摩霓封层
03 OPI GC W53
04 安妮丝GS23
05 猫眼胶（masura296-91）
06 黑色印花胶
07 美甲专用清洁巾
08 清洁液
09 美甲灯
10 磁板
11 短平头笔
12 拉线笔
13 极细彩绘笔

操作步骤

step 01

用美甲专用清洁巾蘸取清洁液，擦净甲面。然后给食指、中指、无名指和小指的指甲涂OPI底胶，并照灯固化30秒。

step 02

给食指指甲涂第1层猫眼胶，涂好后用磁板吸出想要的效果。然后用同样的手法制作小指指甲。

step 03

给中指指甲涂第1层安妮丝GS23，给无名指指甲涂第1层OPI GC W53，然后照灯固化30秒。给食指和小指的指甲涂第2层颜色，所选颜色与第1层相同，并用磁板吸出想要的效果。

step 04

给中指和无名指的指甲涂第2层颜色，所选颜色与第1层相同，并照灯固化30秒。给中指和无名指的指甲涂第3层颜色，所选颜色与第1层相同，并照灯固化30秒。

step 05

擦掉中指和无名指指甲上的浮胶。然后用极细彩绘笔蘸取猫眼胶，在无名指指甲的中心位置画一个叶子图案。

step 06

把磁板放在叶子图案的中心位置，吸出叶片主脉上的光泽。照灯固化30秒。

step 07

擦掉叶子图案上的浮胶。然后用拉线笔在叶子图案上用黑色印花胶代替黑色彩绘胶画出叶脉和叶子的轮廓，并照灯固化30秒。

提示

需要注意的是，在没有彩绘胶的情况下，印花胶可以代替彩绘胶画线，但是彩绘胶不能代替印花胶印花。

step 08

在中指指甲靠左边的位置用极细彩绘笔蘸取猫眼胶，画一个细长的水滴图案。然后用磁板从水滴图案的中心位置吸出光泽，并照灯固化30秒。再用拉线笔蘸取黑色印花胶，在水滴图案上画出叶脉和叶子的轮廓，并照灯固化30秒。

step 09

用极细彩绘笔蘸取OPI GC W53，在中指指甲右边画出另外一个反向的、细长的水滴图案，并照灯固化30秒。然后擦掉水滴图案上的浮胶。再用拉线笔蘸取黑色印花胶，在水滴图案上画出叶脉和叶子的轮廓。照灯固化30秒。

step 10

用拉线笔的笔尖分别蘸取猫眼胶、黑色印花胶和OPI GC W53，在中指指甲的留白区域轻轻地点一些小点，注意颜色要均匀分布，点的大小要一致。然后照灯固化30秒。

step 11

给食指、中指、无名指和小指的指甲涂哈摩霓封层，并照灯固化60秒。然后擦掉浮胶。采用与无名指指甲同样的手法制作拇指指甲。制作结束。

提示

在这一步操作中，如果出现画错的情况，可以用短平头笔蘸取清洁液将其擦掉后重新画。

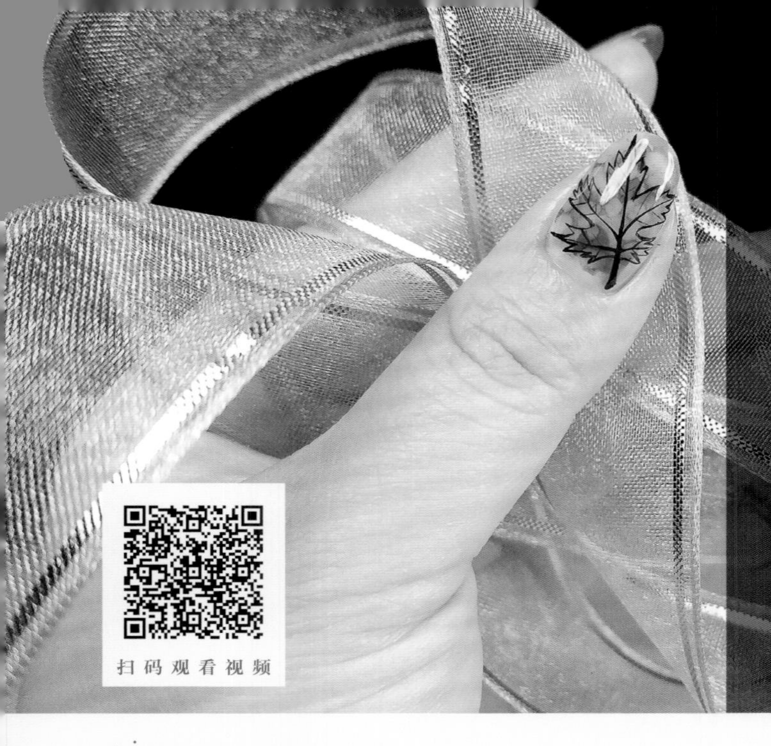

18

枫糖秋叶美甲

枫糖秋叶美甲由晕染液做出底色，配以手绘图案制作而成。作为配角的食指和无名指指甲运用透明胶晕染，表现出了晶莹剔透感，像极了枫糖，给人一种秋天的清爽感。本案例的图案既可以手绘，又可以用工具辅助制作，只是用工具辅助制作的图案（如中指指甲上的图案）不如手绘的图案（如拇指指甲上的图案）生动。在条件允许的情况下，还是尽量采用手绘的方式。

使用材料与工具

01 彦雨秀YA071
02 彦雨秀YA074
03 彦雨秀YA070
04 OPI底胶
05 Ratex免洗封层
06 哈摩霓加固胶
07 马宝胶002
08 黑色印花胶
09 SWEETCOLOR白色印油
10 印章
11 印花板hehe048
12 土黄色晕染液（Aishini 水墨 · 晕染7）
13 红色晕染液（Aishini 水墨 · 晕染1）
14 紫色晕染液（Aishini 水墨 · 晕染9）
15 黄色晕染液（Aishini 水墨 · 晕染4）
16 透明水（Aishini 水墨 · 晕染12）
17 美甲专用清洁巾
18 清洁液
19 美甲灯
20 平头美甲笔
21 短平头笔
22 拉线笔
23 弯头镊子
24 金箔
25 刮板
26 贝壳片
27 水晶石

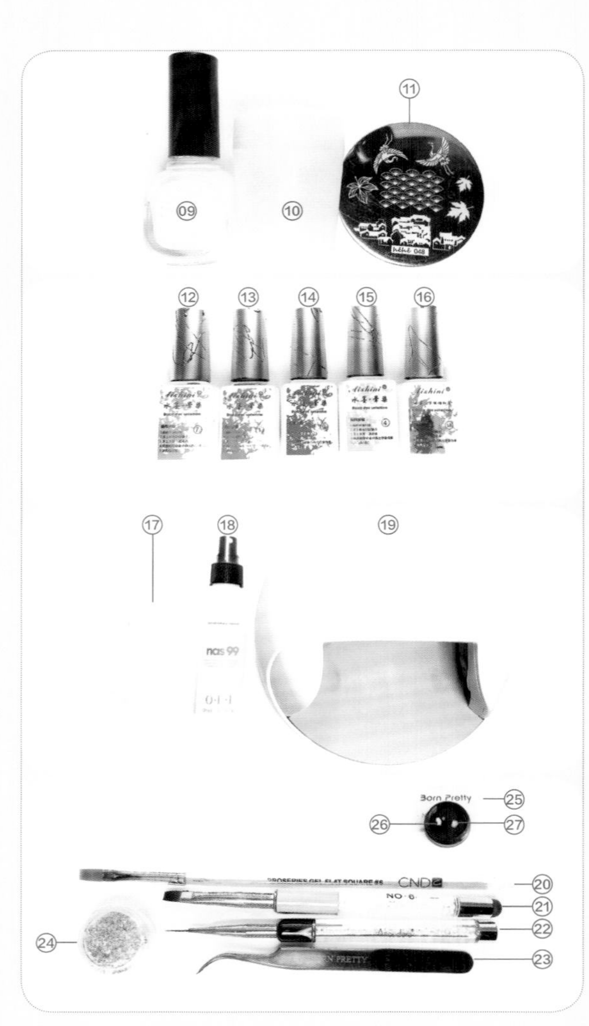

操作步骤

step 01

用美甲专用清洁巾蘸取清洁液，擦净甲面。然后给食指、中指、无名指和小指的指甲涂OPI底胶，并照灯固化30秒。

step 02

在食指指甲上先满涂一层彦雨秀YA070，然后在食指指甲上点几点彦雨秀YA071。

step 03

用短平头笔轻刷晕染彦雨秀YA070和彦雨秀YA071交接的地方，使其呈现出一定的混合效果。在中指和无名指的指甲上满涂马宝胶002。

step 04

在小指指甲上涂第1层彦雨秀YA074。将小指指甲连同食指、中指和无名指的指甲一起照灯固化30秒。

step 05

用浮胶在无名指的指尖处贴上一大片金箔，并用指腹按压平整。然后在贴有金箔的无名指指尖上点一些彦雨秀YA071。给小指指甲涂第2层颜色，所选颜色与第1层相同。

step 06

给食指指甲涂Ratex免洗封层，然后将食指指甲连同中指、无名指和小指的指甲一起照灯固化30秒。

step 07

在无名指指甲的金箔上点一些彦雨秀YA070。然后给小指指甲涂第3层颜色，所选颜色与第1层相同。照灯固化30秒。

step 08

给无名指指甲薄涂一层哈摩霓加固胶，用弯头镊子放上贝壳片和水晶石。给小指指甲涂Ratex免洗封层，并照灯固化60秒。

step 09

用平头美甲笔在无名指指甲上厚涂一层哈摩霓加固胶，包裹住所有饰品，并做好甲面弧度建构。然后照灯固化60秒。

step 10

给无名指指甲涂Ratex免洗封层，然后照灯固化30秒。在擦掉浮胶的中指指甲上点一些红色晕染液。

step 11

等红色晕染液稍微干一点，点橙色晕染液。等橙色晕染液稍微干一点，点土黄色晕染液。

step 12

观察甲面，在颜色较深的地方再点一些橙色晕染液，在甲面的空白处点一些黄色晕染液。

step 13

等晕染液都稍微干了，在各个颜色晕染液交接的地方点一些透明水，使晕染液呈现出自然的晕开纹理。

step 14

在指甲边缘稍微补一些黄色晕染液。等晕染液都自然干透后，涂Ratex免洗封层，并照灯固化30秒。

step 15

将任一颜色的印油涂在印花板hehe048的枫叶图案上，用刮板刮掉印花板上多余的印油。用印章印取图案，转印到中指指甲上。

step 16

由于指甲面积较大，因此这一步采用同样的手法给中指指甲印上大小不同的两片叶子。用黑色印花胶代替黑色彩绘胶在图案边缘进行勾勒。然后照灯固化30秒。

step 17

用蘸有清洁液的美甲专用清洁巾擦掉印花图案，得到一个枫叶图案。然后用拉线笔蘸取黑色印花胶，对枫叶的轮廓进行修补，再画上叶脉，并照灯固化30秒。给画好叶脉的甲面涂一层Ratex免洗封层，并照灯固化30秒。

step 18

采用与无名指指甲底色同样的手法制作拇指指甲的底色，用手绘的方式绘制出和中指指甲风格差不多的枫叶图案。制作结束。

19

复古干花美甲

复古干花美甲的制作主要采用干花元素。干花元素在近两年的美甲制作中使用较多，复古的色调、优雅的花形和轻而薄的花瓣，让美甲效果显得非常自然。本案例的制作难点在于底色的晕染和叠加，晕染和叠加要尽量轻薄、随意，并且要选择流动性弱的瓶装甲油胶或罐装日式胶进行制作。

使用材料与工具

01 OPI底胶
02 马苏拉封层
03 masura296-91
04 masura294-410
05 masura294-422
06 哈摩霓加固胶
07 心胶（Pretty Cala Gel French）白色
08 美甲专用清洁巾
09 清洁液
10 美甲灯
11 干花
12 蓝色丝线
13 银箔
14 深灰色彩箔
15 白色大片贝壳
16 玫瑰金色金属饰品
17 平头美甲笔
18 圆头美甲笔
19 尖头镊子
20 磁板
21 调色盘

操作步骤

用美甲专用清洁巾蘸取清洁液，擦净甲面。然后给食指、中指、无名指和小指的指甲涂OPI底胶，并照灯固化30秒。

用圆头美甲笔蘸取少许心胶白色，涂在食指指甲的右边，随意地涂几笔即可，不要满涂。用干净的圆头美甲笔蘸取少许masura294-410，涂在食指指甲的左边，中间部分和心胶白色稍微融合晕染，食指指甲的第1层晕染结束。

蘸取少许masura294-422，涂在中指指甲的中间靠右的区域。然后蘸取少许masura296-91，涂在中指指甲的左边区域。注意两种颜色交接的地方可以适当交叠。

用相同的颜色在中指指甲上加深并晕染。然后用笔尖蘸取少许心胶白色，涂在两种颜色中间，中指指甲的晕染结束。

蘸取少许masura294-422，涂在无名指指甲中间靠左的地方。然后蘸取少许masura294-410，涂在无名指指甲的两侧。注意两种颜色交接的地方需要适当交叠。无名指指甲的晕染结束。

采用与食指指甲同样的手法晕染小指指甲，然后将食指、中指、无名指和小指的指甲一起照灯固化30秒。

提示

注意，蘸取胶时需要先将胶放在调色盘里，然后每次蘸取少许进行晕染。晕染的时候选择圆头美甲笔，这样能减少笔刷的痕迹，让晕染效果更自然。

蘸取少许masura294-410，涂在食指指甲的左边一侧。蘸取少许masura 294-410，涂在小指指甲的右边一侧，加深晕染的颜色。

给中指和无名指的指甲都薄薄地涂一层哈摩霓加固胶，用尖头镊子在中指指甲中间放一个白色大片贝壳。

用尖头镊子在白色大片贝壳的周围错落有致地放置几根蓝色丝线。在白色大片贝壳上涂少许哈摩霓加固胶，并在白色大片贝壳上放一颗玫瑰金色金属饰品。

step 10

用尖头镊子取一片大小适合的干花放在无名指指甲上。这种干花稍微按压就能与甲面贴合。贴好干花后，将无名指指甲连同中指指甲一起照灯固化60秒。

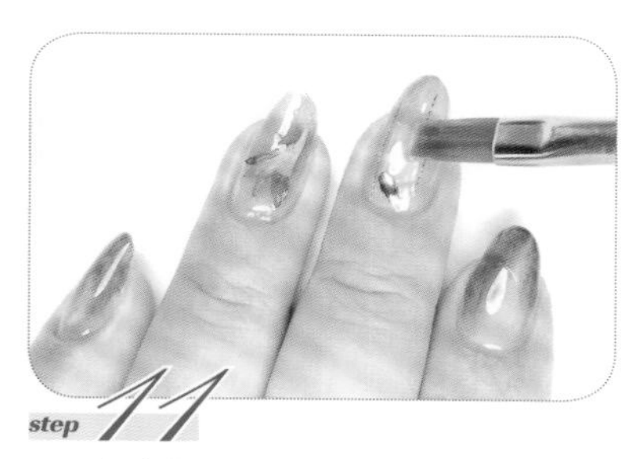

step 11

给食指和小指的指甲涂马苏拉封层。然后用平头美甲笔给中指指甲厚涂一层哈摩霓加固胶，包裹住所有饰品，并做好甲面弧度建构。

step 12

给无名指指甲厚涂一层哈摩霓加固胶，包裹住干花，并做好甲面弧度建构。将食指、中指、无名指和小指的指甲一起照灯固化60秒。

step 13

在干花的周围薄涂几笔masura 296-91，不要满涂。虽然是薄涂，但是也可以用磁板吸一下，让晕染的颜色有变化，同时使甲面颜色的层次更丰富。然后照灯固化30秒。

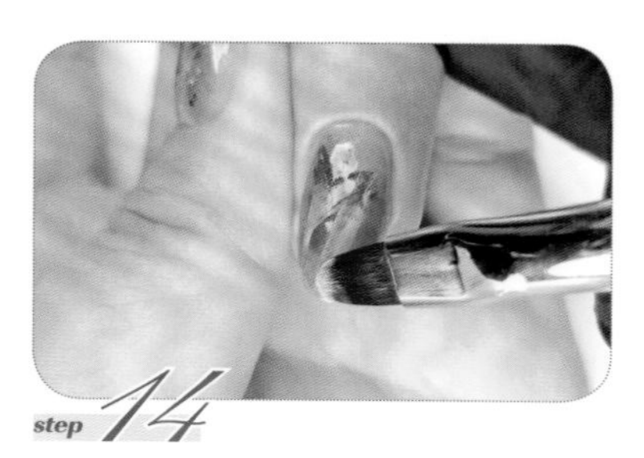

step 14

擦干净圆头美甲笔，然后蘸取少许心胶白色涂在无名指指尖。涂的时候注意，是从指尖到花朵的位置画一笔具有发散感的笔触，再照灯固化30秒。

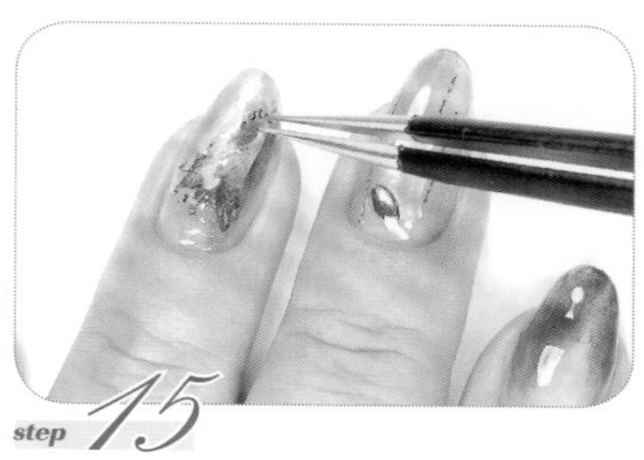

step 15

在无名指指甲上的干花周围用尖头镊子和浮胶粘上一点银箔和深灰色彩箔。注意深灰色彩箔和银箔一定要是碎片形式的。贴好后用指腹按压平整。

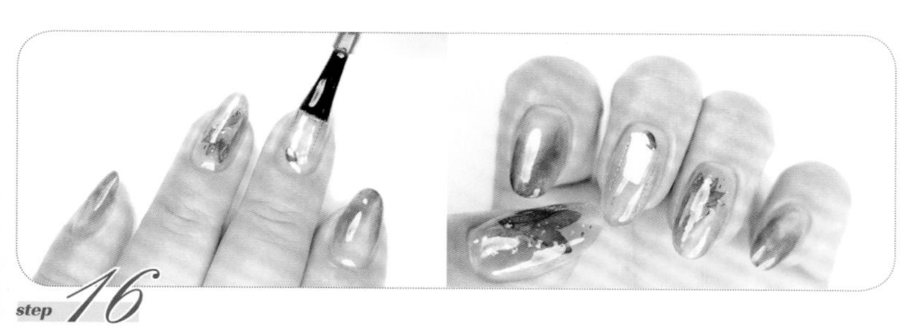

step 16

给中指和无名指指甲涂马苏拉封层，并照灯固化30秒。用与制作无名指指甲差不多的方法制作拇指指甲。制作结束。

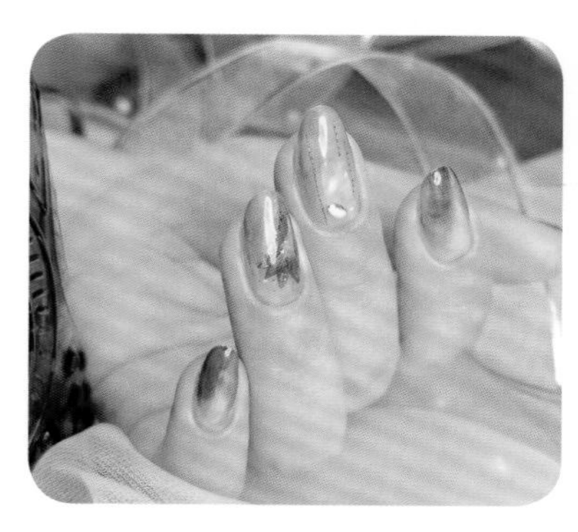

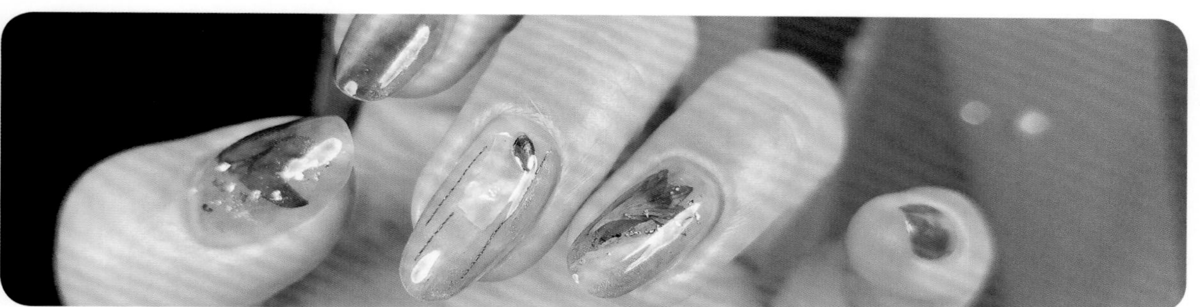

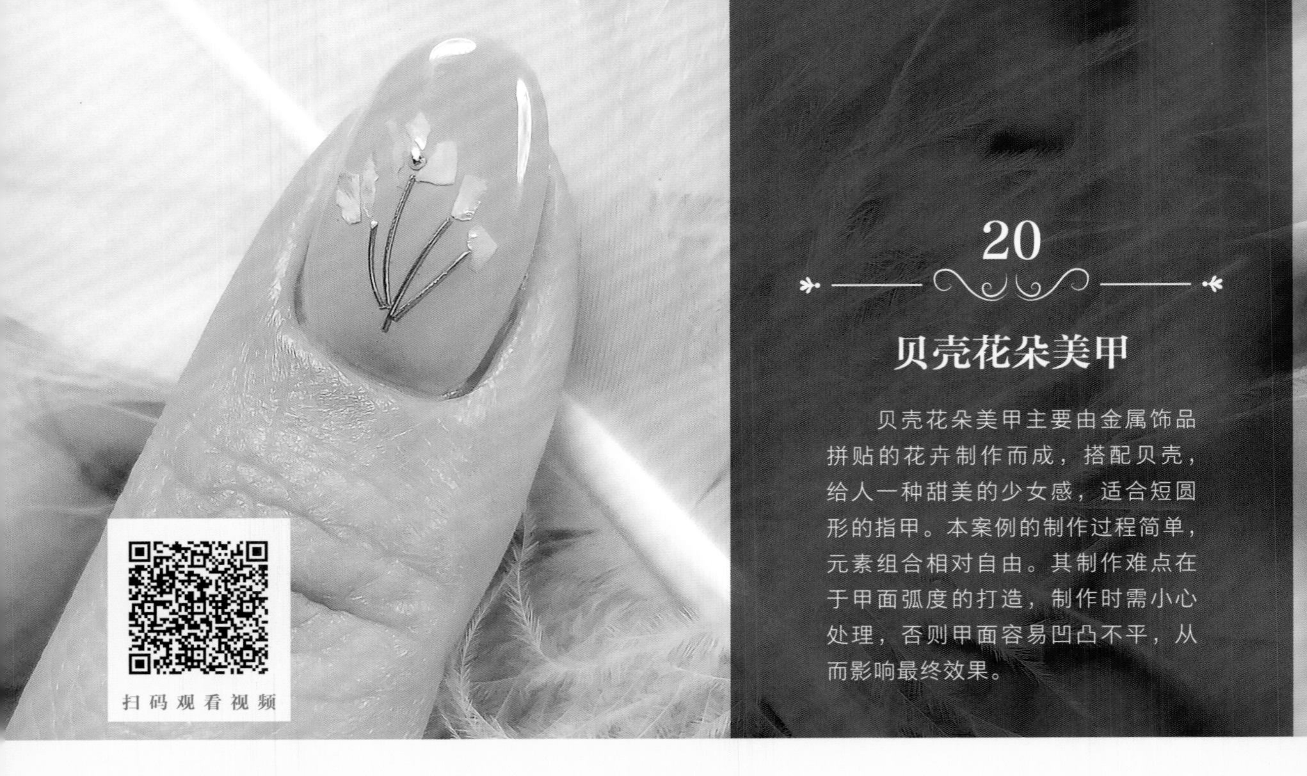

20

贝壳花朵美甲

贝壳花朵美甲主要由金属饰品拼贴的花卉制作而成，搭配贝壳，给人一种甜美的少女感，适合短圆形的指甲。本案例的制作过程简单，元素组合相对自由。其制作难点在于甲面弧度的打造，制作时需小心处理，否则甲面容易凹凸不平，从而影响最终效果。

使用材料与工具

01 OPI底胶
02 马苏拉封层
03 DanceLegend COZY LE90
04 彦雨秀YA082
05 安妮丝GS29
06 安妮丝GB03
07 马宝胶S410
08 哈摩霓加固胶
09 美甲专用清洁巾
10 清洁液
11 美甲灯
12 弯头镊子
13 旧死皮剪
14 白色小片贝壳
15 金色金属丝
16 金豆豆（直径为0.8mm和直径为1.5mm2种尺寸）
17 金色梭形铆钉
18 金色转印纸
19 平头美甲笔
20 彩绘笔
21 拉线笔

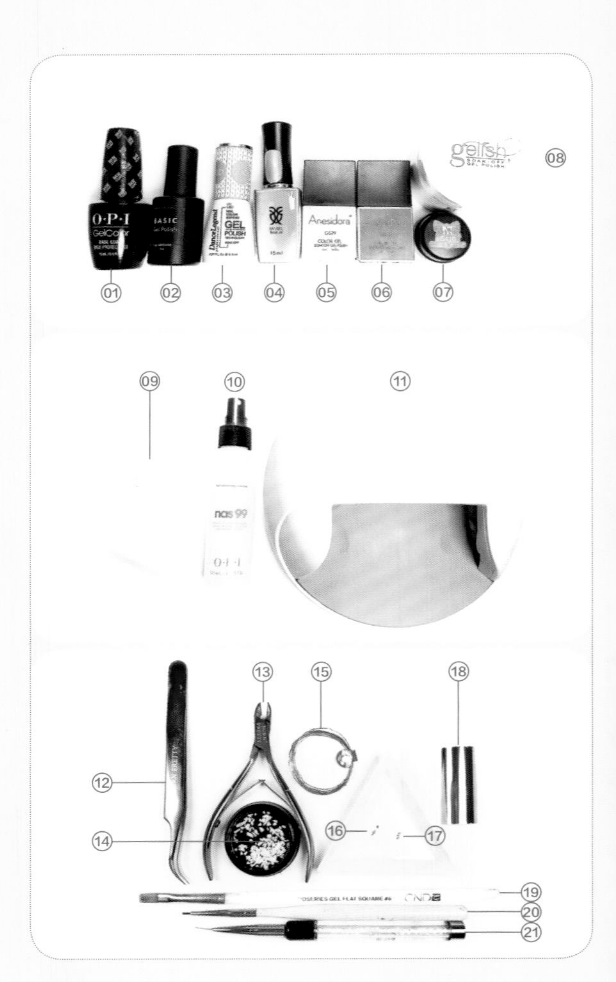

操作步骤

step 01

用美甲专用清洁巾蘸取清洁液，擦净甲面。然后给食指、中指、无名指和小指的指甲涂OPI底胶，并照灯固化30秒。

step 02

用平头美甲笔给食指指甲中间区域点少许安妮丝GS29（安妮丝GS29是一瓶粉色基底的亮片胶）。然后给中指指甲涂第1层CozyLE90，给小指指甲涂第1层彦雨秀YA082，给无名指指甲薄薄地涂一层哈摩霓加固胶。

step 03

用拉线笔蘸取白色小片贝壳，均匀地放在无名指指甲上。放置时，注意将相对大片的放在甲面中间，相对小片的放在周围，方便后面做甲面弧度建构。放置好后，将食指、中指、无名指和小指的指甲一起照灯固化60秒。

step 04

用彩绘笔蘸取少许马宝胶S410，点涂在食指指甲上的亮片旁边。利用哈摩霓加固胶的浮胶给无名指指甲贴上金色转印纸。

step 05

用平头美甲笔给小指、中指的指甲涂第2层颜色，所选颜色和第1层相同，并照灯固化30秒。给食指指甲涂一层哈摩霓加固胶，以包裹住亮片胶，做好甲面弧度建构。

step 06

给无名指指甲涂一层哈摩霓加固胶，包裹住贝壳和金色转印纸，先不做甲面弧度建构。给小指和中指的指甲涂第3层颜色，所选颜色和第1层相同。照灯固化60秒。

提示

哈摩霓加固胶浮胶的黏度不如底胶，所以转印后只产生少许碎片感，而这种效果正好是贝壳花朵美甲所需要的。

step 07

用尖头镊子配合旧死皮剪剪出几段长短不一的金色金属丝，放到一边备用。

step 08

在无名指指甲的中心位置用拉线笔蘸取少许安妮丝GB03，点涂在白色小片贝壳的缝隙处，有的地方可以覆盖少许白色小片贝壳。

step 09

给食指、中指和小指的指甲涂少许哈摩霓加固胶，注意只涂准备放金属饰品的地方即可。然后在食指指甲的亮片胶旁放一颗直径为1.5mm的金豆豆。

step 10

在中指指甲上先放两段金色金属丝，作为花茎。放两颗直径为0.8mm的金豆豆，作为花蕊。在每个花蕊的周围放上3~4片白色小片贝壳，作为花瓣。

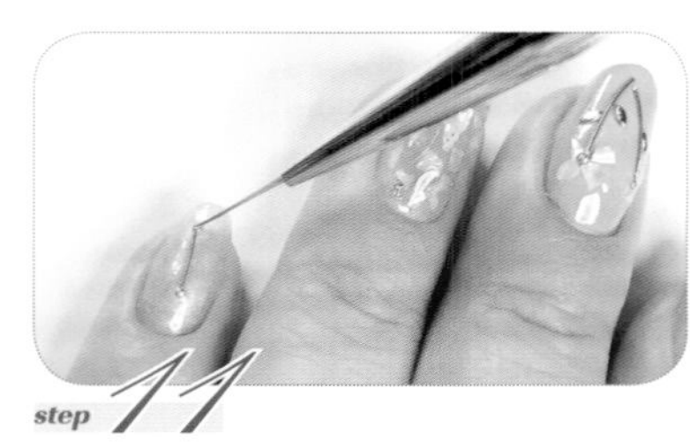

step 11

放上金色梭形铆钉，作为叶子。针对小指指甲的装饰制作，可以随意放上一些金色金属丝和金豆豆。将小指连同中指和食指的指甲一起照灯固化60秒。

step 12

用平头美甲笔给食指、中指和小指的指甲都厚涂一层哈摩霓加固胶。然后给所有指甲都做好弧度建构，一起照灯固化60秒。

step 13

给食指、中指、无名指和小指的指甲涂马苏拉封层，并照灯固化30秒。采用与中指指甲差不多的手法制作拇指指甲。制作结束。

Manicure

第3章

渐变系列

基础篇

21

单色渐变美甲

单色渐变美甲采用笔刷涂刷的方式达到自然的单色渐变效果。制作这款美甲时，适合选用半透明的瓶装甲油胶来完成。这种甲油胶流动性强且覆盖力弱，较容易达到自然的渐变效果。

使用材料与工具

01 OPI底胶
02 马苏拉封层
03 Essie gel#5037
04 彦雨秀YA082
05 哈摩霓加固胶
06 美甲专用清洁巾
07 清洁液
08 美甲灯
09 蓝色厚贝壳片
10 蓝色丝线
11 灰色薄贝壳片
12 平头美甲笔
13 圆头美甲笔
14 弯头镊子

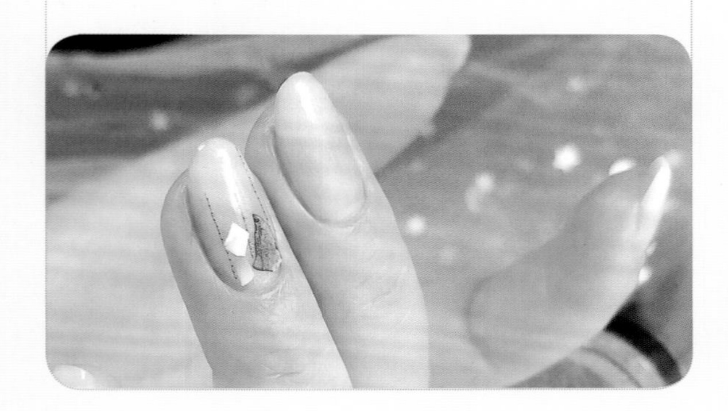

操作步骤

step 01

用美甲专用清洁巾蘸取清洁液，擦净甲面。然后给食指、中指、无名指和小指的指甲涂OPI底胶，并照灯固化30秒。

step 02

这里以中指指甲为例，用Essie gel #5037给食指、中指、无名指和小指的指甲涂第1层颜色，位置偏上，涂刷面积约占指甲总面积的2/3。

step 03

在第1层颜色与留白甲面的交接处用圆头美甲笔轻点并带走多余的胶，以达到渐变的效果。然后照灯固化30秒。

step 04

用Essie gel#5037给食指、中指、无名指和小指的指甲涂第2层颜色，位置在指尖，涂刷面积约占指尖面积的1/2。

step 05

在第2层颜色与留白甲面的交接处用圆头美甲笔轻点并带走多余的胶，以达到渐变的效果。然后照灯固化30秒。

step 06

用平头美甲笔给甲面涂一层哈摩霓加固胶，然后照灯固化60秒，为下一步操作做准备。

提示

这里之所以要给甲面涂一层哈摩霓加固胶，是因为带有渐变效果的甲面容易显得凹凸不平。此时涂哈摩霓加固胶，可以起到平整甲面的作用。

step 07

选择一种偏光色的贝壳胶（这里选择的是彦雨秀YA082），给食指、中指、无名指和小指的指甲薄薄地涂一层，并照灯固化30秒。

step 08

用平头美甲笔给无名指指甲薄薄地涂一层哈摩霓加固胶。然后用弯头镊子取一个蓝色厚贝壳片、一个灰色薄贝壳片和一根蓝色丝线，放到无名指指甲上，照灯固化60秒。

step 09

在无名指指甲的饰品上厚涂一层哈摩霓加固胶，并做好甲面弧度建构，然后照灯固化60秒。再给食指、中指、无名指和小指的指甲涂上马苏拉封层，并照灯固化30秒。

提示

这里所涂的彦雨秀YA082是一种偏光色的贝壳胶，胶体几乎透明，没有覆盖力。如果这里在不平整的甲面上直接涂偏光色的贝壳胶，光泽会根据甲面的凹凸变化产生不一样的变化。

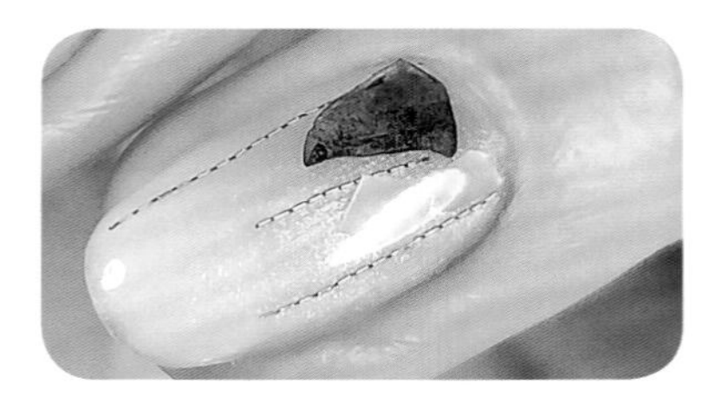

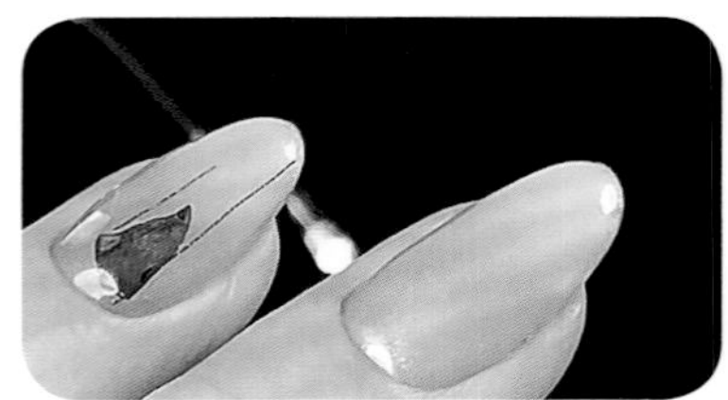

step 10

采用与无名指指甲差不多的手法制作拇指指甲。制作结束。

22

多色渐变美甲

多色渐变美甲采用多色混合晕染的手法制作而成，操作简单且易上手。使用的产品是普通的瓶装甲油胶，颜色覆盖力一般，流动性强。这款美甲采用了豆沙色、奶茶色与裸粉色等颜色，搭配亚光金属链条和转印纸，复古感十足。

使用材料与工具

01 OPI底胶
02 马苏拉封层
03 转印纸专用胶（STICKY GEL）
04 CND gel polish #418
05 安妮丝GG24
06 安妮丝GS08
07 Essie gel#5037
08 哈摩霓加固胶
09 美甲专用清洁巾
10 清洁液
11 美甲灯
12 白色亚光金属链条
13 星空转印纸
14 贝壳转印纸
15 粉色丝线
16 银豆豆
17 平头美甲笔
18 锯齿晕染笔
19 短平头笔
20 极细彩绘笔
21 尖头镊子

操作步骤

step 01

用美甲专用清洁巾蘸取清洁液，擦净甲面。然后给食指、中指、无名指和小指的指甲涂OPI底胶，并照灯固化30秒。

step 02

用极细彩绘笔在食指指甲的根部涂安妮丝GG24，在食指指甲的中间位置涂CND gel polish #418，在食指指尖涂安妮丝GS08。

step 03

保持锯齿晕染笔与甲面垂直，混合晕染安妮丝GG24和CND gel polish #418。然后在混合了颜色的地方顺着颜色区分的方向用锯齿晕染笔反复快速地涂刷甲面，直至颜色均匀为止。

提示

在来回刷时，注意将小指作为支撑，手抬起来拿笔，让笔杆和甲面保持垂直，只摆动笔尖位置即可。

step 04

将锯齿晕染笔擦干净，保持笔刷与甲面垂直，混合安妮丝GS08和CND gel polish #418，再在混合好的颜色部分顺着颜色方向反复来回地涂刷，直至颜色均匀为止。

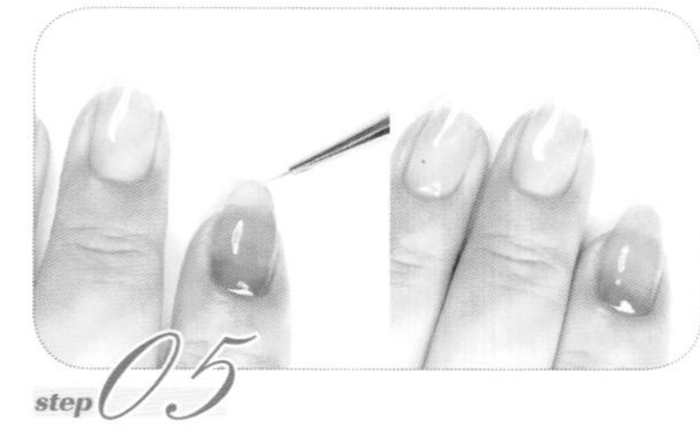

step 05

用短平头笔将指甲周围多余的胶清理干净。检查指尖和指缘处，有遗漏的地方用极细彩绘笔进行补胶。之后用同样的方法制作小指指甲，照灯固化30秒。

step 06

用极细彩绘笔给中指和无名指的指甲涂第1层Essie gel#5037并照灯固化30秒。然后在食指的指甲根部涂安妮丝GG24，在食指指甲的中间部分涂CND gel polish #418，在食指指尖部分涂安妮丝GS08。

step 07

混合食指指甲上的安妮丝GG24和CND gel polish #418，用锯齿晕染笔反复在混合好颜色的区域左右涂刷，让颜色晕染得均匀。

step 08

用同样的手法混合食指指甲上的CND gel polish #418和安妮丝GS08，用锯齿晕染笔反复在混合好颜色的区域左右摆动晕染，让颜色混合得更均匀。仔细检查，颜色变化不均匀、不自然的地方。需要再用锯齿晕染笔涂几下，直到颜色效果自然、均匀为止。

step 09

用短平头美甲笔蘸取清洁液，擦净指缘处的胶。然后用平头美甲笔仔细填补指甲根部和指尖，使胶体覆盖完整。用同样的手法制作小指指甲，并给中指和无名指的指甲涂第2层Essie gel#5037。照灯固化30秒。

step 10

给中指和无名指的指甲涂一层转印纸专用胶。然后给食指和小指的指甲涂一层哈摩霓加固胶，并用尖头镊子在食指和小指的指甲根部放上银豆豆。将这4片指甲照灯固化30秒。

step 11

将星空转印纸和贝壳转印纸分别剪出几条备用。取一条星空转印纸，将其粘贴在中指指甲上并按压伏贴。用镊子夹住星空转印纸多余的部分，将其连同透明胶纸一起撕下来。

step 12

在星空转印纸的左边贴上一条贝壳转印纸，用镊子将多余的部分连同透明胶纸一起撕掉。

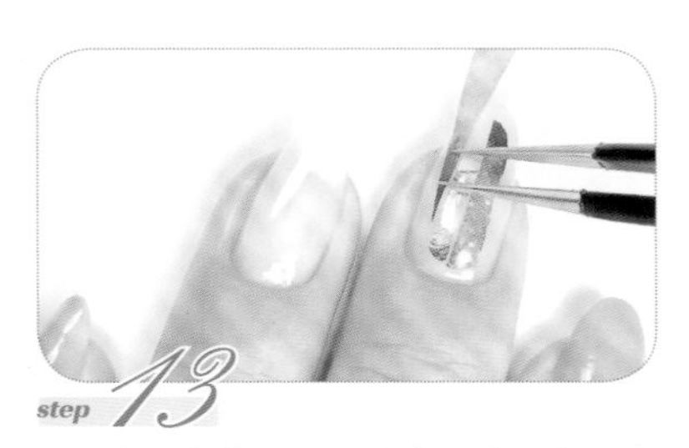

step 13

在贝壳转印纸的左边再贴一条星空转印纸，用镊子将多余的部分连同透明胶纸一起撕掉。

step 14

采用与中指指甲相同的手法制作无名指指甲。给食指、中指、无名指和小指指甲涂一层哈摩霓加固胶，注意不要照灯。

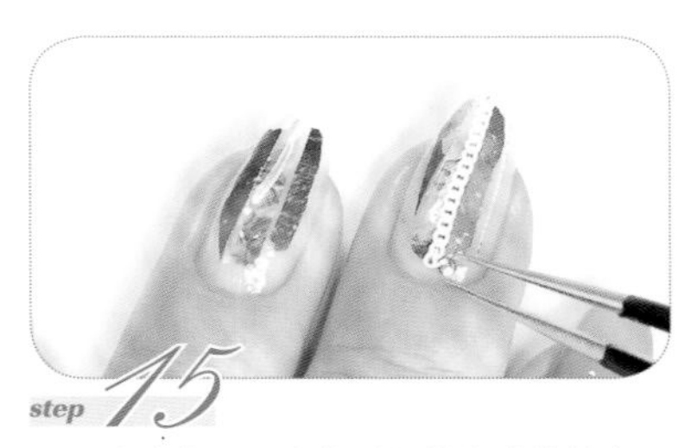

step 15

在中指和无名指贴纸的空隙处放上几条粉色丝线，然后在中指指甲上放上一根白色亚光金属链条和一颗银豆豆。

step 16

采用与中指指甲相同的手法制作无名指指甲，然后将中指和无名指指甲照灯固化60秒。之后给中指和无名指指甲厚涂一层哈摩霓加固胶，使其包裹住饰品，给甲面做好弧度。照灯固化60秒。

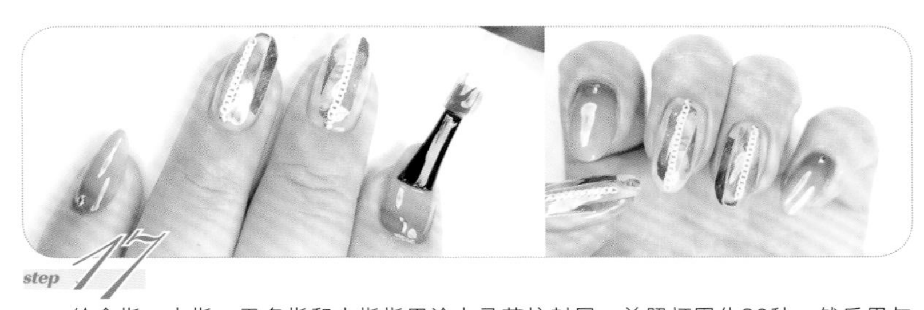

step 17

给食指、中指、无名指和小指指甲涂上马苏拉封层，并照灯固化30秒。然后用与中指相同的手法制作拇指指甲。制作结束。

23

彩虹渐变美甲

彩虹渐变美甲用甲油胶自带的笔刷涂刷制作而成，配合彩虹色效果，整体给人清爽、可爱的感觉。用甲油胶自带的笔刷涂刷一般不太好控制，只适合制作竖向的渐变效果。同时，用甲油胶自带的笔刷满涂指甲时，容易涂出边界，因此本案例选择制作成半甲效果，以避免这个问题。

使用材料与工具

01 OPI底胶
02 马苏拉封层
03 OPI GC T66
04 安妮丝GS46
05 安妮丝GS47
06 安妮丝GS41
07 OPI GC H84
08 OPI GC BA1
09 美甲专用清洁巾
10 清洁液
11 美甲灯
12 金色线条贴纸
13 旧死皮剪
14 平头美甲笔
15 尖头镊子

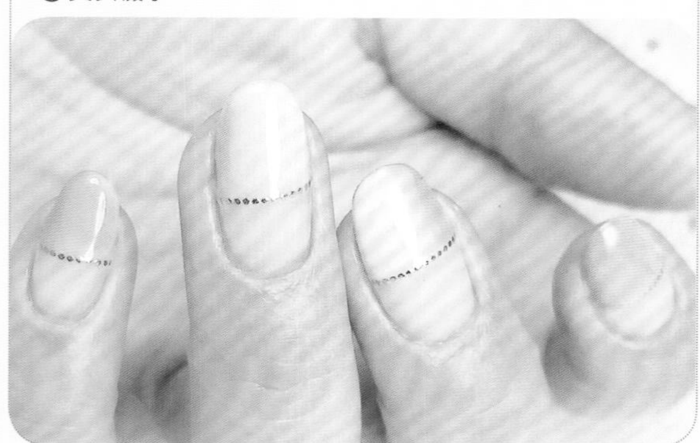

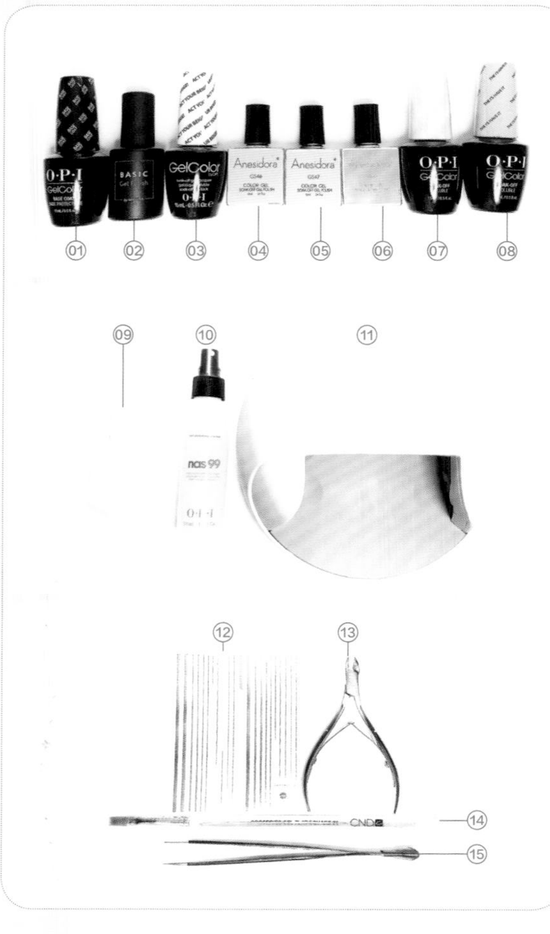

操作步骤

step 01

用美甲专用清洁巾蘸取清洁液，擦净甲面。然后给食指、中指、无名指和小指的指甲涂OPI底胶，并照灯固化30秒。

step 02

给食指、中指、无名指和小指的指甲涂OPI GC T66，并照灯固化30秒。然后擦掉浮胶。先给食指指甲做横向平均划分，保留下半边不涂，再做竖向划分，给指甲的右边部分涂安妮丝GS47，涂刷的面积大概是半甲的2/3。

step 03

给食指指甲的左边部分涂安妮丝GS41。注意要从左往右涂，涂到与上一个颜色的交接处需要多涂几下，让颜色混合，注意混合的面积不可过多，适当即可。

提示

OPI GC T66对美甲效果可以起到加固的作用。当然，在日常操作中，我们也可以使用加固胶或其他半透明裸色的甲油胶进行加固。

step 04

蘸取适量安妮丝GS41，在甲面颜色混合不均匀的地方再涂几下，直到颜色过渡自然为止。涂好后，一定要记得擦干净笔刷再放回瓶里。

step 05

用干净的平头美甲笔横向涂刷出一条整齐的边缘线。食指的渐变操作完成，先不要照灯。用同样的手法给中指指甲上色，右边涂的是安妮丝GS41，左边涂的是OPI GC H84，涂好后进行混色。

step 06

检查中指指甲，颜色混合不均匀的地方可用安妮丝GS41的笔刷再涂几下，直至颜色混合均匀。用干净的平头美甲笔横向涂刷出一条整齐的边缘线。

step 07

用同样的手法给无名指指甲上色，右边涂的是OPI GC H84，左边涂的是OPI GC BA1，然后进行混色。

step 08

检查无名指指甲，颜色混合不均匀的地方可再用OPI GC H84的笔刷涂几下，直至颜色混合均匀。用干净的平头美甲笔横向涂刷出一条整齐的边缘线。

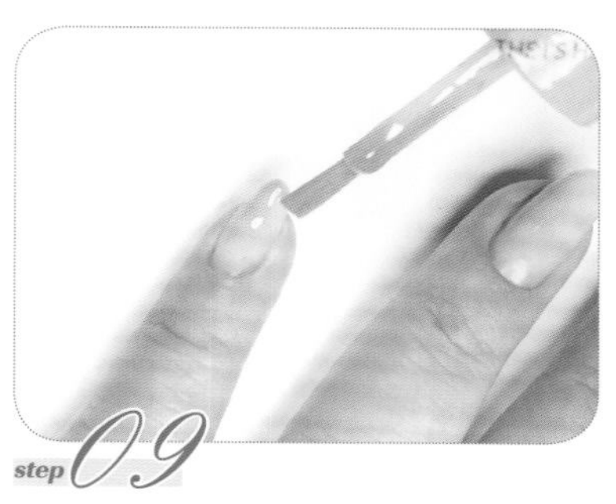

step 09

用同样的手法给小指指甲上色，右边涂的是OPI GC BA1，左边涂的是安妮丝GS46，然后进行混色。

step 10

检查并调整小指指甲，直至颜色均匀、自然，边缘光滑、整齐即可。将食指、中指、无名指和小指的指甲一起照灯固化30秒。

step 11

给所有指甲涂马苏拉封层，平整甲面，然后照灯固化30秒。用旧死皮剪剪下几段金色线条贴纸，用尖头镊子夹取，将其贴在每个指甲的中部。然后给食指、中指、无名指和小指的指甲涂马苏拉封层，并照灯固化30秒。

step 12

用同样的手法制作拇指指甲，右边涂的是安妮丝GS47，左边涂的是安妮丝GS46。制作结束。

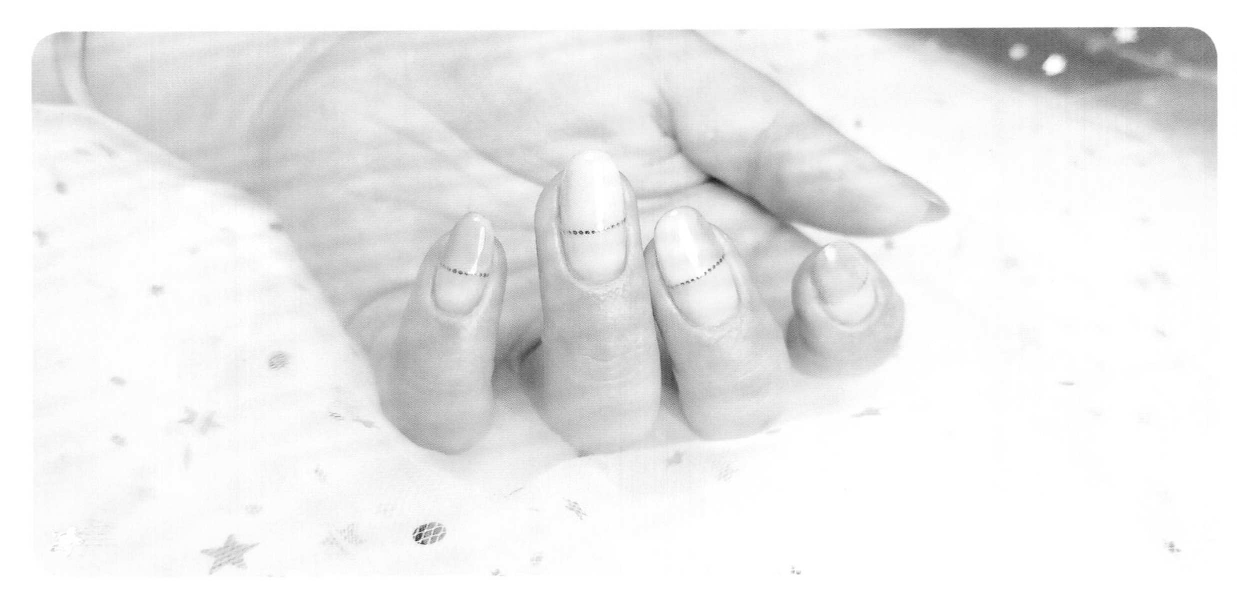

24

马尾渐变美甲

马尾渐变美甲的制作充分利用了笔刷的笔触效果，并用单色绘制出马尾的形状，呈现出渐变感，低调而不单调，操作简单。在制作时，建议配合选用带有些许闪片且黏度大、不易流动的基底色胶，让效果更理想。

使用材料与工具

01 OPI底胶
02 马苏拉封层
03 masura294-407
04 锯齿晕染笔
05 美甲专用清洁巾
06 清洁液
07 美甲灯

操作步骤

step 01

用美甲专用清洁巾蘸取清洁液，擦净甲面。然后给食指、中指、无名指和小指的指甲涂OPI底胶，并照灯固化30秒。

step 02

在食指和小指的指甲上满涂masura 294-407，作为第1层颜色。然后在中指、无名指的指尖也点一些masura294-407。

step 03

用干净的锯齿晕染笔在中指和无名指的指甲上从指尖往指甲根部进行画线。画线完成后，将食指、中指、无名指和小指的指甲一起照灯固化30秒。

提示

注意，线的长度为甲面长度的一半。画线时注意，甲面两侧的线稍短，甲面中间的线稍长。

step 04

给食指和小指的指甲满涂masura 294-407，作为第2层颜色。给中指、无名指的指尖也点上少许masura294-407，并在中指和无名指的指甲上画线。将食指、中指、无名指和小指的指甲一起照灯固化30秒。

step 05

给食指、中指、无名指和小指的指甲涂马苏拉封层，并照灯固化30秒。采用与中指和无名指的指甲同样的手法制作拇指指甲。制作结束。

25

色块渐变美甲

色块渐变美甲主要用有深浅变化的颜色配以菱形图案，得到渐变的效果。关于菱形图案的绘制，有些人认为手绘太难。因此本案例用印花板进行辅助制作，让新手也可以画出规则的菱形图案。

使用材料与工具

01 OPI底胶
02 马苏拉封层
03 白色底胶
04 安妮丝GS21
05 印章
06 MOYOU LONDON印油MN091
07 印花板hehe FAIRY TALE 001
08 美甲专用清洁巾
09 清洁液
10 美甲灯
11 调色盘
12 极细彩绘笔
13 刮板

操作步骤

step 01

用美甲专用清洁巾蘸取清洁液，擦净甲面。然后给食指、中指、无名指和小指的指甲涂OPI底胶，并照灯固化30秒。

step 02

给食指、中指和小指的指甲涂安妮丝GS21，给无名指指甲涂白色底胶，作为第1层颜色。将这4片指甲一起照灯固化60秒。

step 03

给食指、中指和小指的指甲涂第2层颜色，所选颜色与第1层相同，并照灯固化60秒。然后给食指、中指和小指的指甲涂马苏拉封层，并照灯固化30秒。擦掉无名指指甲上的浮胶。食指、中指和小指的指甲制作完成。

提示

由于这个格纹在后续操作中只是作为参考线使用，因此转印的图案只需要大概看得清即可，无须转印得很完整。不过注意格纹的方向要对正，避免歪斜。

step 04

取MOYOU LONDON印油MN091，涂在印花板hehe FAIRY TALE001的菱形格纹上，用刮板刮掉印花板上多余的印油。用印章印取图案，转印到无名指指甲上。

step 05

将少许安妮丝GS21放在调色盘上，用极细彩绘笔蘸取后给无名指指甲根部的菱形格子涂色。然后照灯固化30秒。

step 06

将少许安妮丝GS21放在调色盘上，取少许白色底胶与之混合，得到比安妮丝GS21的藏蓝色稍微浅的深蓝色。用极细彩绘笔蘸取深蓝色，给第2排的菱形格子涂色，并照灯固化30秒。

step 07

在调色盘上混合调出的深蓝色中再混入一些白色底胶，得到更浅一点的海军蓝。用极细彩绘笔蘸取海军蓝，给第3排的菱形格子涂色，并照灯固化30秒。

step 08

在调色盘上，多蘸取一点白色底胶，和刚刚混合好的海军蓝混合，得到天蓝色。避开第4排菱形格子，用极细彩绘笔蘸取天蓝色，给第5排的菱形格子涂色。顺便检查一下前面3排菱形格子，对涂得不均匀和不完整的地方进行补充上色，并照灯固化30秒。

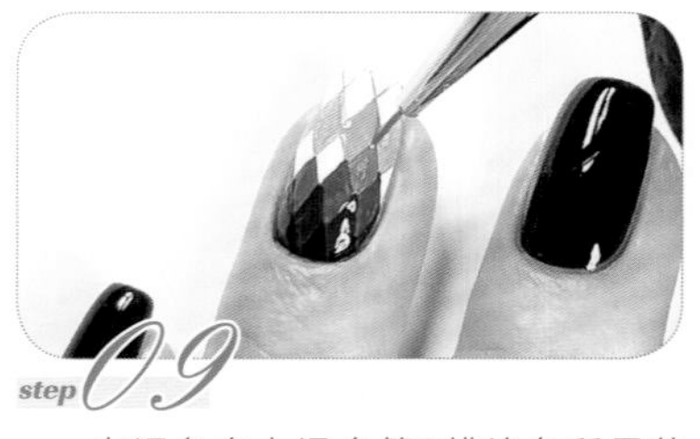

step 09

在调色盘上混合第3排涂色所用的海军蓝和第5排所用的天蓝色，得到牛仔蓝。用极细彩绘笔蘸取牛仔蓝，给第4排菱形格子涂色。检查所有菱形格子的涂色情况，并进行适当调整直至效果完整。照灯固化30秒。

提示

这里之所以要跳过第4排菱形格子，先给第5排涂色，是因为担心不跳过直接涂色的过渡效果不好，会影响最终的渐变效果。

step 10

用大量的白色底胶混合少许天蓝色，调出接近于白色的水蓝色。用极细彩绘笔蘸取水蓝色，给第6排菱形格子涂色。照灯固化30秒。

step 11

给食指、中指、无名指和小指的指甲涂马苏拉封层，并照灯固化30秒。采用与食指、中指和小指的指甲同样的手法制作拇指指甲。制作结束。

26

印花渐变美甲

印花渐变美甲采用印花的方式制作渐变图案，使偏光金属色甲油在黑底上泛出谜一样的光泽，同时搭配孔雀羽毛图案，呈现出更浓烈的神秘感。这款美甲适合方甲形指甲，整体给人酷酷的感觉，是印花美甲制作中比较难掌握的款式之一。

使用材料与工具

01 OPI底胶
02 马苏拉封层
03 哈摩霓封层
04 黑色底胶
05 OPI GC T66
06 MOYOU LONDON印油MN003
07 MOYOU LONDON印油MN005
08 MOYOU LONDON印油MN006
09 MOYOU LONDON印油MN007
10 印章
11 MOYOU LONDON印花板（热带系列19）
12 美甲专用清洁巾
13 清洁液
14 美甲灯
15 洗甲水
16 刮板
17 圆头美甲笔
18 斜头美甲笔

操作步骤

step 01

用美甲专用清洁巾蘸取清洁液，擦净甲面。然后给食指、中指、无名指和小指的指甲涂OPI底胶，并照灯固化30秒。

step 02

给食指和小指的指甲涂第1层OPI GC T66，给中指和无名指的指甲涂第1层黑色底胶，然后一起照灯固化60秒。给食指和小指、中指和无名指的指甲涂第2层颜色，所选颜色与第1层相同，并照灯固化60秒。

step 03

用圆头美甲笔蘸取少许黑色底胶，在食指和小指的指甲上分别画一笔表现出笔触感，然后照灯固化30秒。给食指、中指、无名指和小指的指甲涂马苏拉封层，并照灯固化30秒。

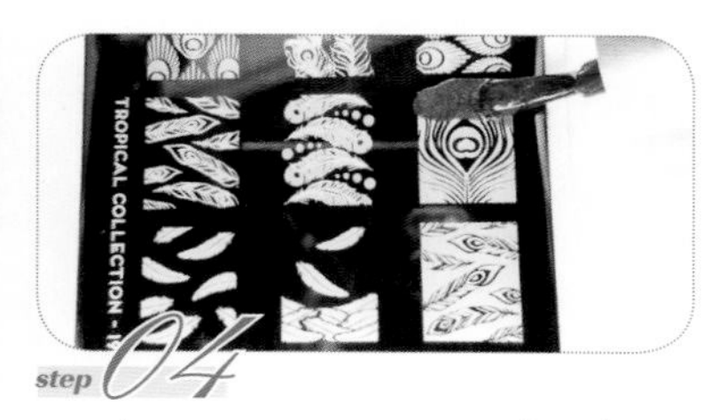

step 04

在MOYOU LONDON印花板（热带系列19）的孔雀羽毛图案的最上部涂一笔MOYOU LONDON印油MN007。

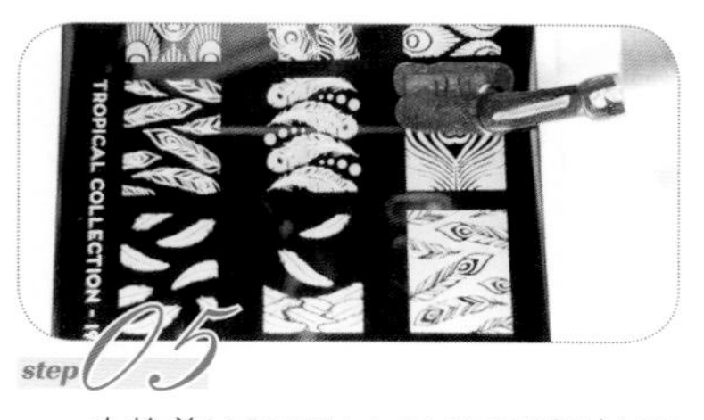

step 05

在挨着MOYOU LONDON印油MN007的位置涂一笔MOYOU LONDON印油MN006。注意两种印油的边缘需要有些许融合。

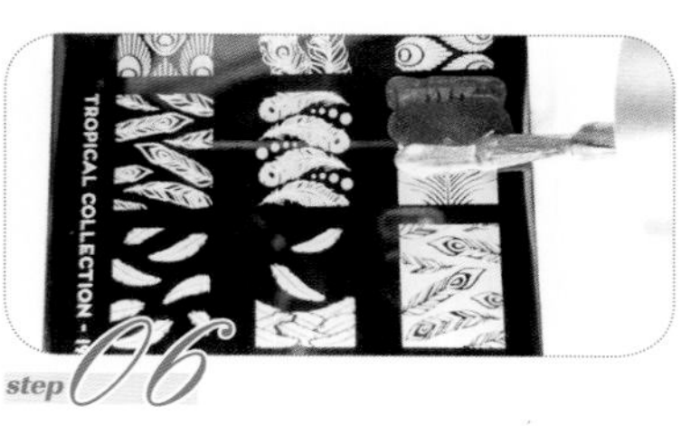

step 06

在挨着MOYOU LONDON印油MN006的位置涂一笔MOYOU LONDON印油MN005。注意两种印油的边缘需要有些许融合。

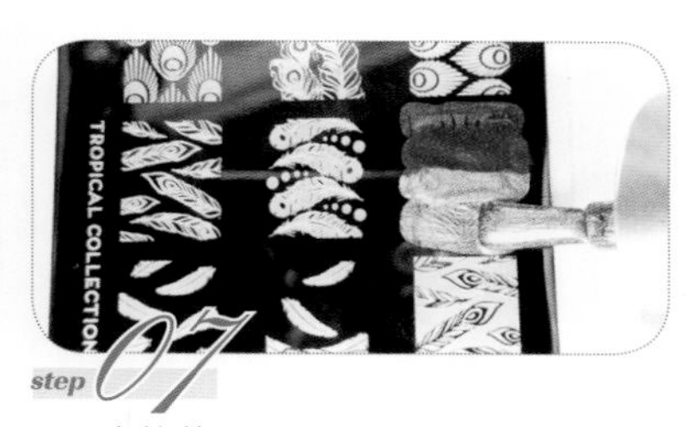

step 07

在挨着MOYOU LONDON印油MN005的位置涂一笔MOYOU LONDON印油MN003。同样注意两种印油的边缘需要有些许融合。

step 08

用刮板刮掉印花板上多余的印油。刮的时候必须顺着颜色排列的方向刮，这样制作出的图案才能呈现渐变感。

step 09

用印章印取印花板上的图案，转印到中指指甲上。然后用斜头美甲笔蘸取少许洗甲水，清理指缘处多余的印油。中指指甲制作完成。

step 10

在印花板的图案中心涂一笔MOYOU LONDON印油MN007，然后在MOYOU LONDON印油MN007的左右两边各涂一笔MOYOU LONDON印油MN006。

step 11

在MOYOU LONDON印油MN006的两边各涂一笔MOYOU LONDON印油MN005。顺着颜色排列的方向，用刮板刮掉印花板上多余的印油。

step 12

用印章印取图案并转印到无名指指甲上。然后用斜头美甲笔清理干净指缘处多余的印油。无名指指甲制作完成。

step 13

在MOYOU LONDON印花板（热带系列19）的孔雀羽毛图案的中心涂少许MOYOU LONDON印油MN007，在MOYOU LONDON印油MN007周围小心地涂少许MOYOU LONDON印油MN006。

step 14

在孔雀羽毛的最外部涂上MOYOU LONDON印油MN 005，用刮板从左往右或从右往左刮掉印花板上多余的印油。

step 15

用印章印取图案，然后将印取的图案转印到食指指甲上黑色笔触的位置。食指指甲制作完成。

step 16

采用与食指指甲差不多的手法在小指指甲上制作带有渐变感的美甲效果。二者区别在于换了颜色和顺序，小指指甲从羽毛中心到羽毛边缘的颜色分别是MOYOU LONDON印油MN006、MOYOU LONDON印油MN005、MOYOU LONDON印油MN003。

step 17

给食指、中指、无名指和小指的指甲涂哈摩霓封层，并照灯固化60秒。然后擦掉浮胶。

step 18

采用与中指指甲同样的手法制作拇指指甲。制作结束。

Manicure
蕾丝
第4章
系列
基础篇

27

裸色蕾丝美甲

裸色蕾丝美甲的制作采用的是裸色搭配方式。说到蕾丝，很多人马上会想到黑色或粉色蕾丝，或性感，或俏皮。这款美甲几乎打破了人们对蕾丝的所有想象，给人一种清新的知性感，非常适合上班族日常搭配。其制作要点除了颜色搭配，还有蕾丝图案的选择。在制作过程中，笔者选择了带有流苏花边的蕾丝印花图案，搭配底色，效果非常别致。

使用材料与工具

01 OPI底胶
02 哈摩霓封层
03 Essie gel#5037
04 美甲专用清洁巾
05 清洁液
06 美甲灯
07 洗甲水
08 印章
09 MOYOU LONDON印油MN005
10 MOYOU LONDON印花板（时尚系列17）
11 斜头美甲笔
12 刮板

操作步骤

step 01

用美甲专用清洁巾蘸取清洁液，擦净甲面。然后给食指、中指、无名指和小指的指甲涂OPI底胶，并照灯固化30秒。

step 02

给食指、中指、无名指和小指的指甲涂Essie gel#5037，作为第1层颜色，然后照灯固化30秒。给食指、中指、无名指和小指的指甲涂第2层颜色，所选颜色与第1层相同，并照灯固化30秒。然后擦掉浮胶。

提示

为了拍照和录视频时印花图案更明显，这里所使用的Essie gel#5037为半透明的白色胶。在日常生活中，也可以选用接近指甲本色的裸粉色胶（如OPI GC T65 、OPI GC T66）做底色，效果会更自然。

step 03

给MOYOU LONDON印花板（时尚系列17）中带流苏图案的花纹涂上MOYOU LONDON印油MN005，用刮板刮掉印花板上多余的印油。用印章印取图案并转印到中指指甲根部。用相同的手法制作无名指指甲。

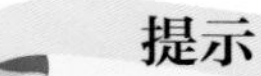

提示

在将图案转印到中指指甲根部时，注意流苏图案与指尖要有一定的距离。在指甲较长、图案较小的情况下，选择这类图案制作美甲，更容易做出法式效果。

step 04

给同一张印花板的另一个图案上涂上MOYOU LONDON印油MN005，用刮板刮掉印花板上多余的印油。用印章印取图案，转印到食指指甲上。

step 05

用同样的手法制作小指指甲。用斜头美甲笔蘸取适量洗甲水，仔细清理指缘处多余的印油。

step 06

给食指、中指、无名指和小指的指甲涂哈摩霓封层，并照灯固化60秒。然后擦掉浮胶。

step 07

采用与食指指甲同样的手法制作拇指指甲。制作结束。

面纱蕾丝美甲

面纱蕾丝美甲的制作主要运用面纱蕾丝元素。指甲整体黑与蓝的搭配，给人浓浓的哥特风的感觉。同时，黑色蕾丝花纹透着银白色，不至于让人感觉蓝黑搭配太沉闷。这款美甲适合长圆甲形。本案例的制作要点在于银白色花瓣要与印花图案的镂空位置相契合。

使用材料与工具

01 OPI底胶
02 马苏拉封层
03 Presto磨砂封层
04 OPI GC V39
05 安妮丝GLS01
06 美甲专用清洁巾
07 清洁液
08 美甲灯
09 洗甲水
10 SWEETCOLOR黑色印油
11 印章
12 印花板MM44
13 斜头美甲笔
14 拉线笔
15 刮板
16 胶带

操作步骤

step 01

用美甲专用清洁巾蘸取清洁液，擦净甲面。然后给食指、中指、无名指和小指的指甲涂OPI底胶，并照灯固化30秒。

step 02

给食指、中指、无名指和小指的指甲涂OPI GC V39，作为第1层颜色。然后照灯固化30秒。

step 03

给食指、中指、无名指和小指的指甲涂第2层和第3层颜色，所选颜色与第1层相同。每涂一层，就要照灯固化30秒。

step 04

擦掉指甲上的浮胶。用拉线笔蘸取少许安妮丝GLS01(一种银色激光胶)，在中指指甲根部画3个简单的花瓣图案。照灯固化30秒。

提示

在画这个花瓣图案之前，要先比对需要印花的蕾丝图案，使两者能够自然叠加呈现。

step 05

在中指指甲上涂一层马苏拉封层，以平整甲面。然后照灯固化30秒。

step 06

将SWEETCOLOR黑色印油涂在印花板MM44的扇形蕾丝图案上，用刮板刮掉多余的印油。用印章印取图案，对准转印到中指指甲上银白色花瓣图案的位置。再用斜头美甲笔蘸取适量洗甲水，清理指缘处多余的印油。

step 07

将SWEETCOLOR黑色印油涂在印花板MM44的条形蕾丝图案上，用刮板刮掉多余的印油。

step 08

用印章在印花板上快速滚动，印取图案，用胶带粘走印章上多余的图案，再把图案转印到食指的指甲根部。用斜头美甲笔蘸取适量洗甲水，清理指缘处多余的印油。

step 09

用安妮丝GLS01在无名指的指尖处画3个花瓣图案，照灯固化30秒。给无名指指甲涂一层马苏拉封层，以平整甲面，然后照灯固化30秒。

step 10

采用与无名指指甲同样的手法制作中指和拇指指甲，采用与食指指甲同样的手法制作小指指甲。清理手指指缘处多余的图案，然后给所有指甲涂Presto磨砂封层，并照灯固化30秒。擦掉指甲上的浮胶。制作结束。

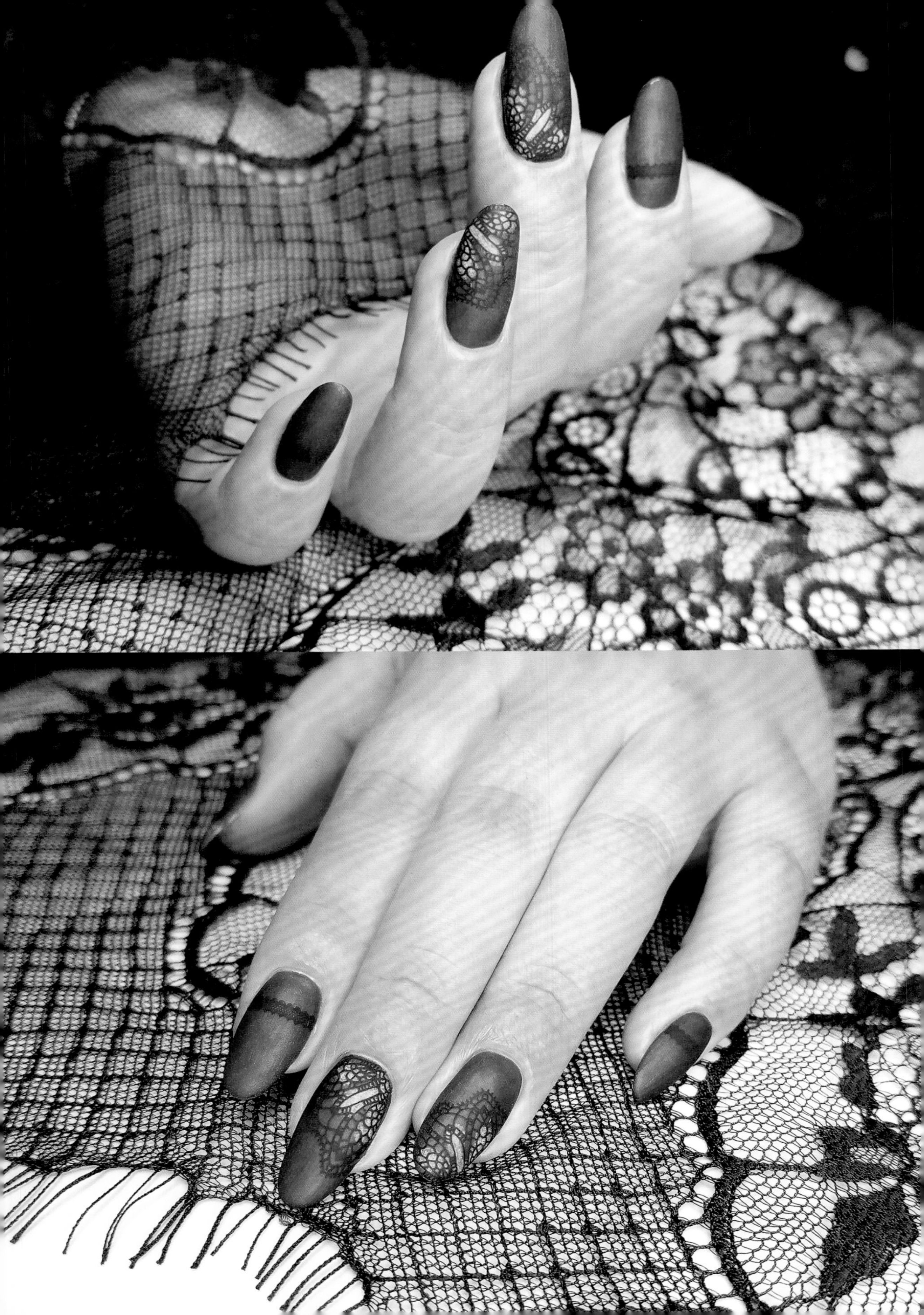

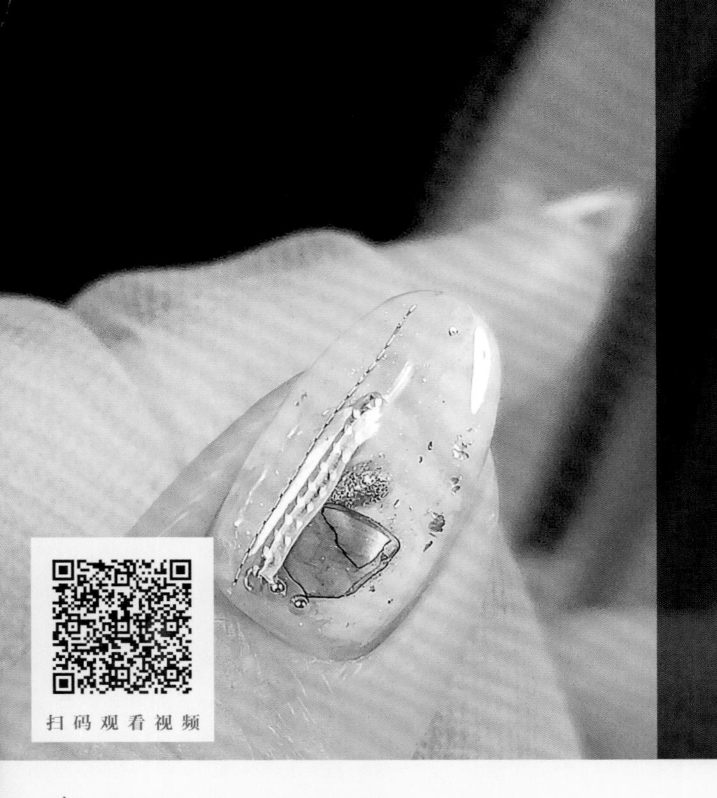

29

复古蕾丝美甲

复古蕾丝美甲的制作主要讲究搭配方式，其中使用到的蕾丝不是主角，而是作为点缀。蕾丝结合晕染手法，形成一种独具特色的复古风格。本案例制作手法较简单，在制作过程中需注意饰品的堆叠摆放，一般是先放主要饰品，再用小颗粒饰品进行修饰。

使用材料与工具

01 OPI底胶
02 哈摩霓封层
03 马苏拉封层
04 马宝万能胶
05 OPI GC L00
06 OPI GC BA2
07 哈摩霓加固胶
08 粘钻胶
09 SWEETCOLOR白色印油
10 印花板hehe FAIRY TALE 010
11 印章
12 刮板
13 美甲专用清洁巾
14 清洁液
15 美甲灯
16 洗甲水
17 蓝色丝线
18 玫瑰金色金属饰品
19 玫瑰金色金属链条
20 白色石头
21 玫瑰金转印纸
22 蓝色珠子
23 半圆珍珠
24 小肥仔笔
25 拉线笔
26 斜头美甲笔
27 弯头镊子

操作步骤

step 01

用美甲专用清洁巾蘸取清洁液，擦净甲面。然后给食指、中指、无名指和小指的指甲涂OPI底胶，并照灯固化30秒。

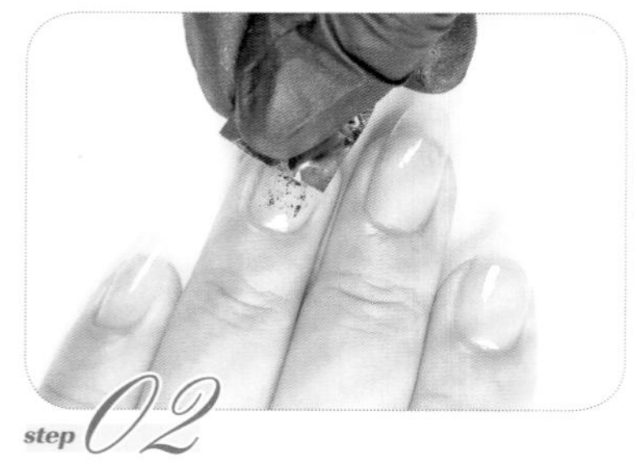

step 02

用OPI底胶的浮胶先在无名指指甲上粘上玫瑰金转印纸。如果想要粘出小碎片的效果，那就把转印纸揉一下再粘。

提示

这里使用的马宝万能胶是一款mix胶，因功能较多而得名，在美甲中可以用来加固、延长、晕染及做简单的甲面弧度建构。而这里主要是利用马宝万能胶晕染快的特性来快速做出自然的晕染效果。同时，在晕染后如果觉得晕染的纹理没有达到想要的效果，可以用小肥仔笔轻拍处理一下。

step 03

在食指指甲上薄涂一层马宝万能胶，不要照灯。在甲面上点少许OPI GC L00，点上的OPI GC L00会在马宝万能胶上自动晕染开。

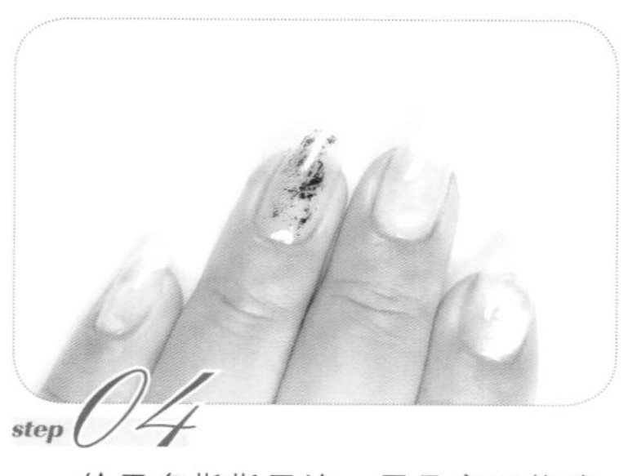

step 04

给无名指指甲涂一层马宝万能胶，以保护玫瑰金转印纸，并给甲面做加固。采用与食指指甲同样的手法制作小指指甲。给中指指甲涂OPI GC BA2，作为第1层颜色，再将食指、中指、无名指和小指的指甲一起照灯固化30秒。

step 05

用马宝万能胶的浮胶在食指和小指的指甲白色较多的地方粘上玫瑰金转印纸。擦掉无名指指甲上的浮胶，为后面印花做准备。

step 06

给中指指甲涂OPI GC BA2，作为第2层颜色。然后给食指和小指的指甲涂马苏拉封层，将食指、中指、无名指和小指的指甲一起照灯固化30秒。

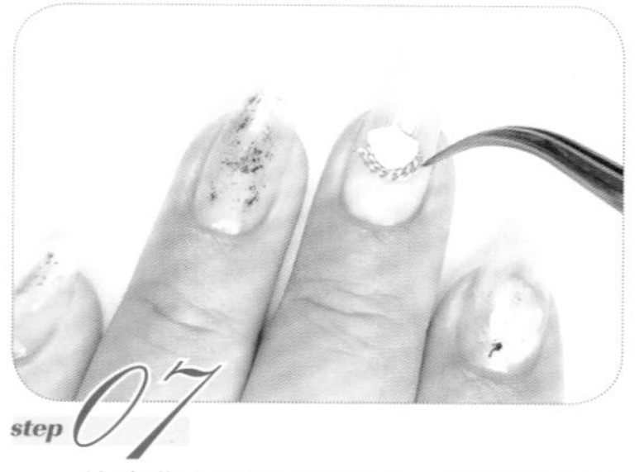

step 07

给中指指甲涂粘钻胶。然后用弯头镊子在中指指甲的中间区域放一块大小合适的白色石头，并在白色石头下面放一根玫瑰金色金属链条。

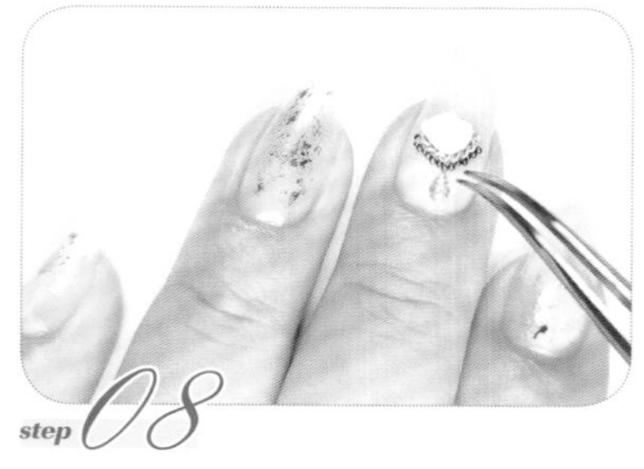

step 08

在玫瑰金色金属链条下面围上半圈蓝色珠子，在蓝色珠子下面的正中间放一颗水滴状的玫瑰金色金属饰品。

step 09

在水滴状的玫瑰金色金属饰品的左右分别放3颗半圆珍珠，用拉线笔在白色石头上方放3颗长三角形玫瑰金色金属饰品。

step 10

在长三角形玫瑰金色金属饰品和白色石头之间放半圈玫瑰金色金属饰品，在长三角形玫瑰金色金属饰品上方放一颗水滴形玫瑰金色金属饰品。细调位置后照灯固化30秒。

step 11

在中指指甲的饰品上厚涂一层哈摩霓加固胶，使其包裹住饰品，做好甲面的弧度建构后照灯固化60秒。给中指指甲涂马苏拉封层，并照灯固化30秒。中指指甲制作完成。

step 12

将SWEETCOLOR白色印油涂在印花板hehe FAIRY TALE 010的蕾丝图案上。涂的时候尽量选择边缘的图案部分，这样转印更方便。

step 13

用刮板刮掉印花板上多余的印油。使印章快速滚动，印取图案并转印到无名指的指尖位置。转印时注意花纹的方向，其中清晰的花纹边缘朝向甲面中心位置。

step 14

用斜头美甲笔蘸取少量洗甲水，清理无名指指缘。然后给无名指指甲涂哈摩霓封层，并照灯固化60秒。

step 15

采用与食指指甲差不多的手法制作拇指指甲。由于拇指的甲面较大，因此制作时要搭配蓝色丝线等饰品。制作结束。

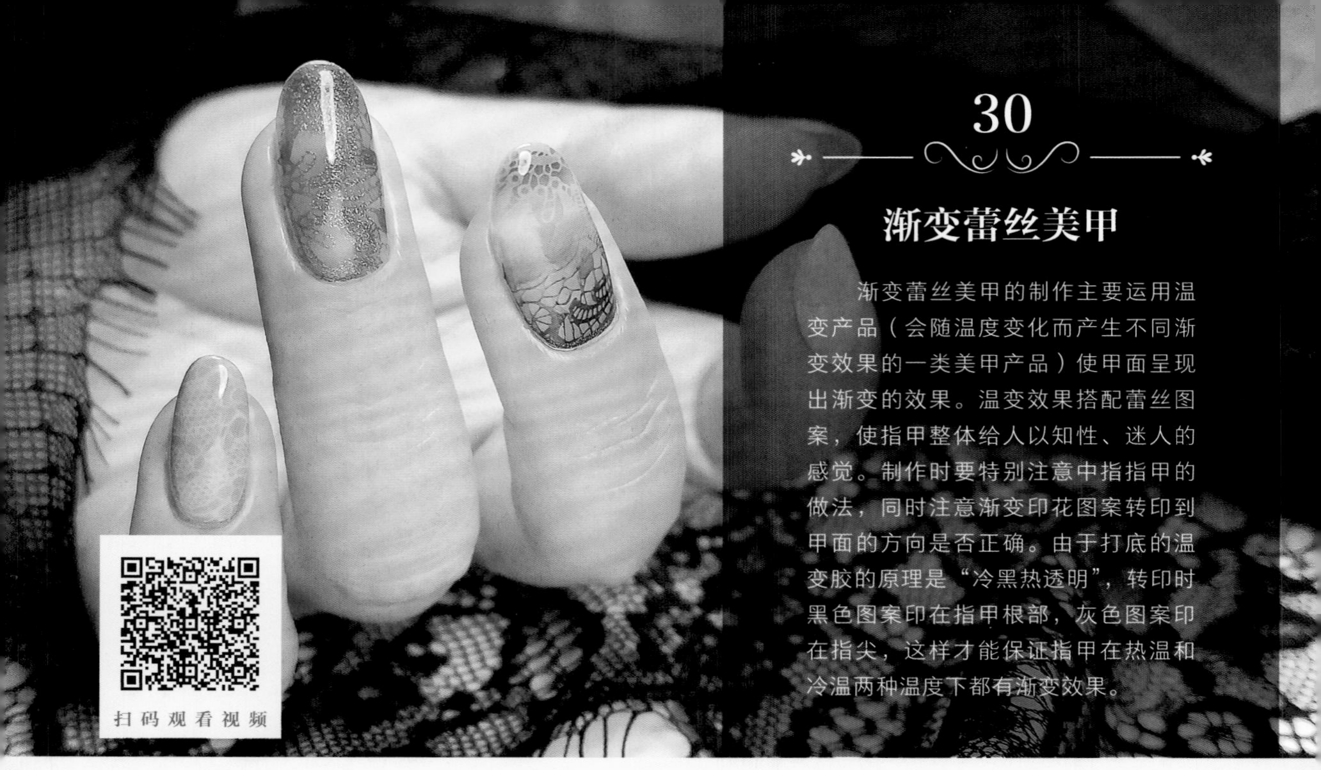

30

渐变蕾丝美甲

渐变蕾丝美甲的制作主要运用温变产品（会随温度变化而产生不同渐变效果的一类美甲产品）使甲面呈现出渐变的效果。温变效果搭配蕾丝图案，使指甲整体给人以知性、迷人的感觉。制作时要特别注意中指指甲的做法，同时注意渐变印花图案转印到甲面的方向是否正确。由于打底的温变胶的原理是“冷黑热透明”，转印时黑色图案印在指甲根部，灰色图案印在指尖，这样才能保证指甲在热温和冷温两种温度下都有渐变效果。

使用材料与工具

01 OPI底胶
02 哈摩霓封层
03 OPI GC V32
04 DanceLegend#705
05 masura294-384
06 指缘打底胶
07 印章
08 BORN PRETTY黑色激光印油
09 BORN PRETTY温变印油#12
10 PUEEN黑色印油
11 印花板hehe FAIRY TALE 001
12 印花板hehe FAIRY TALE 004
13 美甲专用清洁巾
14 清洁液
15 美甲灯
16 洗甲水
17 弯头镊子
18 斜头美甲笔
19 拉线笔
20 刮板

操作步骤

step 01

用美甲专用清洁巾蘸取清洁液，擦净甲面。然后给食指、中指、无名指和小指的指甲涂OPI底胶，并照灯固化30秒。

step 02

给食指指甲涂第1层OPI GC V32，给中指和无名指的指甲涂第1层Dance Legend#705，给小指指甲涂第1层masura 294-384。然后照灯固化30秒。

step 03

给食指、中指、无名指和小指的指甲涂第2层和第3层颜色，所选颜色与第1层相同。每涂一层，就要照灯固化30秒。

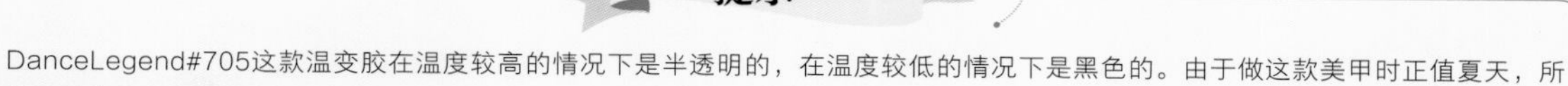

提示

DanceLegend#705这款温变胶在温度较高的情况下是半透明的，在温度较低的情况下是黑色的。由于做这款美甲时正值夏天，所以一上手就变得半透明了。

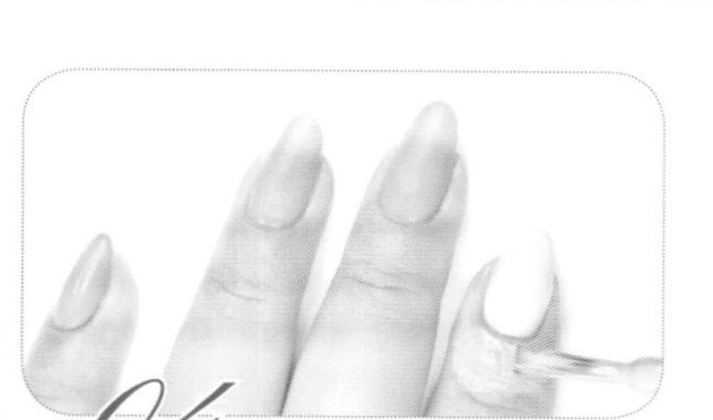

step 04

擦掉所有指甲上的浮胶，然后在食指的指缘处涂一些指缘打底胶。

step 05

将BORN PRETTY温变印油#12涂在印花板hehe FAIRY TALE 004上，用刮板刮掉印花板上多余的印油。用印章印取图案并转印到食指指甲上。

step 06

用斜头美甲笔蘸取适量洗甲水，使指缘打底胶和甲面上的印花图案分开，并用弯头镊子撕掉指缘打底胶。食指指甲的印花制作完成。

提示

BORN PRETTY温变印油#12这款温变印油在温度较高的情况下是浅灰色的，在温度较低的情况下是深灰色的。由于做这款美甲时正值夏天，所以一上手则变为了浅灰色的。

step 07

采用与给食指指甲印花同样的手法给小指指甲添加印花效果。然后在中指指缘处涂指缘打底胶。

step 08

将PUEEN黑色印油涂在印花板hehe FAIRY TALE 001上一个大面积的蕾丝图案上，注意只涂一半。然后将BORN PRETTY温变印油#12涂在选定图案的另一半区域。

step 09

用刮板在印花板上快速且反复地刮几下，使两种印油相互混合。使刮板与印花板成45°角，用刮板快速刮掉多余的印油。

step 10

用印章在印花板上快速印取图案，将印取的图案转印到中指指甲上。转印时注意黑色图案在指甲根部，灰色图案在指尖。

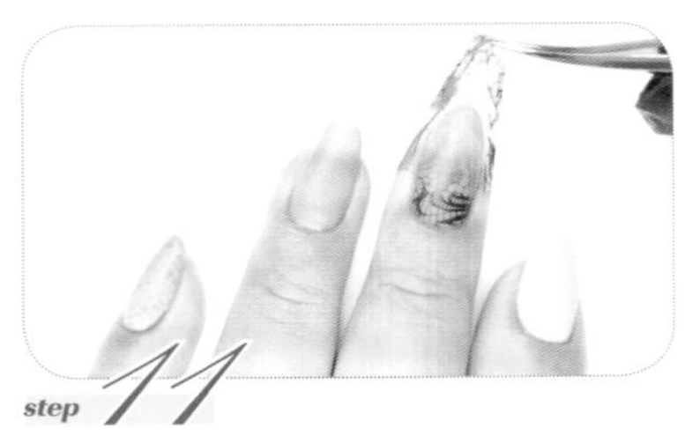

step 11

用斜头美甲笔蘸取适量洗甲水，使甲面和指缘打底胶上的图案分开，并用弯头镊子撕掉指缘打底胶。中指指甲的印花制作完成。

step 12

将BORN PRETTY黑色激光印油涂在印花板hehe FAIRY TALE 001上和在中指指甲操作中使用的同一图案上，用刮板刮掉多余的印油。用印章印取图案并转印到无名指指甲上。转印到甲面时，改变图案的方向，就能得到不同的效果。

提示

注意，给无名指指甲转印的图案和中指指甲上的图案有所不同，是因为旋转了90°角后转印的。

step 13

用斜头美甲笔蘸取适量洗甲水，使甲面和指缘打底胶上的图案分开，并撕掉指缘打底胶。无名指指甲的印花制作完成。给食指、中指、无名指和小指指甲涂上哈摩霓封层，然后照灯固化60秒。

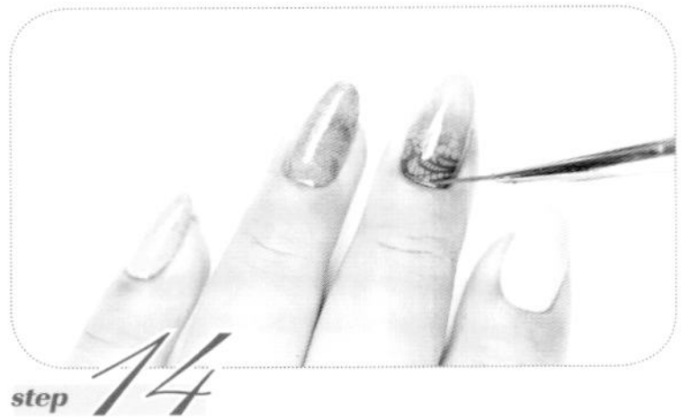

step 14

擦掉所有指甲上的浮胶。此时发现中指指甲根部的图案不够完整，因此用拉线笔做一下勾勒补充。为了使色彩统一，勾勒时用的是BORN PRETTY黑色激光印油，勾勒好后自然晾干。

step 15

采用与中指指甲同样的手法制作拇指指甲。给勾了边的中指和拇指的指甲涂哈摩霓封层，并照灯固化60秒。擦掉浮胶。制作结束。

提示

印油干的速度很快，可以和胶搭配使用。使用激光黑的拉线胶效果会更好。

冷温下的效果：

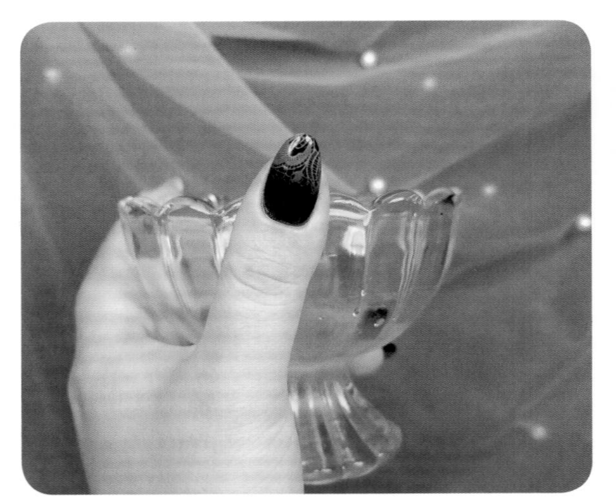

热温下的效果：

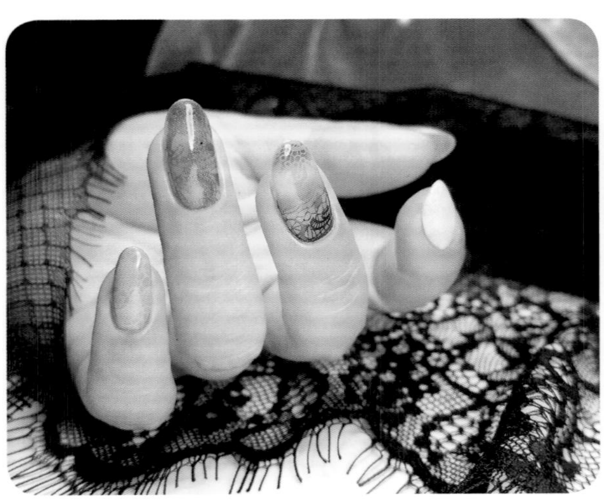

31

浮雕蕾丝美甲

浮雕蕾丝美甲的制作灵感主要源自一个日本品牌agehagel砂糖粉的官方广告图。其主要运用水晶粉制作出雕花效果。本案例的制作要点在于蕾丝图案的描绘。蕾丝图案配合清新的蓝色，整体给人以浪漫、唯美的感觉。

使用材料与工具

01 OPI底胶
02 Presto磨砂封层
03 马苏拉封层
04 OPI GC I60
05 粘钻胶
06 自制全息浮雕粉（DanceLegend全息粉+水晶粉）
07 白色印花胶（BORN PRETTY BP-FW13）
08 印花板hehe FAIRY TALE 009
09 印章
10 美甲专用清洁巾
11 清洁液
12 美甲灯
13 水晶碎石
14 调色盘
15 拉线笔
16 极细彩绘笔
17 小刷子
18 旧钢推
19 弯头镊子
20 刮板

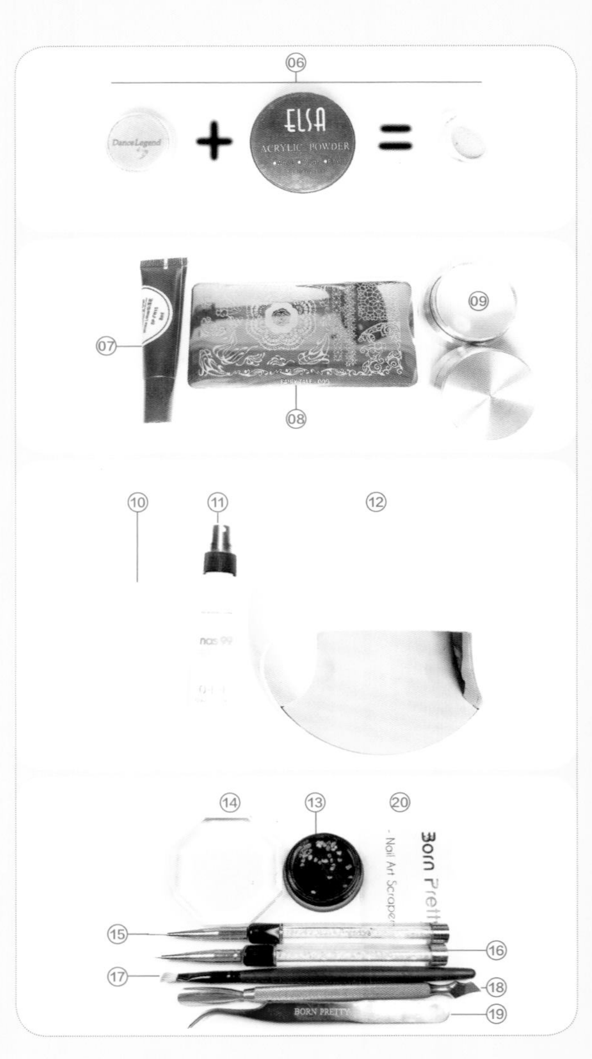

操作步骤

step 01

用美甲专用清洁巾蘸取清洁液，擦净甲面。然后给食指、中指、无名指和小指的指甲涂OPI底胶，并照灯固化30秒。

step 02

给食指、中指、无名指和小指的指甲涂OPI GC I60，作为第1层颜色。然后照灯固化30秒。

step 03

给食指、中指、无名指和小指的指甲涂第2层和第3层颜色，所选颜色与第1层相同。每涂一层，就要照灯固化30秒。

step 04

给食指、中指、无名指和小指的指甲涂Presto磨砂封层，然后照灯固化30秒。擦掉浮胶，为后面的印花做准备。

step 05

将白色印花胶涂在印花板hehe FAIRY TALE 009的花朵蕾丝图案上，用刮板来回刮几下让印油均匀地填充进印花板的凹面里。用清洁液擦干净刮板，用刮板刮去印花板上多余的胶。

step 06

用印章在印花板上缓慢滚动，以印取图案。然后将印取的图案转印到中指指甲上。采用与中指指甲印花同样的手法给无名指指甲印花。用美甲专用清洁巾蘸取清洁液，将印到指缘上的胶擦干净。

step 07

将少许白色印花胶放到调色盘上，用极细彩绘笔蘸取后在中指和无名指指甲上制作好的印花图案上描色。

step 08

用旧钢推在印花图案上均匀地撒上自制浮雕粉。撒完后轻轻抖掉多余的粉末，注意不要用小刷子刷，也不要触碰甲面。然后照灯固化30秒。

step 09

用小刷子刷掉没有完全固化的浮雕粉。然后用拉线笔蘸取适量粘钻胶，涂在食指和小指的指甲上，并用弯头镊子给食指和小指的指甲粘贴上一些水晶碎石，并照灯固化30秒。

提示

白色印花胶通过转印几乎没有黏性了，而这里再描一遍色是为了增加印花底色的胶量，用来吸附浮雕粉。胶量越多，吸附的浮雕粉越多，最终的立体图案越清晰。

step 10

用马苏拉封层填充水晶碎石的缝隙和水晶碎石表面，注意不要涂到有磨砂质感的甲面上。然后照灯固化30秒。

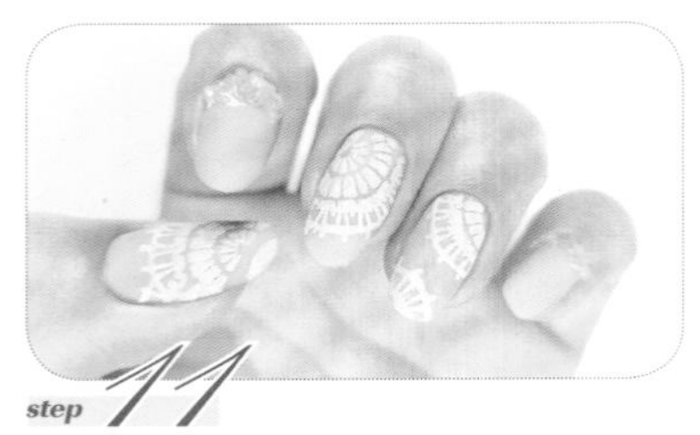

step 11

采用与中指指甲差不多的手法制作拇指指甲。制作结束。

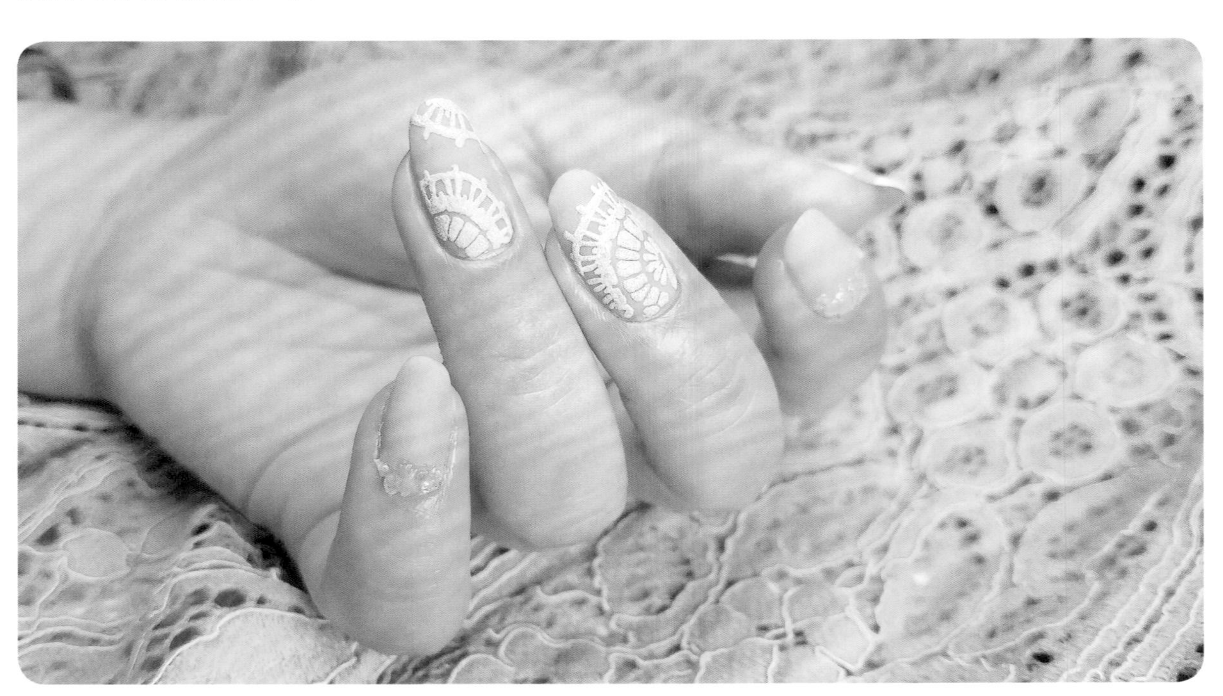

Manicure

第5章 童趣系列

基础篇

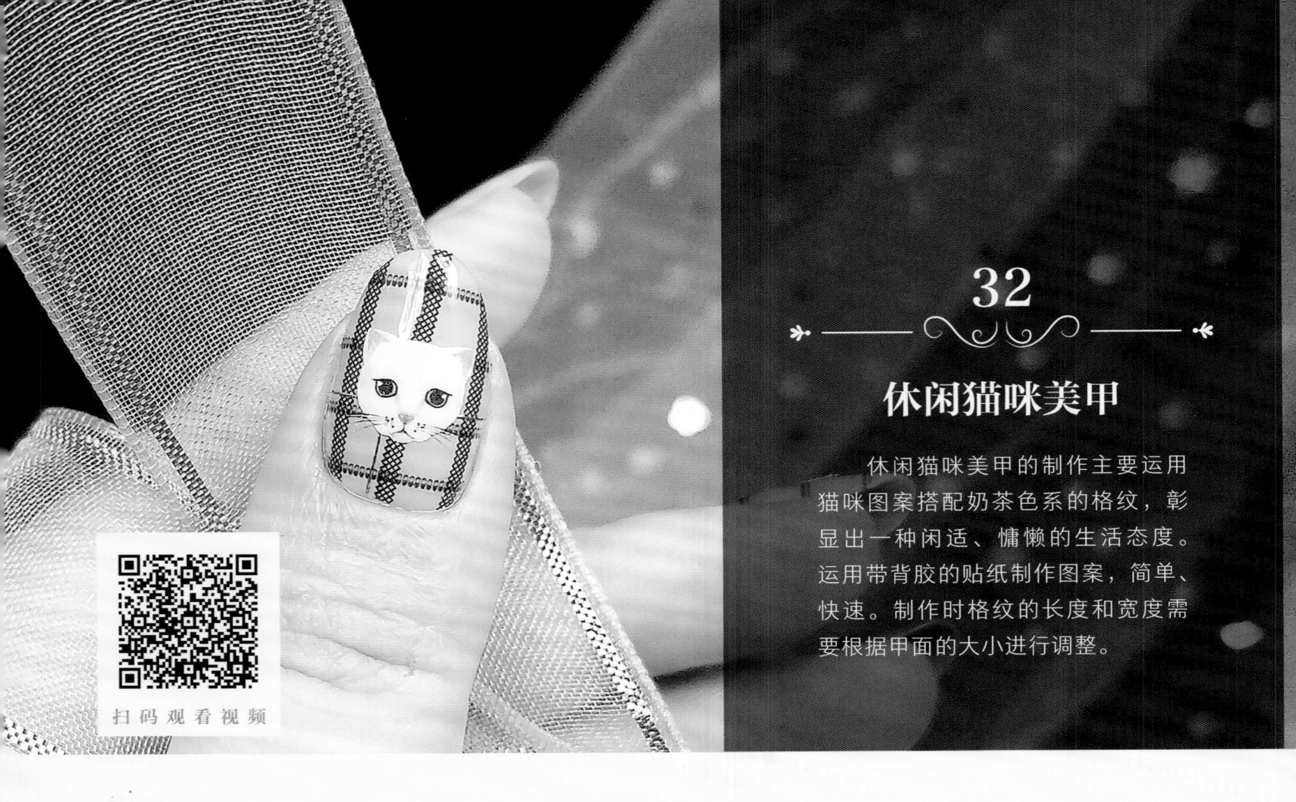

32

休闲猫咪美甲

休闲猫咪美甲的制作主要运用猫咪图案搭配奶茶色系的格纹，彰显出一种闲适、慵懒的生活态度。运用带背胶的贴纸制作图案，简单、快速。制作时格纹的长度和宽度需要根据甲面的大小进行调整。

使用材料与工具

01 OPI底胶
02 马苏拉封层
03 安妮丝GS08
04 安妮丝GAN40
05 哈摩霓加固胶
06 美甲专用清洁巾
07 清洁液
08 美甲灯
09 旧死皮剪
10 金色方框金属饰品
11 猫咪图案贴纸
12 条纹贴纸
13 玫瑰金色线条贴纸
14 尖头镊子
15 平头美甲笔
16 榉木棒

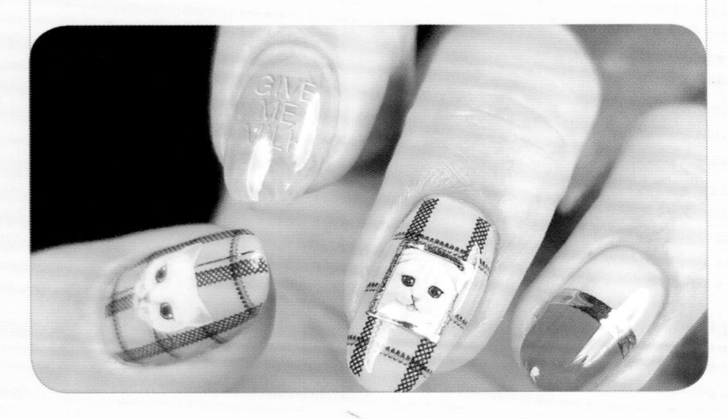

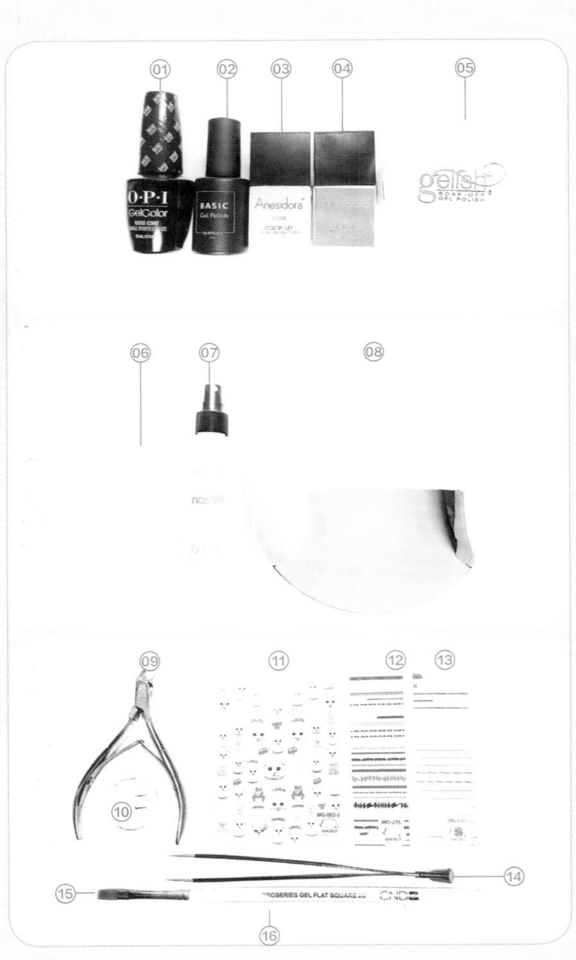

操作步骤

step 01

用美甲专用清洁巾蘸取清洁液，擦净甲面。然后给食指、中指、无名指和小指的指甲涂OPI底胶，并照灯固化30秒。

step 02

给食指、中指和小指的指甲涂第1层安妮丝GS08，给无名指指甲的上半部分涂第1层安妮丝GAN40。给食指指甲点少许安妮丝GAN40。

step 03

用榉木棒的尖头在食指指甲上以画圈的手法混合两种颜色，形成拉花图案。混合好后将这4片指甲一起照灯固化30秒。

step 04

给中指、小指和无名指的指甲涂第2层颜色，所选颜色与第1层相同。注意，涂无名指指甲时同样只涂上半部分，然后照灯固化30秒。

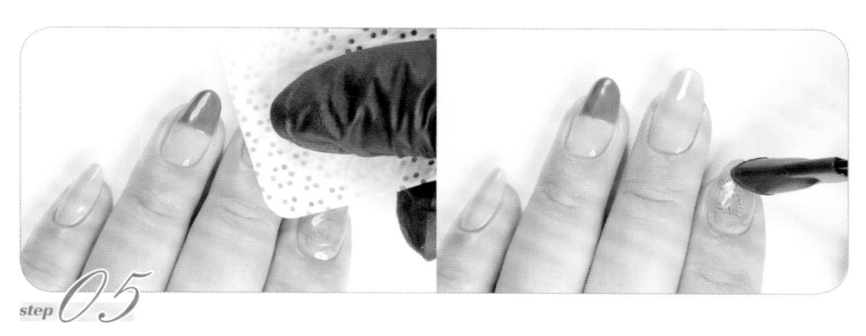

step 05

擦掉指甲上的浮胶，准备贴纸。在食指指甲上粘贴猫咪图案贴纸上的一个英文图案贴纸，并用尖头镊子的硅胶头按压贴纸，以保证贴纸完全贴合甲面。

提示

在这里，色胶的浮胶会影响带背胶的贴纸的黏度，因此在粘贴贴纸时一定要先擦掉浮胶。同时，想要美甲保持时间更长，也可以先涂免洗封层，再粘贴贴纸。

step 06

在中指指甲靠左边的位置贴一条竖向的条纹贴纸，并用尖头镊子的硅胶头按压贴合。再用死皮剪剪一段一样的条纹贴纸，将其贴在中指指甲靠右边的位置并按压贴合，使其和上一条条纹贴纸平行。

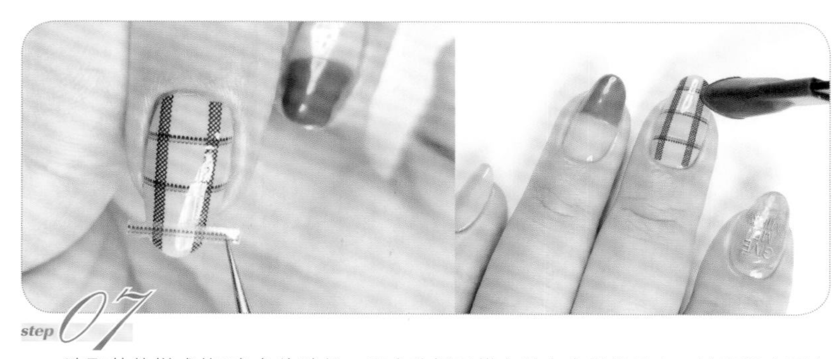

step 07

选取其他样式的3条条纹贴纸，用尖头镊子横向贴在中指指甲上，注意距离要合适。用尖头镊子的硅胶头仔细按压贴纸，使其与甲面贴合。

step 08

选一个大小合适的猫咪图案贴纸，将其贴在中指指甲的中心位置，并按压至贴合。然后在无名指指甲上涂了颜色和留白的交界处贴一条玫瑰金色线条贴纸，剪掉多余的部分后按压至贴合。

step 09

采用与中指指甲差不多的手法制作小指指甲，但不使用猫咪图案贴纸。在中指指甲上的猫咪图案贴纸周围点上少许哈摩霓加固胶，选择一个大小合适的金色方框金属饰品，将其放在猫咪图案贴纸正中间。照灯固化30秒。

step 10

用平头美甲笔给食指、中指、无名指和小指的指甲涂一层哈摩霓加固胶，以保护贴纸并做好甲面弧度建构。然后照灯固化60秒。

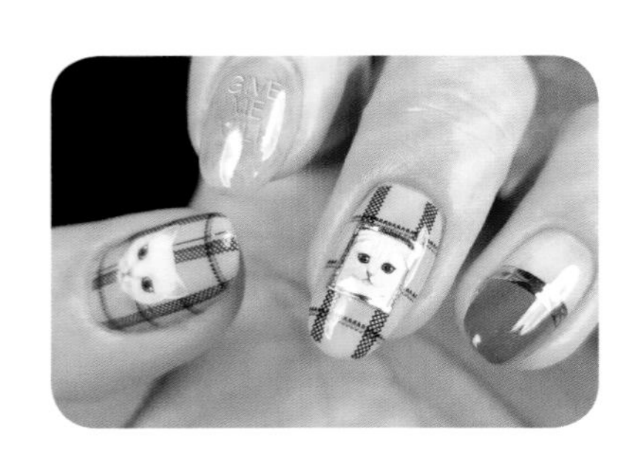

step 11

给食指、中指、无名指和小指的指甲涂一层马苏拉封层并照灯固化30秒。采用与中指指甲同样的手法制作拇指指甲，但不粘贴金色方框金属饰品。制作结束。

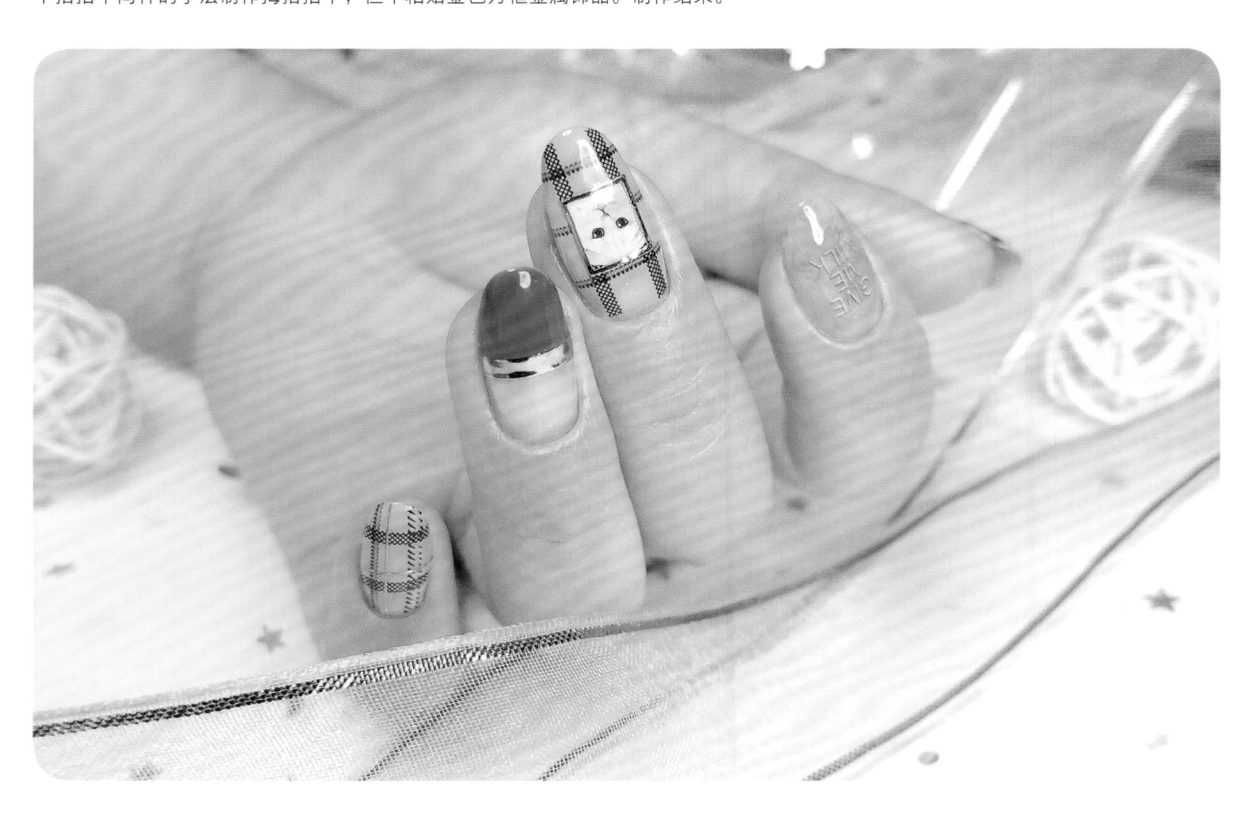

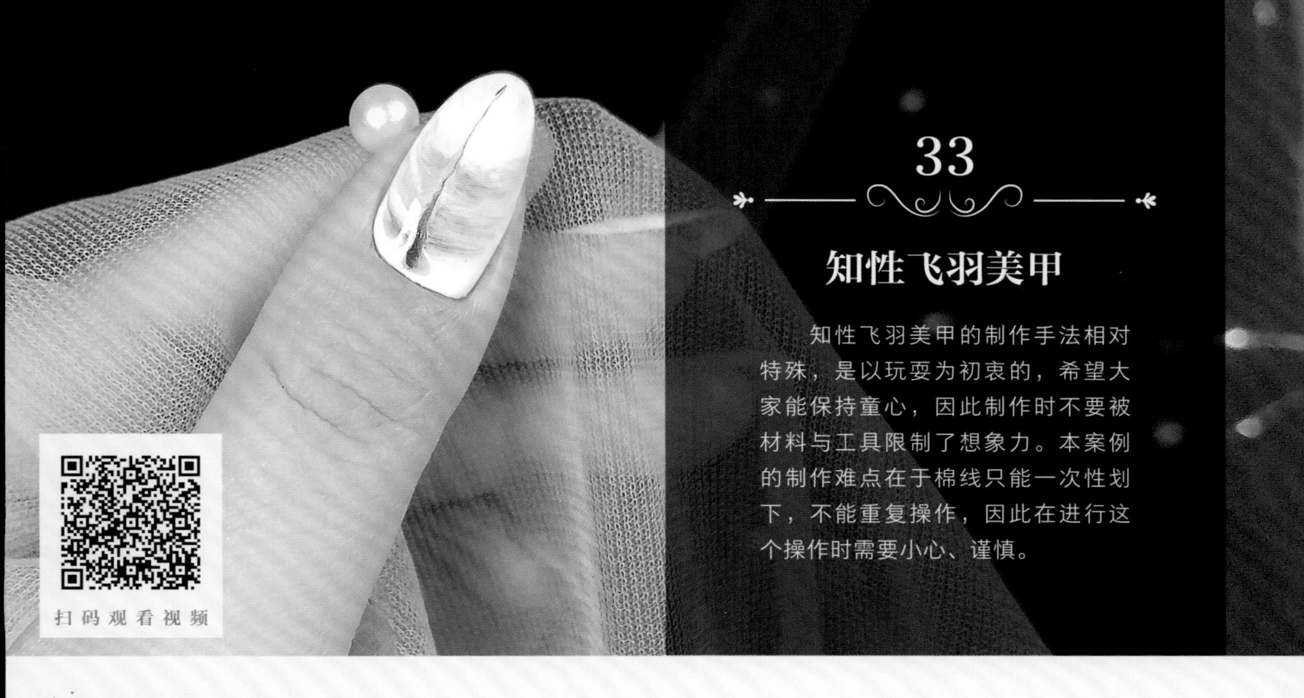

33

知性飞羽美甲

知性飞羽美甲的制作手法相对特殊，是以玩耍为初衷的，希望大家能保持童心，因此制作时不要被材料与工具限制了想象力。本案例的制作难点在于棉线只能一次性划下，不能重复操作，因此在进行这个操作时需要小心、谨慎。

使用材料与工具

01 OPI底胶
02 马苏拉封层
03 白色底胶
04 孔雀开屏胶（JU.BIEJ White DROPS）
05 OPI XHP F13
06 OPI GC H88
07 masura294-410
08 masura294-393
09 哈摩霓加固胶
10 粘钻胶
11 美甲专用清洁巾
12 清洁液
13 美甲灯
14 银色金属羽毛饰品
15 棉线
16 白色石头
17 幻彩小石头
18 玫瑰金色金属珠子
19 平头美甲笔
20 拉线笔
21 弯头镊子
22 调色盘

操作步骤

step 01

用美甲专用清洁巾蘸取清洁液，擦净甲面。然后给食指、中指、无名指和小指的指甲涂OPI底胶，并照灯固化30秒。

step 02

给食指指甲涂第1层masura294-410，给中指指甲涂第1层白色底胶，给无名指指甲涂第1层OPI XHP F13，给小指指甲涂第1层masura294-393。然后照灯固化30秒。给以上指甲涂第2层颜色，所选颜色与第1层相同，然后照灯固化30秒。

step 03

在调色盘上以排列的形式点上masura 294-410、OPI XHP F13、OPI GC H88、masura294-393、OPI GC H88。然后剪出两条比甲面稍短的棉线，用弯头镊子放在调色盘上点好的胶里，同时裹上颜色。

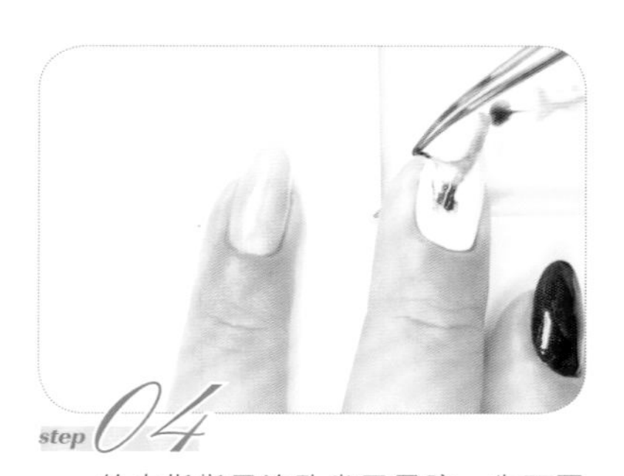

step 04

给中指指甲涂孔雀开屏胶，先不要照灯。把裹上颜色的两条棉线一起放到中指指甲上合适的位置。用弯头镊子夹住一条棉线左边的线头，往左边划拉后取下棉线，使甲面上出现一个拖痕。

step 05

用弯头镊子夹住另一条棉线的线头，往右边划拉后取下棉线，在甲面上拖出痕迹。注意拖动的力度要和左边的力度差不多，这样两个拖痕就会在甲面上组合成一个类似羽毛的抽象图案。

step 06

用拉线笔蘸取少许masura294-410，在羽毛图案的中心位置画上一笔，模拟羽毛的羽根和羽茎。然后照灯固化30秒。

提示

孔雀开屏胶是一个很有创意的产品，自带晕开效果，有多种颜色（这里使用的是白色的）。

提示

注意，这一笔要做到干脆利落，起笔重、收笔轻。同时，要沿刚刚放置棉线的位置拖动收笔。

step 07

给食指、中指和小指的指甲涂马苏拉封层，然后照灯固化30秒。用弯头镊子在无名指指甲上放少许粘钻胶，选取银色金属羽毛饰品、白色石头、幻彩小石头、玫瑰金色金属珠子，将其置于无名指指甲上。照灯固化30秒。

step 08

用平头美甲笔给无名指指甲厚涂一层哈摩霓加固胶，包裹住所有的饰品并给甲面做弧度建构，照灯固化60秒。然后再刷一层马苏拉封层，并照灯固化30秒。

step 09

采用与中指指甲同样的手法制作拇指指甲。制作结束。

扫码观看视频

34

北欧风狗狗美甲

北欧风狗狗美甲的制作主要运用狗狗图案元素，搭配一些其他图案，采用灰蓝色，整体透着浓浓的北欧风韵味。同时，这里使用的狗狗图案是偏拟人化的，趣味性十足。本案例制作简单，主要采用普通的填色印花操作手法，操作时只需要注意图案在甲面上分布均匀即可。

使用材料与工具

01 OPI底胶
02 安妮丝磨砂封层
03 安妮丝GS20
04 OPI GC V32
05 masura294-384
06 SWEETCOLOR黑色印油
07 SWEETCOLOR白色印油
08 MOYOU LONDON印油MN091
09 MOYOU LONDON印油MN005
10 PUEEN黄色印油
11 美甲专用清洁巾
12 清洁液
13 美甲灯
14 洗甲水
15 印章（两个）
16 MOYOU LONDON印花板（几何主义系列01）
17 MOYOU LONDON印花板（嘻哈系列11）
18 极细彩绘笔
19 斜头美甲笔
20 刮板
21 胶带

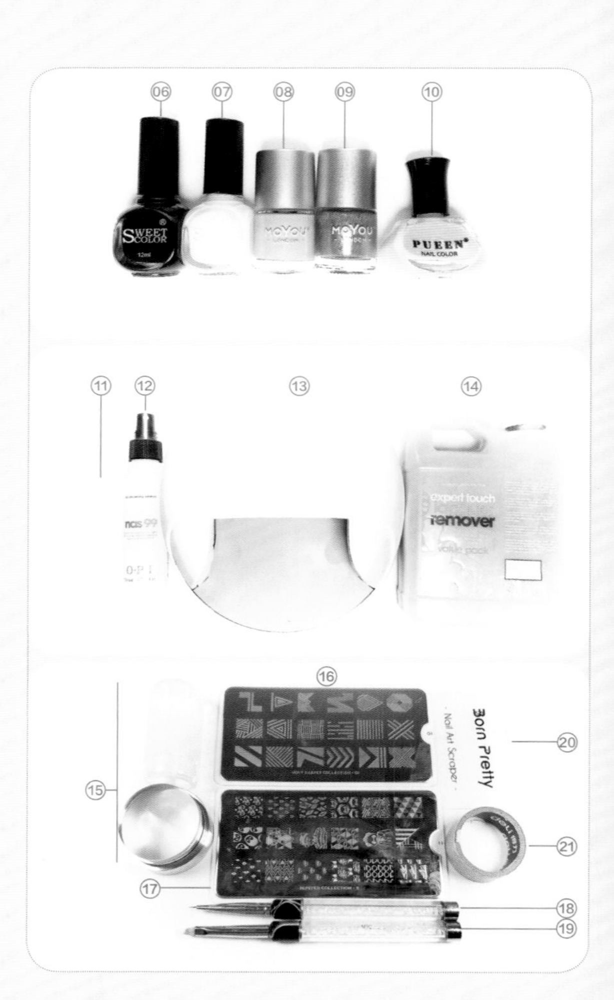

操作步骤

step 01

用美甲专用清洁巾蘸取清洁液，擦净甲面。然后给食指、中指、无名指和小指的指甲涂OPI底胶，并照灯固化30秒。

step 02

给食指和小指的指甲涂masura294-384，给中指指甲涂安妮丝GS20，给无名指指甲涂OPI GC V32，作为第1层颜色，然后一起照灯固化30秒。

step 03

给食指、中指、无名指和小指的指甲涂第2层和第3层颜色，所选颜色与第1层相同。每涂一层，就要照灯固化30秒。

step 04

将SWEETCOLOR黑色印油涂在MOYOU LONDON印花板（嘻哈系列11）的狗狗图案上，用刮板刮掉多余的印油。用印章印取图案。

step 05

用极细彩绘笔在印章上给狗狗的领结位置填上MOYOU LONDON印油MN005，给狗狗耳朵和脸上填上SWEETCOLOR白色印油，注意图案上的眼镜框不要填色。

step 06

待胶稍干后，把图案直接转印到中指指甲上。然后用蘸有洗甲水的斜头美甲笔清理中指指缘处多余的印油。

step 07

将SWEETCOLOR黑色印油涂在MOYOU LONDON印花板（嘻哈系列11）的鹿头图案上，用刮板刮掉多余的印油。用印章印取图案。

step 08

用极细彩绘笔蘸取少许PUEEN黄色印油，填在印章图案中的任意一个三角形里。擦干净极细彩绘笔，蘸取少许MOYOU LONDON印油MN005，填在另外两个三角形任意一个里。

step 09

待胶稍干后，将图案转印到无名指指甲上。用蘸有洗甲水的斜头美甲笔清理无名指指缘处多余的印油。

step 10

将SWEETCOLOR黑色印油涂在MOYOU LONDON印花板（嘻哈系列11）的眼睛图案上，用刮板刮掉多余的印油后用印章印取图案。用胶带将印章上中间的一个眼睛图案粘掉，将其他眼睛图案转印到食指指甲上。

step 11

蘸取少许MOYOU LONDON印油MN005，涂在MOYOU LONDON印花板（嘻哈系列11）的眼睛图案上，用刮板刮掉多余的印油。用印章印取图案。

step 12

用胶带粘走印章上多余的图案，只保留一个眼睛图案。然后把眼睛图案转印到食指指甲的中间位置，并用斜头美甲笔清理指缘处多余的印油。

提示

在进行这一步操作时，如果甲面较大，可以直接转印。如果甲面较小，可以分两次转印，只要保证图案有间隔并能完整地被转印到甲面上即可。

step 13

将SWEETCOLOR黑色印油涂在MOYOU LONDON印花板（嘻哈系列11）的三角形图案上，用刮板刮掉多余的印油。用印章印取图案。

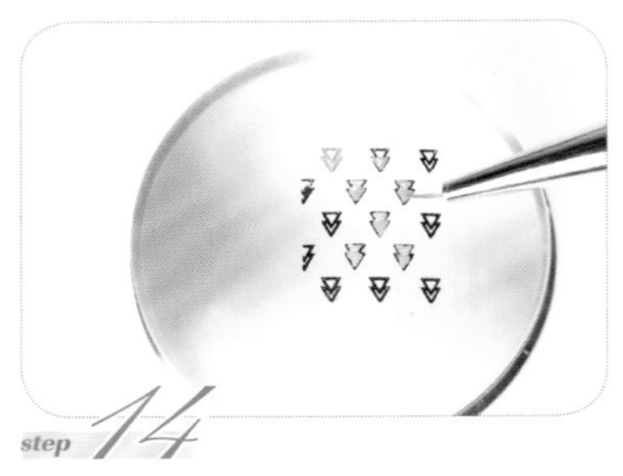

step 14

用极细彩绘笔蘸取PUEEN黄色印油，给印章上三角形的上半部分填色。用MOYOU LONDON印油MN091给印章上三角形的下半部分填色。

step 15

待胶稍干后，将图案转印到小指指甲上并清理指缘处多余的印油。仔细地给食指、中指、无名指和小指的指甲涂安妮丝磨砂封层，并照灯固化30秒。

step 16

采用与食指指甲差不多的手法制作拇指指甲，但印花时选用MOYOU LONDON印花板（几何主义系列01）。制作结束。

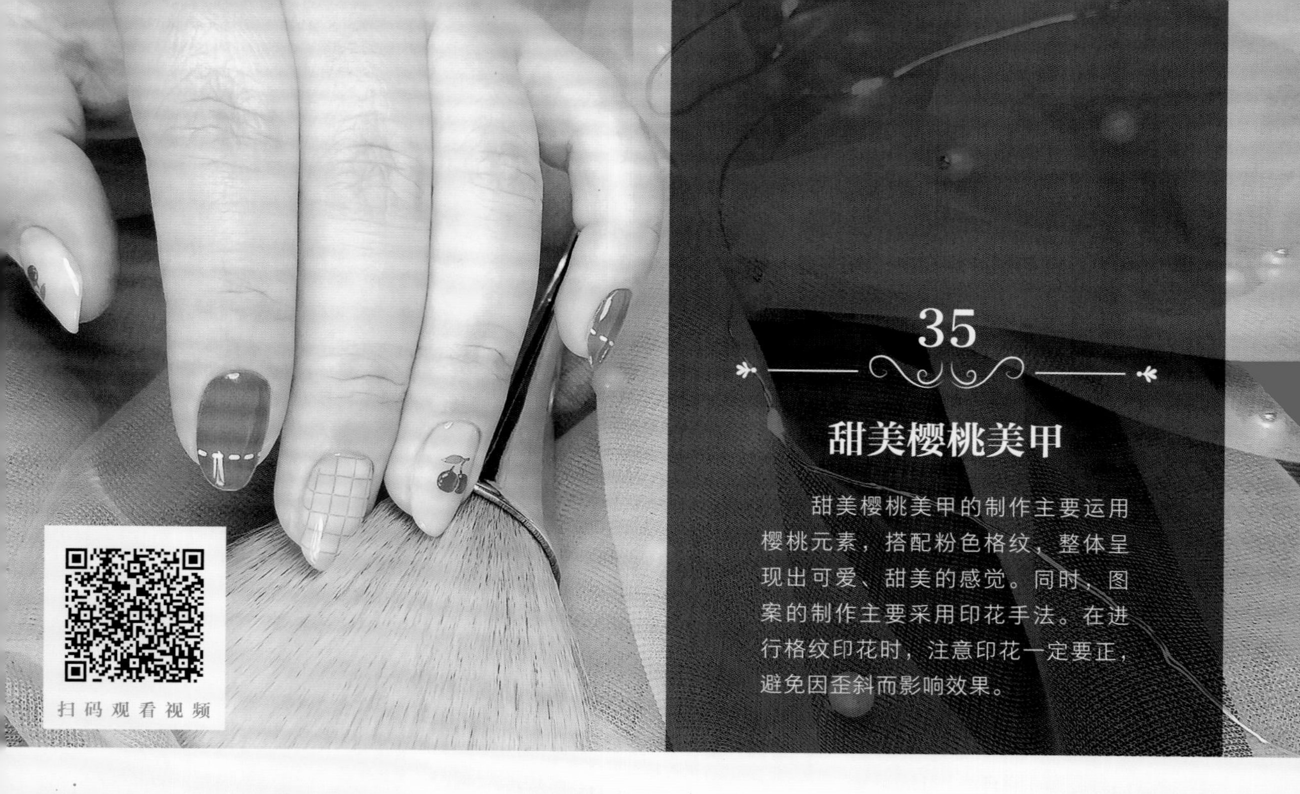

35

甜美樱桃美甲

甜美樱桃美甲的制作主要运用樱桃元素，搭配粉色格纹，整体呈现出可爱、甜美的感觉。同时，图案的制作主要采用印花手法。在进行格纹印花时，注意印花一定要正，避免因歪斜而影响效果。

使用材料与工具

01 OPI底胶
02 马苏拉封层
03 OPI GC B76
04 OPI GC T66
05 美甲专用清洁巾
06 清洁液
07 美甲灯
08 洗甲水
09 指缘打底胶
10 OPI NL M56
11 SWEETCOLOR白色印油
12 SWEETCOLOR绿色印油
13 SWEETCOLOR红色印油
14 尖头镊子
15 斜头美甲笔
16 印章
17 印花板hehe SUPER HERO 014
18 印花板hehe FAIRY TALE 011
19 印花板hehe ORZ 001
20 胶带
21 刮板

操作步骤

step 01

用美甲专用清洁巾蘸取清洁液，擦净甲面。然后给食指、中指、无名指和小指的指甲涂OPI底胶，并照灯固化30秒。

step 02

给食指和小指的指甲涂第1层OPI GC B76，给中指和无名指的指甲涂第1层OPI GC T66。然后将这4片指甲一起照灯固化30秒。

step 03

给食指和小指、中指和无名指甲的指甲涂第2层颜色，所选颜色与第1层相同。然后照灯固化30秒，并擦掉浮胶。给中指、食指和小指的指缘涂指缘打底胶。

step 04

将OPI NL M56涂在印花板hehe FAIRY TALE 011的细线格纹图案上，用刮板刮掉多余的印油。用印章印取图案并转印到中指指甲上。用尖头镊子撕掉指缘打底胶。用斜头美甲笔蘸取洗甲水，清理指缘。中指指甲的印花制作完成。

step 05

将SWEETCOLOR白色印油涂在印花板hehe ORZ 001的虚线图案上，用刮板刮掉多余的印油。用印章印取图案并转印到食指指甲上游离线的位置。将印章上剩下的图案印在小指指甲上。

step 06

将SWEETCOLOR红色印油涂在印花板hehe SUPER HERO 014的樱桃果子图案上，在樱桃叶子的图案上涂SWEET COLOR绿色印油，用刮板顺着颜色排列的方向刮掉多余的印油，并用印章印取图案。

提示

印花不是只能用印油。在这一步操作中，笔者希望印出来的线条尽量淡一些、细一些，因此选择用指甲油来印花。

step 07

用胶带粘走不完整的图案，将图案转印到无名指指甲的中心位置。给食指、中指、无名指和小指的指甲涂马苏拉封层。然后照灯固化30秒。

step 08

采用与无名指指甲同样的手法制作拇指指甲。制作结束。

36

梦幻独角兽美甲

梦幻独角兽美甲的灵感来自动画片《小马宝莉》。《小马宝莉》里有一群可爱的小马，其中的一个小马种族就是独角兽。独角兽是传说中一种神秘的生物，可以飞行。本案例中，采用叠涂手法制作出的偏光贝壳色效果，与独角兽的神秘和美丽相契合。

使用材料与工具

01 OPI底胶
02 哈摩霓封层
03 OPI GC T66
04 彦雨秀YA083
05 CND SHELLAC #90709
06 PUEEN黑色印油
07 color clue#999
08 color clue#997
09 ILNP PAIGE
10 masura1192
11 masura1173
12 masura1187
13 美甲专用清洁巾
14 清洁液
15 美甲灯
16 洗甲水
17 印章
18 印花板BORN PRETTY 春之歌-L045
19 极细彩绘笔
20 刮板

操作步骤

step 01

用美甲专用清洁巾蘸取清洁液，擦净甲面。然后给食指、中指、无名指和小指的指甲涂OPI底胶，并照灯固化30秒。

step 02

给食指、中指、无名指和小指的指甲涂第1层OPI GC T66（也可以用其他奶白色的甲油胶，如安妮丝GS14和Essie gel#5037）作为打底。然后照灯固化30秒。

step 03

给食指、中指、无名指和小指的指甲涂第2层OPI GC T66，照灯固化30秒。在食指、中指和小指的指甲上叠涂一层紫色贝壳偏光色（这里用的是彦雨秀YA083）。照灯固化30秒。

提示

贝壳偏光色的胶基底色是透明的，如果没有打底，会透出本甲的肉粉色，使颜色显得脏，所以在此之前会用奶白色胶打底。

step 04

在食指、中指和小指的指甲上涂第2层彦雨秀YA083，并照灯固化30秒。然后在食指、中指和小指的指甲上叠涂1层CND SHELLAC #90709，并照灯固化60秒。

step 05

在食指、中指和小指的指甲上涂一层哈摩霓封层，并照灯固化60秒。然后擦掉浮胶。将无名指指甲上的浮胶擦掉，为后面印花做准备。

step 06

用美甲专用清洁巾蘸取洗甲水，将印花板BORN PRETTY 春之歌-L045清理干净。选择一个适合甲面的独角兽主题的印花图案，把PUEEN黑色印油涂在上面。用刮板刮掉印花板上多余的印油，并用印章印取图案。

step 07

用极细彩绘笔蘸取masura 1173，涂在独角兽头部后面的鬃毛上。然后蘸取masura1187，涂在独角兽头上装饰的羽毛里。

step 08

用极细彩绘笔蘸取masura1192，涂在独角兽的头部和颈部；蘸取color clue#997，涂在叶子上；再取color clue#999，涂在独角兽鬃毛下面的装饰水晶图案里。

step 09

蘸取ILNP PAIGE，涂在花朵图案里。将印章转过来，仔细检查是否有没有填上的地方。有的话再补涂一下。等指甲油表面变干，将图案转印到无名指指甲上。

step 10

等印花图案干透后，用干净的美甲清洁巾擦掉指甲上的灰尘和油脂。涂上哈摩霓封层，照灯固化60秒，擦掉浮胶。

step 11

更换印花图案，采用与无名指指甲同样的手法制作拇指指甲。制作结束。

37

仙气精灵美甲

精灵是北欧神话中一个美丽的种族，现在我们对精灵形象的认知大多数来源于游戏和电影。仙气精灵美甲的灵感来自《魔兽世界》的血精灵。这款美甲主要采用填色印花的方式制作人物。人物搭配晕染出的星云图案，营造出一种魔幻的感觉。本案例的制作难点在于晕染，需要制作者对颜色的分布有一定的把控能力。另外需要注意填色印花后线条图案部分的处理。

使用材料与工具

01 OPI底胶
02 哈摩霓封层
03 CND SHELLAC LUXE#176
04 安妮丝GB06
05 安妮丝GLS06
06 OPI GC L00
07 OPI GC T66
08 马宝万能胶
09 masura296-110
10 哈摩霓加固胶
11 马宝金属拉线胶M02
12 MOYOU LONDON印油MN004
13 masura1186
14 masura1134
15 masura1132
16 DanceLegend高透顶油
17 印章
18 印花板MM74
19 美甲专用清洁巾
20 清洁液
21 美甲灯
22 洗甲水
23 弯头镊子
24 剪刀
25 平头美甲笔
26 圆头美甲笔
27 极细彩绘笔
28 小肥仔笔
29 斜头美甲笔
30 拉线笔
31 刮板

操作步骤

step 01

用美甲专用清洁巾蘸取清洁液，擦净甲面。然后给食指、中指、无名指和小指的指甲涂OPI底胶，并照灯固化30秒。

step 02

给食指、中指和小指的指甲涂OPI GC T66，不要照灯。然后用小肥仔笔蘸取少许安妮丝GLS06，在食指指甲上画两笔。

step 03

用擦干净的小肥仔笔蘸取少许安妮丝GB06，画在step02图案边缘，晕开颜色。用小肥仔笔蘸取少许OPI GC T66，在蓝紫色的边缘晕染，让颜色自然过渡。蘸取少许OPI GC L00，点在OPI GC T66的边缘处，颜色晕染开后照灯固化30秒。

step 04

薄涂一层马宝万能胶，不要照灯。在白色区域点上OPI GC L00，自然晕开后照灯固化30秒。

step 05

用平头美甲笔在食指指甲上薄涂一层哈摩霓加固胶，不要照灯。用拉线笔蘸取少许马宝金属拉线胶M02，在哈摩霓加固胶上画线。照灯固化60秒。

step 06

采用与食指指甲差不多的手法制作小指指甲。给中指指甲涂OPI GC T66，作为第2层颜色。给食指和小指的指甲涂哈摩霓封层，并照灯固化60秒。擦掉食指和小指指甲上的浮胶。

提示

等待白色自然晕开时，如果晕开的范围没有达到想要的效果，可以用小肥仔笔辅助其流动，直至达到理想的晕开效果。

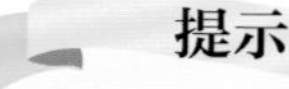

提示

画线时注意，线条尽量随意、自然且稍宽一些。同时，在哈摩霓加固胶上画线，线条会产生一种自然晕开的效果。用的拉线胶量越多，晕开的面积越大。此外，这里并不是非要用流动性较差的哈摩霓加固胶，可以使用黏稠一点的封层产品。

step 07

将MOYOU LONDON印油MN004涂在印花板MM74的精灵头像上，用刮板刮掉多余的印油，用印章印取图案。

step 08

用极细彩绘笔蘸取少许masura1132，填在印章上精灵图案的嘴唇上。用masura 1134给精灵的眼睛填色，用masura1186给精灵的头发填色，然后放到一边待干。

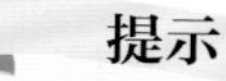

提示

填色操作完成后，将印章翻转过来检查，没填好的地方需要做补色处理。

step 09

用圆头美甲笔蘸取少许CND SHELLAC LUXE#176，以S形走位形式涂在无名指指甲上。然后在无名指指甲上涂有CND SHELLAC LUXE#176的区域点少许安妮丝GLS06，使两种颜色有部分交叠，注意不要全部覆盖。

step 10

在无名指指甲上涂有CND SHELLAC LUXE#176位置的两侧涂几笔masura296-110，然后找个合适的位置叠涂少许安妮丝GB06。

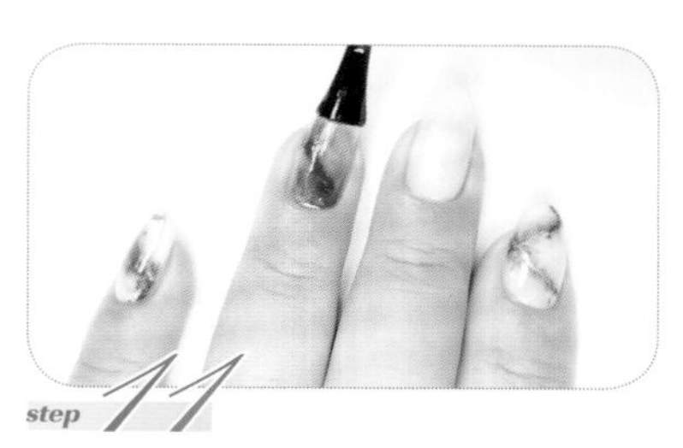

step 11

在无名指指尖的位置涂一点masura 296-110，进行加深晕染，然后照灯固化30秒。在甲面上薄涂一层马宝万能胶，不要照灯。

step 12

在甲面颜色较浅的位置点上少许OPI GC L00，用小肥仔笔辅助晕染。注意避开涂有SHELLAC LUXE#176的S形线条的中心，以做出透过星云看到星际裂缝的感觉。照灯固化30秒。

step 13

在颜色最深的指甲根部和指尖涂几笔CND SHELLAC LUXE#176和masura 296-110，进行加深晕染，然后照灯固化30秒。用平头美甲笔在甲面上薄涂一层哈摩霓加固胶，不要照灯。

step 14

用拉线笔蘸取马宝金属拉线胶M02，在哈摩霓加固胶上划拉几笔，然后照灯固化60秒。

step 15

检查印取的印花图案是否干透。确定干透后，在图案上涂一层Dance Legend高透顶油，放一边等干。

step 16

给无名指指甲涂哈摩霓封层，照灯固化60秒，擦掉无名指指甲上的浮胶。

step 17

印章上的印花图案已干透，用弯头镊子把印花图案从印章上揭下来。利用没有干透的指甲油的一点点黏度，把印花图案粘到中指指甲上。用剪刀减掉多余的图案。用斜头美甲笔蘸取洗甲水，对剪刀没办法修理的边缘部分进行二次清理。对印花图案边缘干透的地方进行处理。

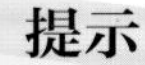

提示

这里之所以要给图案涂顶油，是因为图案填色不是全部都填的，这时线条部分已干透且没黏度，因此没办法转印到甲面上，也不能从印章上将图案完整揭下。这时给图案涂上透明顶油，可以把干透的线条和填过色的部分变成一个整体，使其能被顺利揭下。

step 18

印花图案在指甲上完全干透后，给指甲涂哈摩霓封层。照灯固化60秒，然后擦掉浮胶。

step 19

采用与无名指指甲同样的手法制作拇指指甲。制作结束。

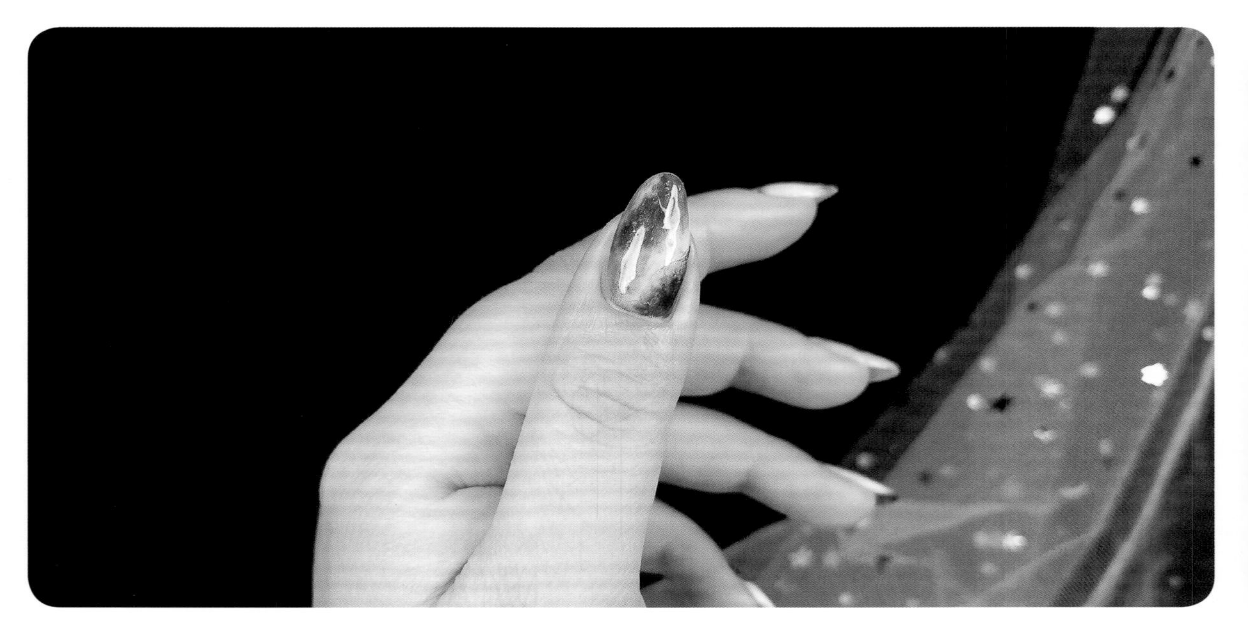

38

暗夜怪兽美甲

暗夜怪兽美甲的制作主要运用怪兽元素，采用手绘技法制作出镂空图案效果。色块和线条的搭配，以及磨砂和亮面的对比效果，使这款美甲看起来非常别致。本案例操作较简单，其制作要点在于线条的绘制，制作者多加练习才能绘制出流畅且粗细一致的线条。

使用材料与工具

01 OPI底胶
02 马苏拉封层
03 哈摩霓封层
04 安妮丝磨砂封层
05 安妮丝GS11
06 安妮丝GF21
07 安妮丝GS14
08 转印纸专用胶
09 白色彩绘胶
10 MOYOU LONDON印油MN047
11 印章
12 印花板BORN PRETTY BP-163
13 美甲专用清洁巾
14 清洁液
15 美甲灯
16 洗甲水
17 激光转印纸
18 短平头笔
19 拉线笔
20 极细彩绘笔
21 刮板

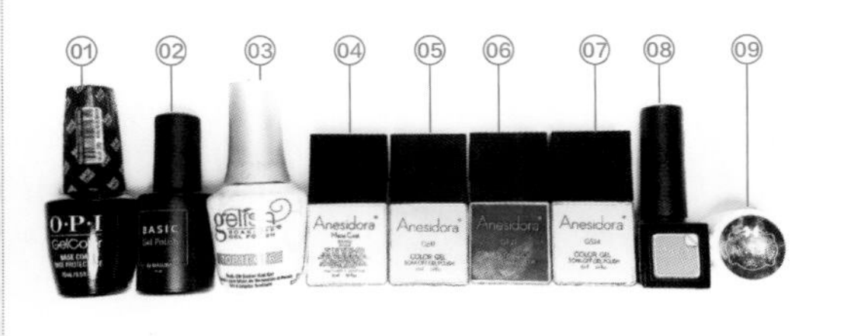

操作步骤

step 01

用美甲专用清洁巾蘸取清洁液，擦净甲面。然后给食指、中指、无名指和小指的指甲涂OPI底胶，并照灯固化30秒。

step 02

给食指指甲涂安妮丝GS11，给中指和小指的指甲涂安妮丝GS14，给无名指指甲涂安妮丝GF21，作为第1层颜色。然后一起照灯固化30秒。

step 03

用美甲专用清洁巾蘸取洗甲水，将印花板BORN PRETTY BP-163清洗干净。选择一个适合甲面大小的小怪兽图案，涂上MOYOU LONDON印油MN047，用刮板刮掉多余的印油。用印章印取图案并转印到中指指甲上。

step 04

给食指、无名指和小指的指甲涂第2层颜色，所选颜色与第1层相同。在中指指甲的印花图案上涂一层哈摩霓封层，照灯固化60秒。

step 05

给食指、无名指和小指的指甲涂第3层颜色，所选颜色与第1层相同，并照灯固化30秒。用极细彩绘笔蘸取少许安妮丝GS14，在食指指甲根部画出半个长方形。照灯固化30秒。

step 06

由于安妮丝GS14是透白色的，上一步的颜色并不明显，所以这里再叠涂一层颜色，然后照灯固化30秒。用极细彩绘笔蘸取少许安妮丝GF21，画在中指指甲上小怪兽图案的周围，并在中间留出一个不规则的多边形。

step 07

如果多边形的范围不合适，可以用干净的短平头笔擦掉。找准范围后，检查并画直多边形的每一条边。然后照灯固化30秒。

step 08

用同一种颜色给中指指甲重复上色，让颜色更饱满、均匀，然后照灯固化30秒。用极细彩绘笔蘸取少许安妮丝GF21，在小指指甲的边缘处点几个小圆点。照灯固化30秒。

step 09

用极细彩绘笔蘸取少许安妮丝GS11，在点了安妮丝GF21的间隙处点几个小圆点。注意圆点的大小和形状可随意一点，不需要太规整。然后照灯固化30秒。

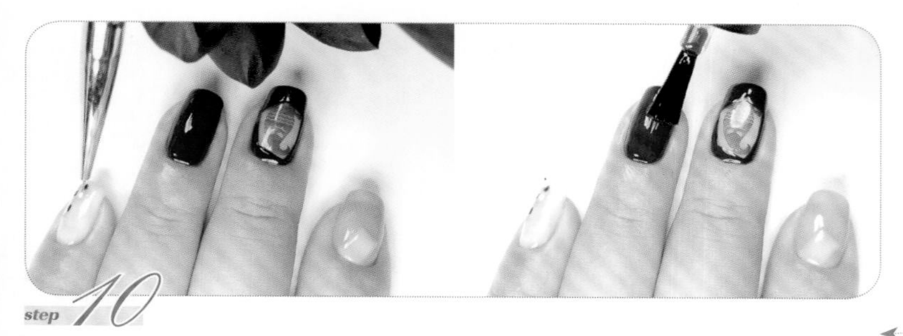

step 10

用极细彩绘笔蘸取少许白色彩绘胶，点在点了安妮丝GS11和安妮丝GF21的圆点周围，并照灯固化30秒。用转印纸专用胶在无名指指甲右边轻涂几笔，注意不需要满涂，然后照灯固化30秒。

提示

注意点的位置要错开，且大小和形状可随意一些，不需要太规整。

step 11

取一片激光转印纸，对准涂了转印纸专用胶的位置轻轻放下后再快速掀起。图案转印不完整的地方可以重复转印。

step 12

给所有指甲涂马苏拉封层，平整甲面，并照灯固化30秒。用拉线笔蘸取少许白色彩绘胶，在食指指甲上画一条曲线，注意线条要尽量随意、灵动一些。

step 13

观察甲面，发现中指指甲的深色面积有点大。这时可以画一条曲线，以分割这个区域。用拉线笔在无名指指甲上随意地画一条曲线，然后照灯固化30秒。

提示

想要转印出斑驳的效果，在转印时要使转印纸和甲面接触的面积尽量小一些。要想转印全部图案，就把转印纸全部按在甲面上，并用硅胶笔均匀按压。

step 14

给食指、中指、无名指和小指的指甲涂安妮丝磨砂封层，并照灯固化30秒，呈现磨砂效果。转印好的激光转印纸涂过安妮丝磨砂封层后会变成白色。此时用哈摩霓封层在无名指指甲上随意地涂一笔，带出一点笔触痕迹，恢复一部分激光光泽。照灯固化60秒，然后擦掉浮胶。

step 15

采用与无名指指甲同样的手法制作拇指指甲。制作结束。

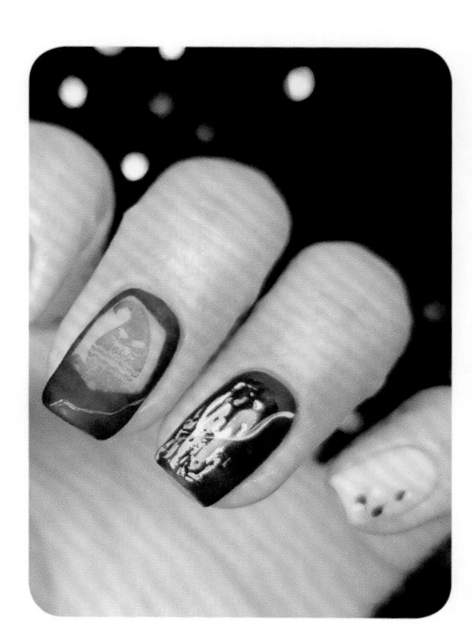

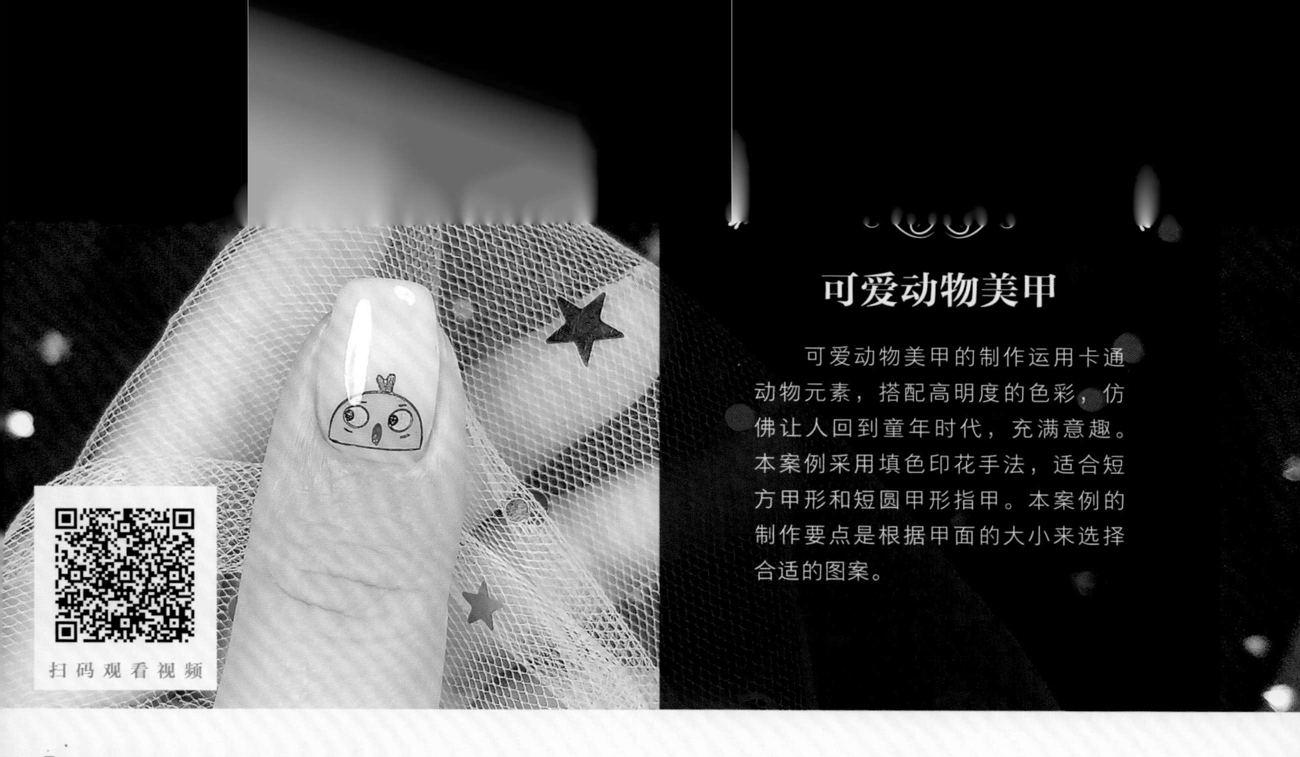

可爱动物美甲

可爱动物美甲的制作运用卡通动物元素，搭配高明度的色彩，仿佛让人回到童年时代，充满意趣。本案例采用填色印花手法，适合短方甲形和短圆甲形指甲。本案例的制作要点是根据甲面的大小来选择合适的图案。

使用材料与工具

01 OPI底胶
02 哈摩霓封层
03 OPI GC T66
04 MOYOU LONDON印油MN050
05 BORN PRETTY黑色激光印油
06 masura1134
07 masura1132
08 masura1133
09 masura1129
10 masura1130
11 masura1209
12 masura1192
13 PUEEN粉色印油
14 美甲专用清洁巾
15 清洁液
16 美甲灯
17 洗甲水
18 印章（4个）
19 印花板BORN PRETTY BP-162
20 极细彩绘笔
21 刮板

操作步骤

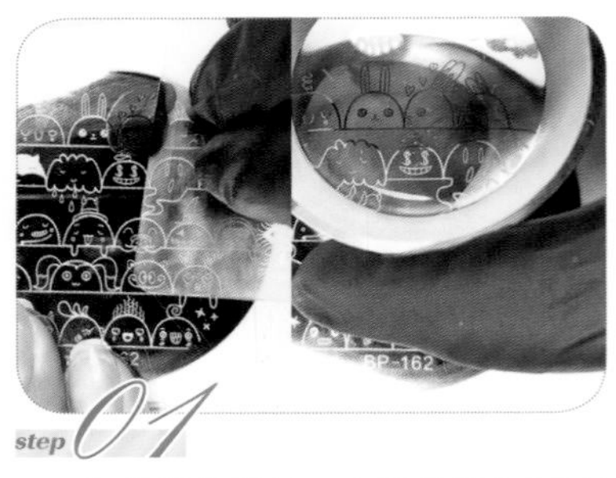

step 01

先做填色贴片。在印花板BORN PRETTY BP-162上选择一个适合指甲大小的图案，涂上MOYOU LONDON印油MN050，用刮板刮掉多余的印油。用印章印取图案。

step 02

用干净的极细彩绘笔蘸取少许masura 1192，涂在印章上兔兔的耳朵和眼睛上。

step 03

用干净的极细彩绘笔蘸取少许masura 1130，涂在印章上兔兔的头上。将印章转过来检查，对没有涂到的地方进行补充处理，等待变干。

提示

在这里，每个图案都要填色，待胶干后一起转印到指甲上。我们需要多准备几个印章，以节约时间。每次印花前都要用美甲专用清洁巾蘸取足量的洗甲水，将印花板擦洗干净。

step 04

在印花板BORN PRETTY BP-162上选择一个适合指甲大小的图案，涂上MOYOU LONDON印油MN050，用刮板刮掉多余的印油，用印章印取图案。用PUEEN粉色印油给印章上兔兔的耳朵填色，再用masura1192给兔兔的眼睛和耳朵填色。

step 05

用masura1129给兔兔的头部填色，用masura1132给兔兔头部周围的爱心图案填色，然后放一边等待变干。

step 06

在印花板BORN PRETTY BP-162上找一个适合指甲大小的图案，涂上MOYOU LONDON印油MN050，用刮板刮掉多余的印油，用印章印取图案。

step 07

在印章上，用PUEEN粉色印油给兔兔的耳朵内侧填色，用masura1192给兔兔的耳朵填色，用masura1134给兔兔的整个头部填色，然后放一边等待变干。

step 08

在印花板BORN PRETTY BP-162上找一个适合指甲大小的图案，涂上MOYOU LONDON印油MN050，用刮板刮掉多余的印油，并用印章印取图案。

step 09

在印章上，用masura1130给猪猪的耳朵填色，用masura1192给猪猪的眼睛填色，用masura1132给猪猪的嘴巴填色，用masura1209给猪猪的整个头部填色，然后放一边等待变干。

step 10

用美甲专用清洁巾蘸取清洁液，擦净甲面。然后给食指、中指、无名指和小指的指甲涂OPI底胶并照灯固化30秒。用OPI GC T66涂食指、中指、无名指和小指的指甲，作为这4片指甲的第1层颜色。然后照灯固化30秒。

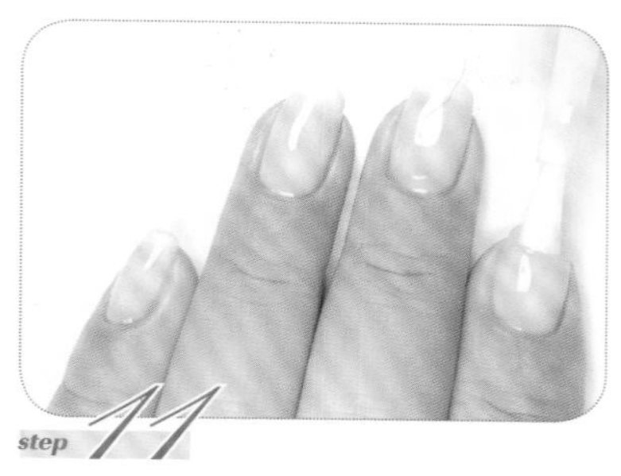

step 11

给食指、中指、无名指和小指的指甲涂第2层和第3层颜色，所选颜色与第1层相同。每涂一层，就要照灯固化30秒。

step 12

擦掉指甲上的浮胶，将印取的图案转印到食指、中指、无名指和小指的指甲上。待印取的图案干透后，给所有指甲涂上哈摩霓封层并照灯固化60秒。

提示

转印图案时，要注意位置和方向，尽量让4个指甲上的图案和指尖的距离保持一致。

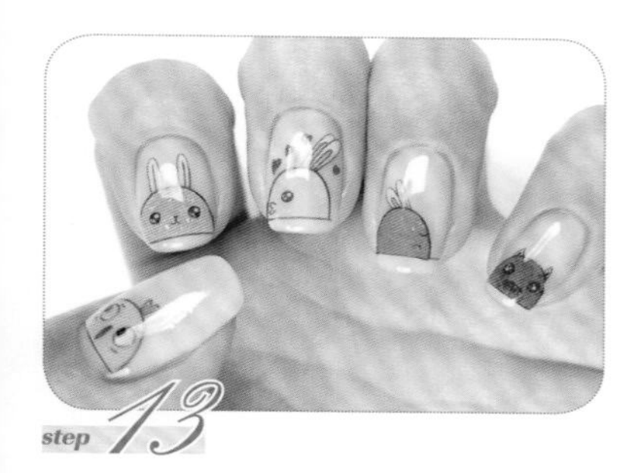

step 13

用同样的手法制作拇指指甲，所填颜色换为BORN PRETTY黑色激光印油和masura 1133。制作结束。

40

清甜笑脸美甲

清甜笑脸美甲的制作主要运用金属丝、亮片和饰品，搭配淡紫色的底色，风格偏可爱。本案例制作的难点在于金属丝笑脸的制作，需要制作者比较有耐心。

使用材料与工具

01 OPI底胶
02 马苏拉封层
03 安妮丝GS10
04 安妮丝GS16
05 哈摩霓加固胶
06 美甲专用清洁巾
07 清洁液
08 美甲灯
09 银豆豆
10 银色瓜子形金属饰品
11 金豆豆
12 金箔
13 圆形亮片
14 银色金属丝
15 金色金属丝
16 金色三角形金属饰品
17 金色梭形金属饰品
18 金属压花模具
19 旧死皮剪
20 尖头镊子
21 一支由大到小有变化的笔杆（可以做出不同直径的圆圈）
22 平头美甲笔
23 榉木棒

操作步骤

step 01

将金色金属丝绕在笔杆上，最好绕两圈，笔杆的粗细要比想要做出的圆圈的直径小一半左右。用左手固定笔杆上的金色金属丝，右手使劲拉剩余的部分，让金色金属丝尽量全部贴合笔杆，固定成一个圆形。

step 02

固定好大致的形状后抽出笔杆，发现圆圈会变得大一些，并且形状会有一些回弹。用旧死皮剪将这一圈金色金属丝剪下来，剪的时候注意多留一段。

step 03

把剪下的金属圈放到金属压花模具上，用金属压花模具中的短棒进行按压，直至呈现出完全贴合甲面弧度的效果。按压时用左手固定好金属圈，用右手拿金属压花模具中的短棒，从正中心按压下去。

step 04

调节好金属圈的弧度，用旧死皮剪在交接处的中部剪断，得到一个完全闭合的圆。

step 05

用美甲专用清洁巾蘸取清洁液，擦净甲面。然后给食指、中指、无名指和小指的指甲涂OPI底胶，并照灯固化30秒。

step 06

给食指和小指的指甲涂3层安妮丝GS10，给中指和无名指的指甲涂3层安妮丝GS16。每涂一层，就要用榉木棒刮掉溢出的胶并照灯固化30秒。

step 07

用平头美甲笔给食指的指尖涂少许哈摩霓加固胶并放上几个大小不等的圆形亮片，然后照灯固化60秒。在圆形亮片的空隙处粘上一点碎片金箔，再在食指指甲上涂一层哈摩霓加固胶，使之包裹住所有圆形亮片和金箔，做好甲面的弧度建构后照灯固化60秒。

step 08

在中指指甲上薄薄地涂一层哈摩霓加固胶，然后用尖头镊子放上金属圈。调整好金属圈的位置，单独将中指指甲照灯固化60秒。

step 09

在金属圈上薄涂一层哈摩霓加固胶，用尖头镊子放上两个金豆豆作为笑脸的眼睛，放上一段有弧度的金色金属丝作为嘴巴，放上两个金色三角形金属饰品和一颗金豆豆作为领结。调整好饰品的位置，再单独将中指指甲照灯固化60秒。

step 10

用平头美甲笔在中指指甲上厚涂一层哈摩霓加固胶，使之包裹住所有饰品，并做好甲面的弧度建构。单独将中指指甲照灯固化60秒。

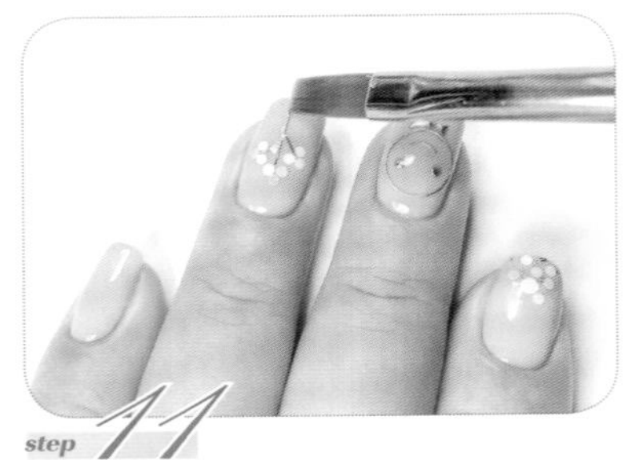

step 11

用平头美甲笔给无名指指甲薄薄地涂一层哈摩霓加固胶，放上3段银色金属丝作为树枝，再在每个树枝上放3个圆形亮片作为树叶并照灯固化60秒。在无名指指甲上厚涂一层哈摩霓加固胶，使之包裹住所有饰品，并做好甲面弧度建构。然后照灯固化60秒。

step 12

给小指指甲薄涂一层哈摩霓加固胶，用尖头镊子放上1段银色金属丝作为花茎，放上3颗金豆豆作为花瓣，放上2颗金色梭形金属饰品作为叶子。小指指甲单独照灯固化60秒。再给小指指甲厚涂一层哈摩霓加固胶，以包裹住饰品并做好甲面弧度建构。然后照灯固化60秒。

step 13

给食指、中指、无名指和小指的指甲涂一层马苏拉封层，并照灯固化30秒。采用与中指指甲差不多的手法制作拇指指甲，在金色金属丝内添加银豆豆和银色瓜子形金属饰品。制作结束。

第6章 几何元素系列

进阶篇

41

极简波普美甲

极简波普美甲的制作主要采用印花手法，制作过程简单、快速，每个指甲都展示了不同的搭配方式。每个指甲都需要进行元素的搭配操作，要求制作者具备丰富的想象力，做到风格统一而各图案不同。

使用材料与工具

01 OPI底胶
02 哈摩霓封层
03 马苏拉封层
04 哈摩霓加固胶
05 SWEETCOLOR黑色印油
06 SWEETCOLOR白色印油
07 MOYOU LONDON印油MN091
08 丫亲安印油土豪金色
09 丫亲安印油北欧系列056
10 丫亲安印油北欧系列064
11 丫亲安印油北欧系列058
12 丫亲安印油北欧系列057
13 丫亲安印油北欧系列062
14 印章
15 印花板hehe107
16 印花板物鹿上113
17 刮板
18 美甲专用清洁巾
19 清洁液
20 美甲灯
21 洗甲水
22 金色金属丝
23 金色金属饰品
24 深灰色彩箔
25 玫瑰金转印纸
26 平头美甲笔
27 尖头镊子

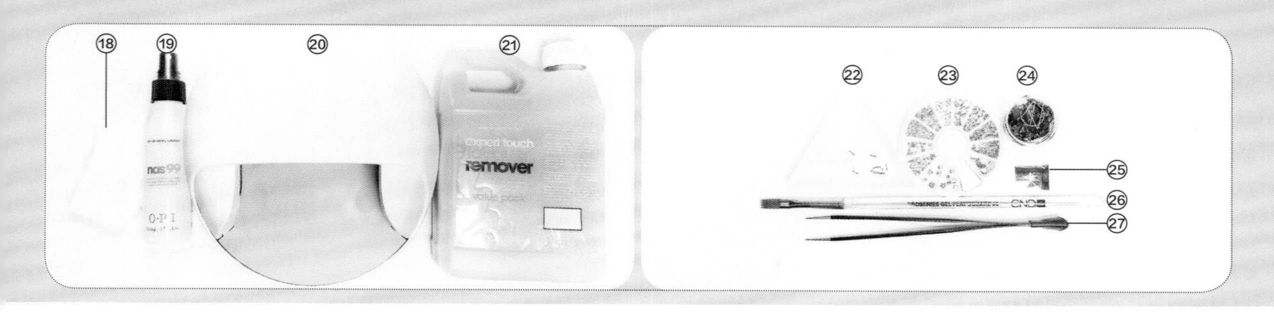

操作步骤

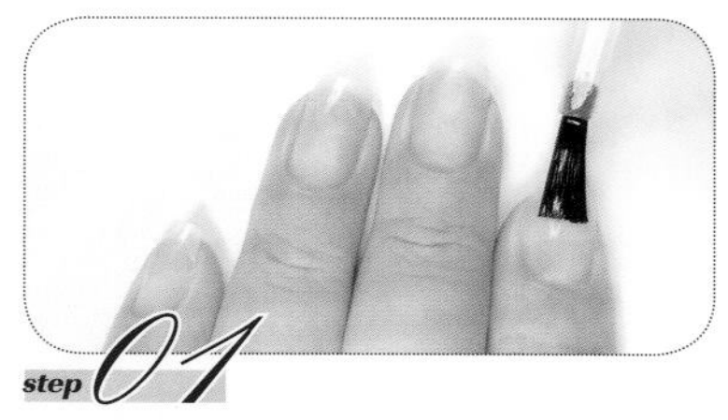

step 01

用美甲专清洁巾蘸取清洁液，擦净甲面。然后给食指、中指、无名指和小指的指甲涂OPI底胶，并照灯固化30秒。

step 02

用OPI底胶的浮胶在食指指甲上转印玫瑰金转印纸，用尖头镊子在小指指甲上粘一块深灰色彩箔。然后给食指、中指、无名指和小指的指甲涂一层马苏拉封层，并照灯固化30秒。

step 03

用美甲专用清洁巾蘸取足量的洗甲水，将印花板擦干净。将MOYOU LONDON印油MN091涂在印花板hehe 107的一个色块图案上，用刮板刮掉多余的印油。用印章印取图案，转印到食指指甲的右边。转印时要注意位置，有一半图案是叠在玫瑰金转印纸上的。

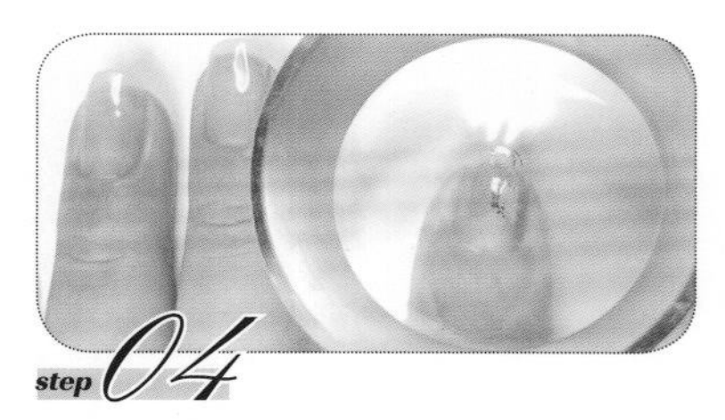

step 04

将丫亲安印油北欧系列064涂在印花板hehe107的色块上，用刮板刮掉多余的印油。用印章印取图案，转印到食指指甲的左边，注意和右边的图案保持一定距离。

step 05

将SWEETCOLOR白色印油涂在印花板hehe107的色块上，用刮板刮掉多余的印油。用印章印取图案，转印到中指指甲的中间位置。

step 06

将丫亲安印油土豪金色涂在印花板物鹿上113的点线图案上，用刮板刮掉多余的印油。用印章印取图案，转印到上一个图案的上面，使其重叠，但是又不完全重叠。

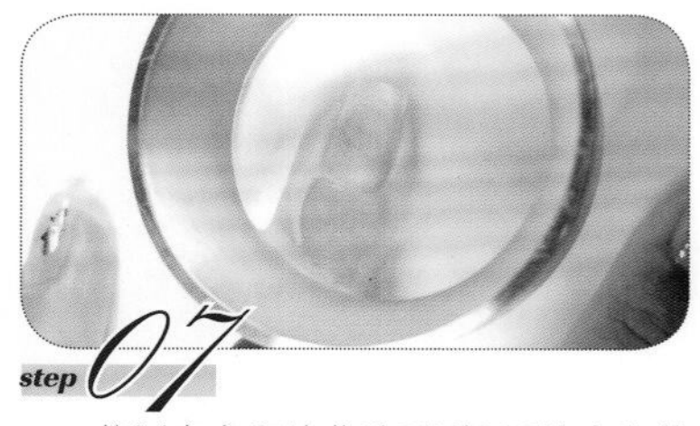

step 07

将丫亲安印油北欧系列062涂在印花板hehe107的色块上，用刮板刮掉多余的印油。用印章印取图案，转印到无名指指甲上。

step 08

用SWEETCOLOR黑色印油涂在印花板物鹿上113的点状图案上，用刮板刮掉多余的印油。用印章印取图案，转印到无名指指甲上，使其与上一个图案重叠。

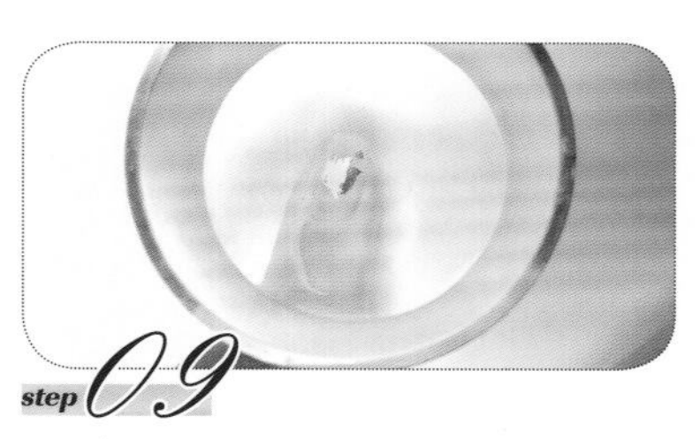

step 09

将SWEETCOLOR白色印油涂在印花板hehe107上，用刮板刮掉多余的印油。用印章印取图案，转印到小指指甲上。注意使图案适当和深灰色彩箔重叠，但不要完全重叠。

step 10

将丫亲安印油北欧系列057涂在印花板物鹿上113的点状图案上，用刮板刮掉多余的印油。用印章印取图案，转印到小指指甲的白色色块上。同样注意适当重叠，但不要完全重叠。

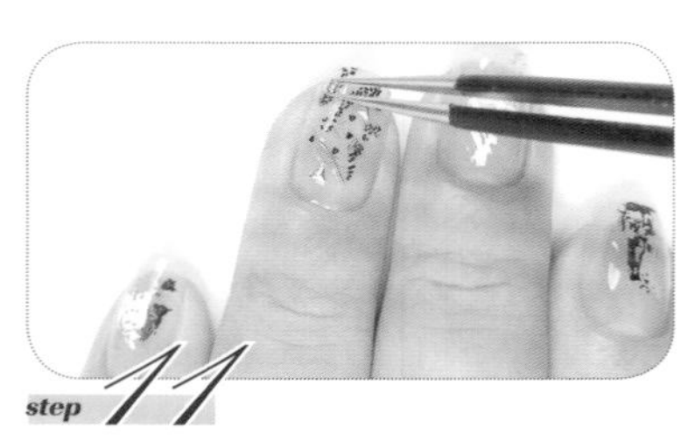

step 11

在所有指甲上涂一层哈摩霓封层，然后照灯固化60秒。用平头美甲笔给无名指指甲薄涂一层哈摩霓加固胶，用尖头镊子放上金色金属丝和金色金属饰品，调整好位置。单独给无名指指甲照灯固化60秒。

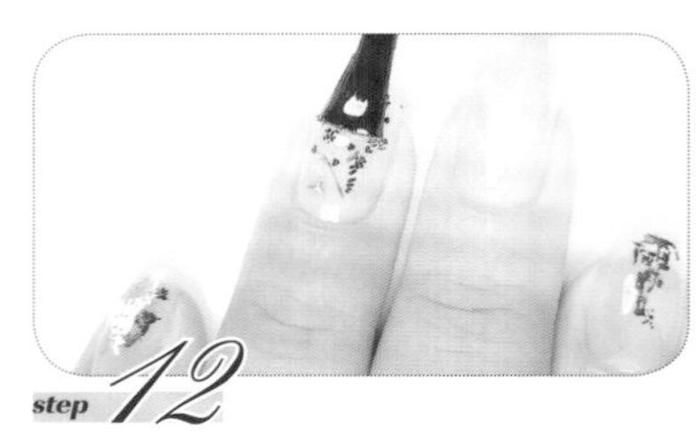

step 12

给无名指指甲厚涂一层哈摩霓加固胶，使其包裹住所有饰品，同时做好甲面的弧度建构。然后给无名指指甲涂马苏拉封层，并照灯固化30秒。擦掉食指、中指和小指指甲上的浮胶。

step 13

采用与无名指指甲差不多的手法制作拇指指甲，将印油换成丫亲安印油北欧系列056和058。制作结束。

42

趣味色块美甲

趣味色块美甲的制作主要采用蓝色胶和“COLOUR PLAY”图案。本案例的制作要点在于在同一甲面上叠加多种颜色时，每涂一种颜色，就要进行一次照灯固化操作。

使用材料与工具

01 OPI底胶
02 马苏拉封层
03 OPI GC G46
04 OPI GC L24
05 OPI GC BA1
06 OPI GC T76
07 OPI GC H84
08 OPI XHP F13
09 OPI GC T66
10 心胶白色
11 美甲专用清洁巾
12 清洁液
13 美甲灯
14 调色盘
15 极细彩绘笔

操作步骤

step 01

用美甲专用清洁巾蘸取清洁液，擦净甲面。然后给食指、中指、无名指和小指的指甲涂OPI底胶，并照灯固化30秒。

step 02

给食指和小指的指甲涂OPI GC G46，给中指和无名指的指甲涂OPI GC T66，作为第1层颜色。然后照灯固化30秒。

step 03

给食指和小指、中指和无名指的指甲涂第2层颜色，所选颜色与第1层相同，并照灯固化30秒。给食指和小指的指甲涂马苏拉封层，并照灯固化30秒。擦掉中指和无名指指甲上的浮胶。

step 04

将需要用到的胶都滴在调色盘上备用。用极细彩绘笔蘸取少许OPI GC H84，在中指和无名指指甲的合适位置上色，所涂形状类似椭圆形。然后照灯固化30秒。

step 05

用极细彩绘笔蘸取少许OPI GC T76，给中指和无名指的指甲上色并照灯固化30秒。然后蘸取少许OPI GC BA1和OPI GC L24的混合物，在中指和无名指指甲的合适位置上色，并照灯固化30秒。

step 06

用极细彩绘笔蘸取少许OPI GC G46，在中指和无名指指甲的合适位置上色并照灯固化30秒。然后蘸取少许OPI XHP F13，在中指和无名指指甲的合适位置上色，并照灯固化30秒。

step 07

用极细彩绘笔蘸取心胶白色，在中指和无名指指甲的合适位置画一些线条，以增强肌理感，然后照灯固化30秒。蘸取少许OPI GC G46，点在椭圆形色块上。点涂时注意，每个点应尽量小一些且均匀一些。

step 08

用极细彩绘笔蘸取少许OPI GC T76，点在中指和无名指指甲的空白处，每个点要大小不一且排列不规则。在椭圆形色块的空隙处点一些OPI GC G46，并照灯固化30秒。

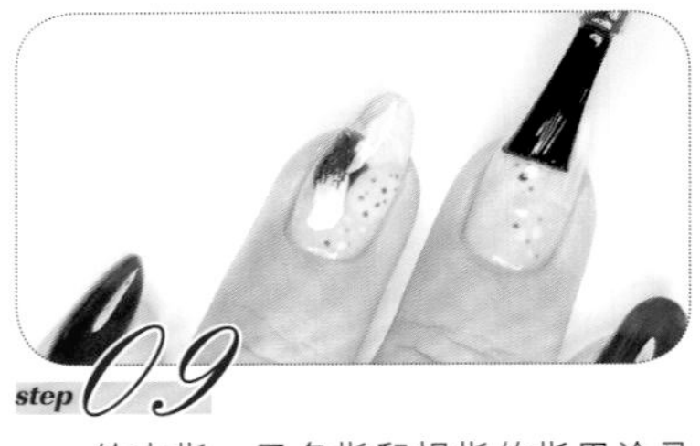

step 09

给中指、无名指和拇指的指甲涂马苏拉封层，以平整甲面，并用封层稍微做一下甲面弧度建构。照灯固化30秒。

step 10

采用与中指、无名指的指甲差不多的手法制作拇指指甲。制作结束。

43

随性波点美甲

随性波点美甲在制作颜色的选择和饰品搭配上都偏随意，主要运用亮片元素，颜色上整体偏清新。在案例制作过程中，需要注意的是，在放置饰品后甲面的弧度建构一定要做好。否则饰品凹凸不平，不仅影响美观，还影响美甲效果的持久度。

使用材料与工具

01 OPI底胶
02 马苏拉封层
03 安妮丝GS28
04 安妮丝GF22
05 安妮丝GAR600
06 安妮丝GD11
07 安妮丝GS20
08 哈摩霓加固胶
09 美甲专用清洁巾
10 清洁液
11 美甲灯
12 蓝色厚贝壳片
13 黑色圆亮片
14 银色金属丝
15 蓝色系组合亮片
16 黑色彩箔
17 金箔
18 白色长条亮片
19 银豆豆
20 旧死皮剪
21 尖头镊子
22 拉线笔
23 极细彩绘笔
24 平头美甲笔

操作步骤

step 01

用美甲专用清洁巾蘸取清洁液，擦净甲面。然后给食指、中指、无名指和小指的指甲涂OPI底胶，并照灯固化30秒。

step 02

在食指指甲的根部用安妮丝GS28大致画个圆形，用极细彩绘笔描一下边，让颜色更均匀。用安妮丝GF22在中指指甲的指尖处简单地画一个弧形。

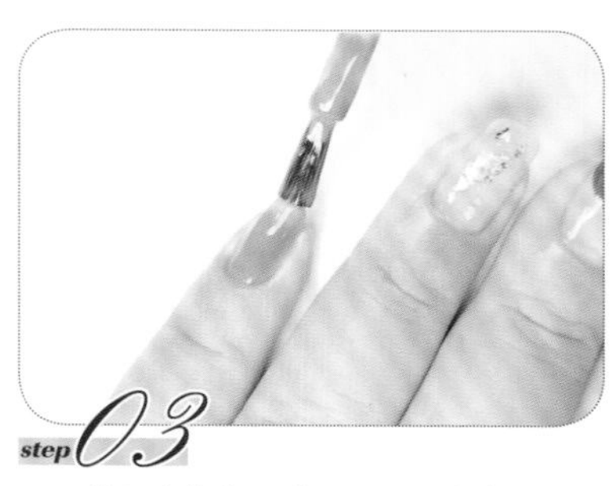
step 03

给无名指指甲涂一层OPI底胶，用尖头镊子夹取一些金箔置于甲面上，薄涂一层哈摩霓加固胶，以包裹金箔。给小指指甲涂安妮丝GAR600。然后将小指指甲连同无名指、中指和食指的指甲一起照灯固化60秒。

step 04

在食指指甲的指尖位置涂安妮丝GAR600，可涂两层颜色。然后用极细彩绘笔仔细描绘边缘，让颜色更均匀。在中指指甲的指尖位置涂一层安妮丝GF22，用极细彩绘笔仔细描绘边缘。

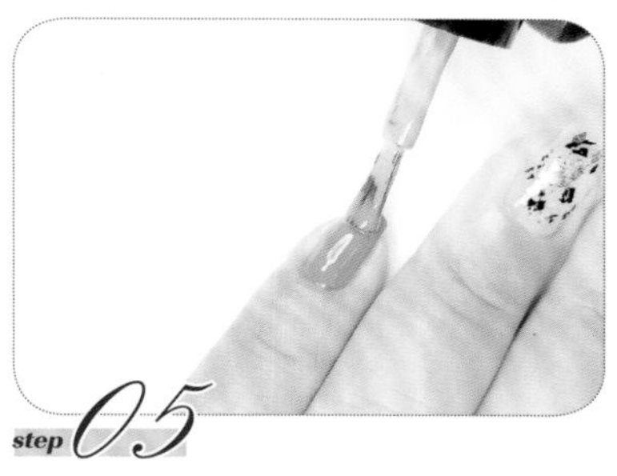
step 05

用无名指指甲上的浮胶给无名指指甲粘上一些黑色彩箔，然后薄涂一层哈摩霓加固胶，以对黑色彩箔进行包裹处理。给小指指甲涂安妮丝GAR600。将小指指甲连同无名指、中指和食指的指甲一起照灯固化60秒。

step 06

给食指和中指的指甲涂少许哈摩霓加固胶。然后在食指指甲上放上蓝色厚贝壳片、黑色圆亮片、银豆豆和白色长条亮片，注意摆放的位置要合适。

step 07

用拉线笔给中指指甲放上银色金属丝和银豆豆，然后在中指指甲下半部分放上黑色圆亮片和蓝色系组合亮片里的金色亮片。

step 08

用指甲上的浮胶给小指指甲一侧粘上一片稍大的金箔。然后用平头美甲笔在无名指和小指指甲的饰品上涂一层哈摩霓加固胶。

step 09

用拉线笔在无名指指甲上放几段银色金属丝和蓝色系组合亮片里的白色亮片和浅蓝色亮片。

提示

注意，这一步图中所示的半圆形亮片是提前用旧死皮剪剪浅蓝色亮片得来的。

step 10

在小指指甲上放黑色圆亮片和一段银色金属丝，调整好位置并照灯固化60秒。用平头美甲笔给所有甲面厚涂一层哈摩霓加固胶，平整甲面的同时做好甲面弧度建构。再照灯固化60秒。

step 11

给食指、中指、无名指和小指的指甲涂马苏拉封层，然后照灯固化30秒。

step 12

采用与食指指甲差不多的手法制作拇指指甲，但甲油替换为安妮丝GD11和安妮丝GS20。制作结束。

44

混搭几何美甲

混搭几何美甲是由不规则的底色块晕染和规则的几何形状亮片混搭制作而成的。本案例注重饰品的摆放，以及点线面的搭配，让美甲效果更加丰富。

使用材料与工具

- ⓪① OPI底胶
- ⓪② 马苏拉封层
- ⓪③ 安妮丝磨砂封层
- ⓪④ OPI GC T65
- ⓪⑤ OPI GC G46
- ⓪⑥ OPI XHP F13
- ⓪⑦ 哈摩霓加固胶
- ⓪⑧ 墨蓝色晕染液（Aishini 2水墨·晕染）
- ⓪⑨ 湖蓝色晕染液（Aishini 11水墨·晕染）
- ⑩ 深蓝色晕染液（Aishini 10水墨·晕染）
- ⑪ 透明水
- ⑫ 美甲专用清洁巾
- ⑬ 清洁液
- ⑭ 美甲灯
- ⑮ 黑色圆亮片
- ⑯ 蓝色系组合亮片
- ⑰ 蓝色六边形亮片
- ⑱ 金色圆圈金属饰品
- ⑲ 蓝色长条亮片
- ⑳ 白色亮片
- ㉑ 洗笔杯
- ㉒ 调色盘
- ㉓ 旧死皮剪
- ㉔ 尖头镊子
- ㉕ 小肥仔笔
- ㉖ 极细彩绘笔
- ㉗ 平头美甲笔

操作步骤

step 01

用美甲专用清洁巾蘸取清洁液，擦净甲面。然后给食指、中指、无名指和小指的指甲涂OPI底胶，并照灯固化30秒。

step 02

给食指、无名指和小指的指甲涂OPI GC T65，给中指指甲涂OPI GC G46，作为第1层颜色，然后照灯固化30秒。给食指和小指的指甲涂OPI GC T65，给中指指甲涂OPI GC G46，作为第2层颜色，并照灯固化30秒。

step 03

给无名指指甲涂安妮丝磨砂封层，照灯后呈现磨砂效果。在磨砂质感的甲面上点上深蓝色晕染液，待深蓝色晕染液稍干后点上湖蓝色晕染液。

step 04

待湖蓝色晕染液稍干后，将笔在洗笔杯中洗净，然后蘸取少许墨蓝色晕染液、深蓝色晕染液、湖蓝色晕染液在甲面上做混合晕染。待颜色稍干后，点上透明水，让颜色出现涟漪感。

step 05

等无名指变干的间隙，给食指和小指的指甲涂OPI GC T65，给中指指甲涂OPI GC G46，作为第3层颜色。然后照灯固化30秒。

step 06

将湖蓝色晕染液点在无名指指甲上晕染得不好的地方，然后用深蓝色晕染液加深颜色，同时在指尖点上湖蓝色晕染液和深蓝色晕染液。待晕染液稍干后，用透明水做出些许涟漪感。

step 07

在食指指甲上薄涂一层哈摩霓加固胶，用极细彩绘笔放上蓝色六边形亮片、黑色圆亮片、金色圆圈金属饰品、蓝色长条亮片、白色半圆亮片和金色半圆亮片。然后照灯固化60秒。

step 08

用平头美甲笔在食指指甲的饰品上厚涂一层哈摩霓加固胶，包裹饰品并做好甲面弧度建构。然后单独将食指指甲照灯固化60秒。

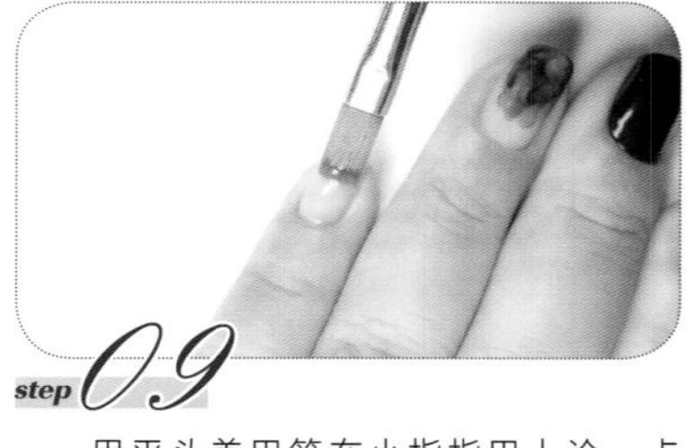

step 09

用平头美甲笔在小指指甲上涂一点哈摩霓加固胶，然后放上若干个蓝色小三角形亮片、两个蓝色长条亮片和一个黑色圆亮片，并照灯固化60秒。

提示

注意，这里的蓝色六边形亮片、白色半圆亮片和金色半圆亮片是提前用旧死皮剪剪圆形亮片得到的。

提示

注意，这里的蓝色小三角形亮片是提前用旧死皮剪剪蓝色六边形亮片得到的。

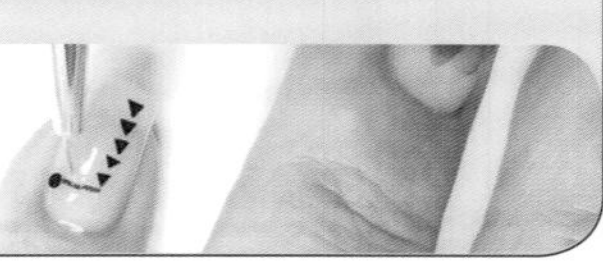

step 10

在小指指甲上厚涂一层哈摩霓加固胶，包裹亮片并做好甲面弧度建构，然后照灯固化60秒。确保无名指指甲上的晕染液干透后，给食指、中指、无名指和小指的指甲涂一层马苏拉封层，然后照灯固化30秒。食指、中指和小指的指甲制作完成。

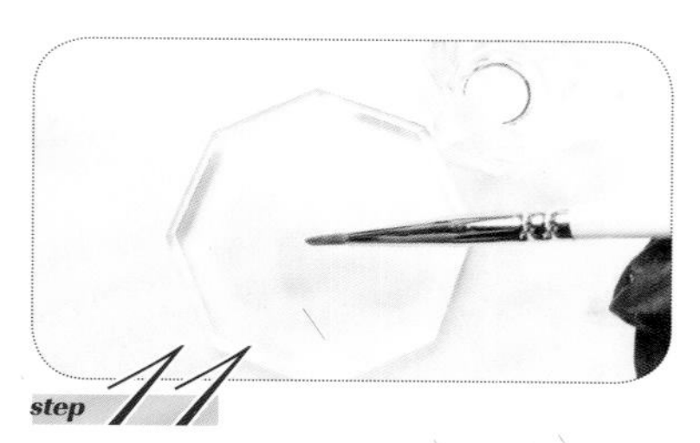
step 11

在调色盘上点一滴OPI XHP F13。用小肥仔笔从洗笔杯中蘸取清洁液与调色盘上的金色胶混合，达到稀释的目的。

step 12

把稀释过的金色胶涂在无名指指甲的晕染图案上形成金色色块。待金色胶稍干后，用平头美甲笔蘸取清洁液，点在金色色块中间，金色胶会自动晕开。马上擦干平头美甲笔，吸走多余的清洁液，如此会在甲面上留下金色的流动痕迹。然后照灯固化30秒。

step 13

用平头美甲笔给无名指指甲薄涂一层哈摩霓加固胶，用尖头镊子在甲面上放白色亮片、浅蓝色半圆亮片、白色长条亮片和黑色圆亮片，并照灯固化60秒。在无名指指甲上厚涂一层哈摩霓加固胶，找平甲面并照灯固化60秒。

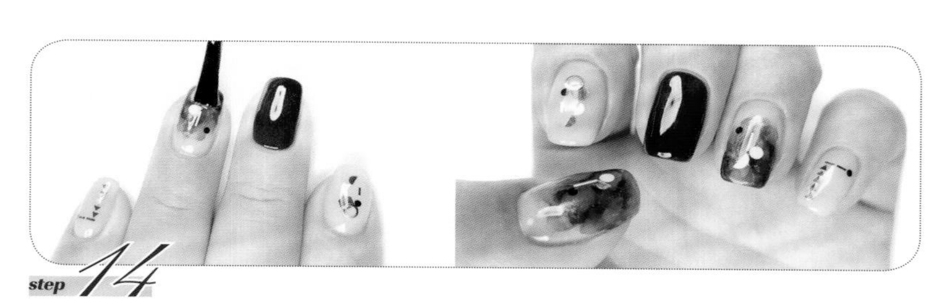
step 14

在无名指指甲上涂马苏拉封层，并照灯固化30秒。采用与无名指指甲差不多的手法制作拇指指甲。制作结束。

提示

注意，这里的浅蓝色半圆亮片是用蓝色系组合亮片里的浅蓝色亮片剪出来的。

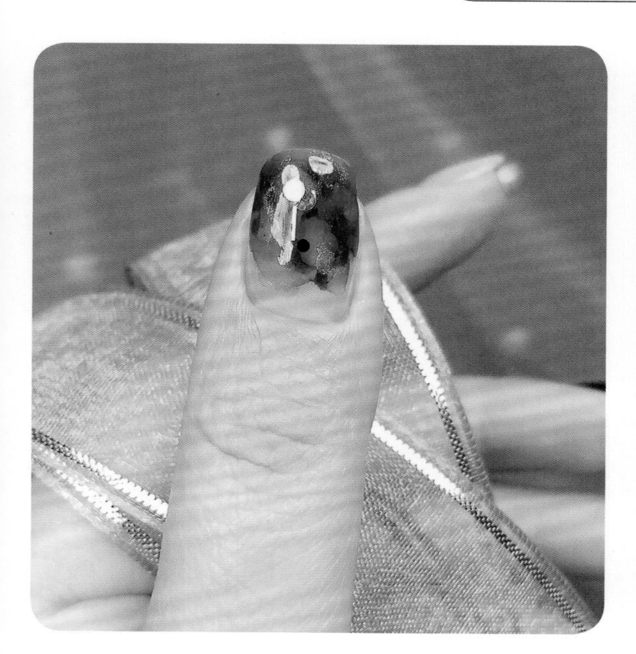

45

极致金饰美甲

极致金饰美甲的制作要点在于饰品的极致组合，同时由指甲本色打底，简洁又富有个性。本案例的制作难点在于饰品的包裹和甲面弧度的建构。在给饰品比较密集的甲面做弧度建构时，甲面很容易出现气泡，在制作过程中一定要仔细地逼出甲面上的所有气泡，以达到理想的效果。

使用材料与工具

01 OPI底胶
02 马苏拉封层
03 粘钻胶
04 哈摩霓加固胶
05 美甲专用清洁巾
06 清洁液
07 美甲灯
08 金豆豆
09 金色金属饰品
10 蓝色贝壳宝石
11 平头美甲笔
12 榉木棒
13 尖头镊子

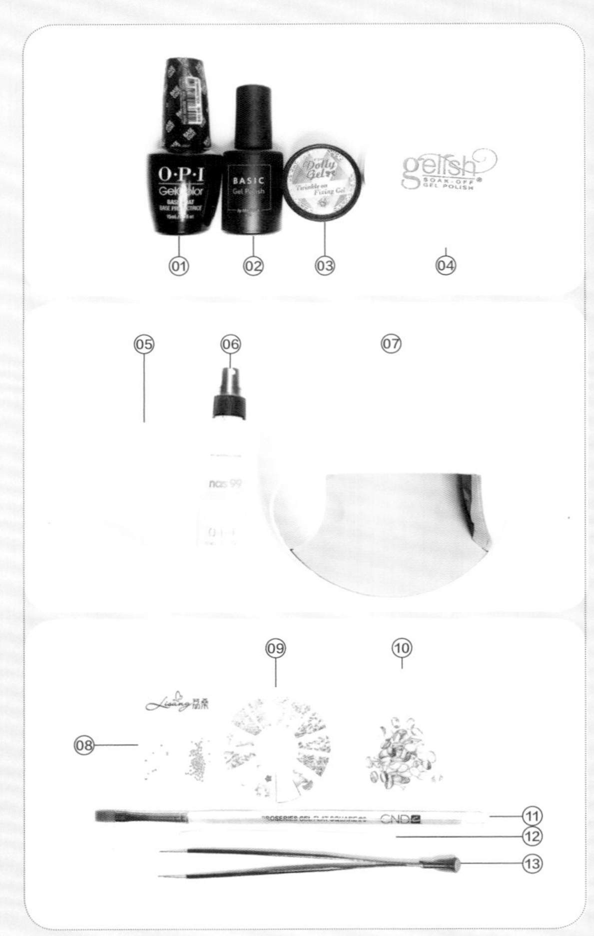

操作步骤

step 01

用美甲专用清洁巾蘸取清洁液，擦净甲面。然后给食指、中指、无名指和小指的指甲涂OPI底胶，用榉木棒处理溢出的胶并照灯固化30秒。

step 02

用平头美甲笔在食指指甲的微笑线位置点上粘钻胶，然后沿微笑线放上一些金豆豆，注意中间稍大、两边渐小，后照灯固化30秒。给食指指甲厚涂一层哈摩霓加固胶，使其包裹住饰品，给甲面做弧度建构，然后照灯固化60秒。

step 03

采用与食指同样的手法制作小指指甲。在中指指甲上偏中心的位置涂上粘钻胶，用尖头镊子在指甲根部放一个月牙形的金色金属饰品，并在金色金属饰品中心放一颗蓝色贝壳宝石。

step 04

用尖头镊子在蓝色贝壳宝石的左右分别放上4颗小号半球形金色金属饰品。然后在蓝色贝壳宝石上方放一颗正方形金色金属饰品并注意摆放角度。在正方形和小号半球形金色金属饰品的空隙中放上两个菱形金色金属饰品。

step 05

用尖头镊子在甲面的最上部放一颗稍大一点的半球形金豆豆，然后调整中心位置的饰品间隔，让所有饰品都规整排列在甲面上。在半球形金豆豆两边分别放两个水滴状的金色金属饰品并调整饰品的位置，然后照灯固化30秒。

step 06

用平头美甲笔在中指指甲上厚涂哈摩霓加固胶，使其包裹饰品的同时做好甲面弧度建构，然后照灯固化60秒。

提示

由于甲面有弧度，而菱形金色金属饰品的底面是平的，所以在将菱形金色金属饰品斜放时要保证靠近指甲边缘的角与甲面贴合，而靠近指甲中心的角翘起来。这样操作也方便后续给甲面做弧度建构。

提示

这款美甲的饰品摆放基本都集中在甲面中心位置，比较好做甲面弧度建构。唯一需要注意的是，在涂哈摩霓加固胶填充饰品之间的空隙时，一定要小心地逼出所有气泡。同时，如果制作者在制作时使用的是其他品牌的加固胶，不建议一次填充好，而建议分两次填充。因为一次性将加固胶填充得过厚的话，照灯时容易产生刺痛感。

step 07

在无名指指甲上涂少许粘钻胶，然后放上3个简单的金色金属饰品。用平头美甲笔厚涂一层哈摩霓加固胶，做好甲面弧度建构，并照灯固化60秒。

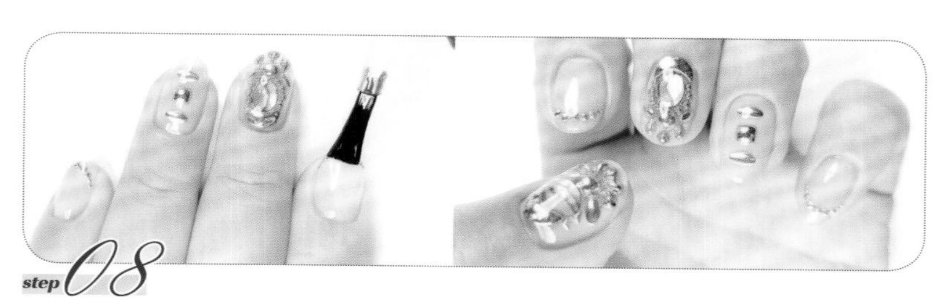

step 08

给食指、中指、无名指和小指的指甲涂一层马苏拉封层，并照灯固化30秒。采用与中指指甲同样的手法制作拇指指甲。制作结束。

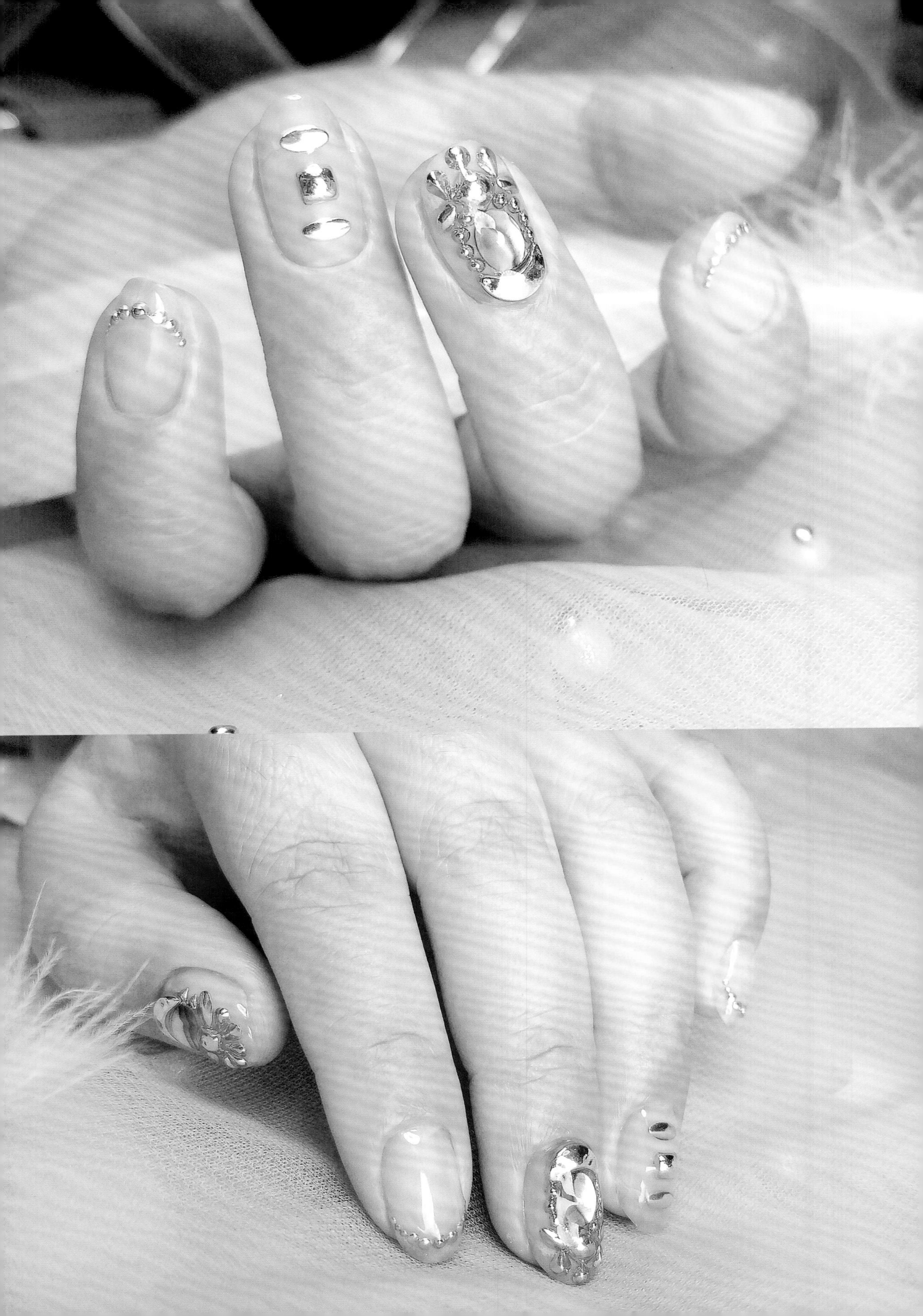

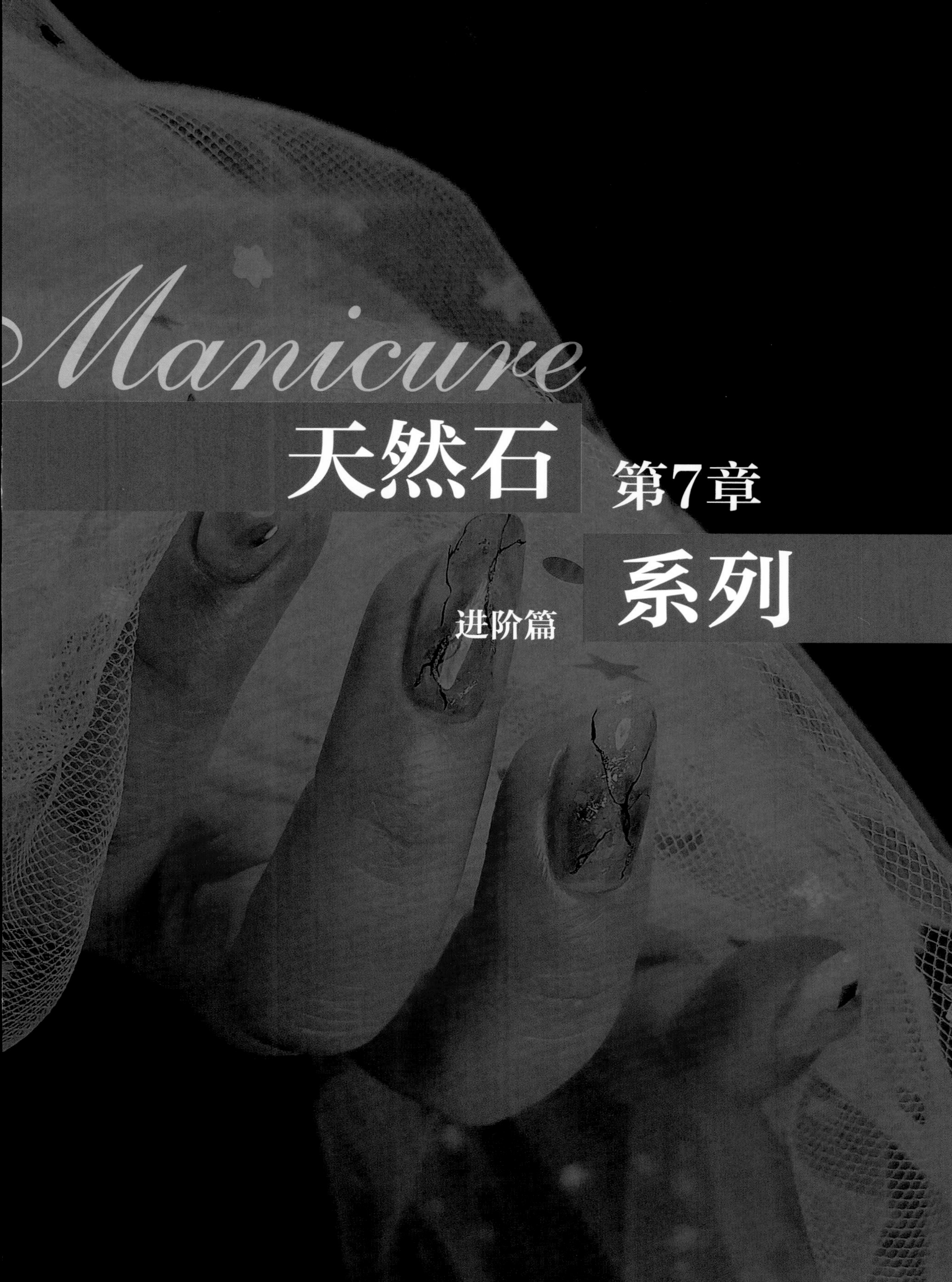

Manicure

天然石系列

第7章

进阶篇

46

轻奢大理石美甲

轻奢大理石美甲的制作主要运用黑白大理石元素。黑白大理石作为较热门的轻奢北欧风搭配的经典材质，其纹理和色彩深受美甲师喜爱。甲油胶的流动性让做出来的大理石纹理生动又自然。制作时需要注意的是，在甲面上放混合胶时，先不要在意指缘是否完美，放好即可，之后再仔细描补指缘。放好的部分不要轻易去划，否则会破坏自然的流动效果。

使用材料与工具

01 OPI底胶
02 马苏拉封层
03 白色底胶
04 黑色底胶
05 masura294-384
06 哈摩霓加固胶
07 粘钻胶
08 美甲专用清洁巾
09 清洁液
10 美甲灯
11 球形珍珠
12 水晶石头
13 幻彩贝壳
14 调色盘
15 硅胶模具
16 金色方形金属框
17 平头美甲笔
18 锯齿晕染笔
19 极细彩绘笔
20 尖头镊子

操作步骤

step 01

用美甲专用清洁巾蘸取清洁液，擦净甲面。然后给食指、中指、无名指和小指的指甲涂OPI底胶，并照灯固化30秒。

step 02

取适量masura294-384、白色底胶和黑色底胶，将其并排置于调色盘上，顺序可以打乱。

step 03

用锯齿晕染笔从调色盘上蘸取适量的胶，小心地涂到食指指甲上，呈S形轻轻地移动笔刷，使胶在甲面上呈现出一定的流动效果。擦干净笔刷，重新蘸取胶并涂到甲面上。

step 04

用极细彩绘笔将指甲上的胶填涂完整。填涂时注意，不要重复划拉已经涂好的部分，以免影响效果。

step 05

用给食指指甲上胶的手法给中指和小指的指甲上胶，在无名指指甲上涂第1层黑色底胶。然后将这4片指甲一起照灯60秒。

step 06

给无名指指甲涂第2层黑色底胶。然后用平头美甲笔在食指、中指和无名指的指甲上涂一层哈摩霓加固胶，以找平甲面。照灯固化60秒。

step 07

给食指、中指和无名指的指甲涂马苏拉封层，并照灯固化30秒。

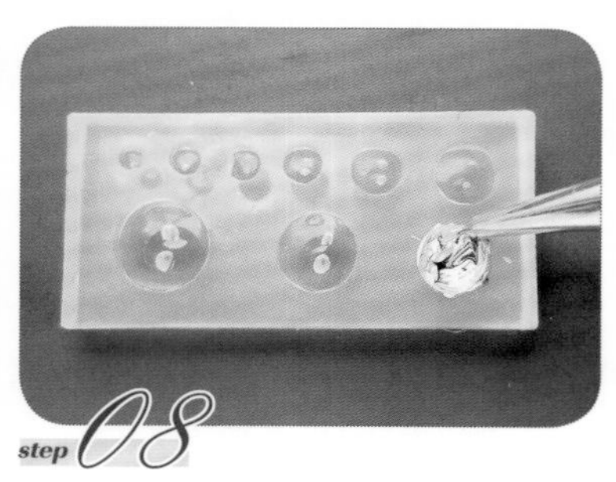

step 08

在硅胶模具上选择一个适合甲面大小的半球形模具，把调色盘上剩下的胶填进模具的凹槽里，并照灯固化60秒。

提示

注意，在填色的时候只填在半球形的凹面表面，不要堆积色胶。同时，在涂的时候要随时翻转模具，查看最终效果的纹理。

step 09

往装有胶的凹槽里填满哈摩霓加固胶并照灯固化60秒。从模具里取出半球形饰品，擦干净表面的浮胶。在无名指指甲上涂一大块粘钻胶，用尖头镊子放上半球饰品，再在半球形饰品的上面放上一颗球形珍珠，在球形珍珠旁边放一片幻彩贝壳，在幻彩贝壳上面放一颗水晶石头。适当调整饰品的位置，并照灯固化30秒。

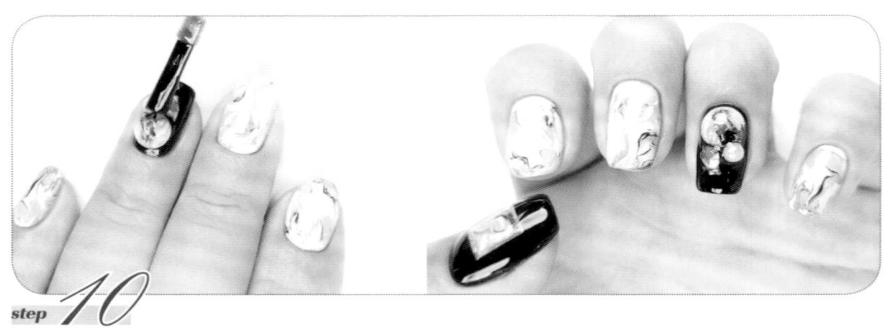

step 10

在无名指指甲上涂一层马苏拉封层，并照灯固化30秒。采用与无名指指甲差不多的手法给拇指指甲上底色，贴上金色方形金属框，并在金属框中进行晕染（手法同中指指甲）。制作结束。

47

复古绿松石美甲

复古绿松石美甲的制作主要运用绿松石元素，搭配银饰，复古又新颖。绿松石因其“形似松球，色近松绿”而得名。天然绿松石以色泽均匀的天蓝色且无铁线为最佳品相。不过，大部分人对绿松石的印象是其褐黑色的蛛网状铁线纹理。因此在制作过程中，笔者有意添加了褐黑色的铁线纹理，强调绿松石的纹理特征。

使用材料与工具

01 OPI底胶
02 马苏拉封层
03 黑色底胶
04 OPI GC L00
05 OPI GC L24
06 Essie gel#5037
07 masura294-410
08 masura294-393
09 粘钻胶
10 美甲专用清洁巾
11 清洁液
12 美甲灯
13 银豆豆
14 银色金属饰品
15 银色线条贴纸
16 BORN PRETTY云锦粉5#
17 短平头笔
18 圆头美甲笔
19 拉线笔
20 尖头镊子
21 哈摩霓加固胶
22 水滴形金属铆钉
23 调色盘

操作步骤

step 01

用美甲专用清洁巾蘸取清洁液，擦净甲面。然后给食指、中指、无名指和小指的指甲涂OPI底胶，并照灯固化30秒。

step 02

给食指和小指的指甲涂第1层Essie gel#5037，给无名指指甲涂马苏拉封层，给中指指甲涂第1层OPI GC L24，然后照灯固化30秒。

step 03

给食指、小指和中指的指甲涂第2层颜色，所选颜色与第1层相同，并照灯固化30秒。然后用圆头美甲笔蘸取少许哈摩霓加固胶，粘上BORN PRETTY云锦粉5#后，分别拍在食指指尖和小指指尖上。

提示

这一步使用哈摩霓加固胶是基于云锦粉较厚的情况。在日常操作中，在拍到甲面的云锦粉量较少的情况下，可以直接利用甲面上的浮胶进行粘贴而不需要另外使用哈摩霓加固胶。

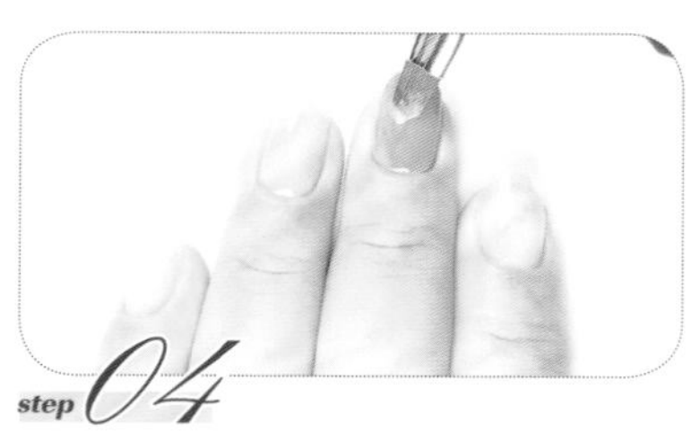

step 04

给中指指甲涂第3层OPI GC L24，并照灯固化30秒。然后用圆头美甲笔蘸取一点masura294-393，涂在中指指甲上，做出一些黄色纹理。照灯固化30秒。

step 05

用擦干净的圆头美甲笔蘸取少许OPI GC L00，涂在中指指甲黄色纹理的两边。照灯固化30秒。给中指指甲涂一层马苏拉封层，以平整甲面。照灯固化30秒。

step 06

在调色盘上混合黑色底胶和masura 294-410，得到带点闪片的褐黑色胶。用拉线笔蘸取褐黑色胶，在中指指甲上画出蛛网状的铁线纹理，注意下笔尽量轻。然后后照灯固化30秒。

step 07

给食指、中指和小指的指甲涂马苏拉封层，并照灯固化30秒。然后用拉线笔蘸取黑色底胶，涂在无名指指甲的中间区域。

step 08

如果边缘画得不直，可以用短平头笔蘸取适量清洁液，将其擦干净再加深颜色。然后照灯固化60秒。给无名指指甲的黑色区域加深颜色，并照灯固化60秒。

step 09

在无名指指甲的黑色区域内全部涂上粘钻胶。用尖头镊子在黑色区域中间放一颗银色圆形金属片，再在上、下、左、右4个方向放置4颗水滴形金属铆钉。

提示

DanceLegend这款黑色底胶虽然覆盖力强，但是一次性涂得过厚，照灯后会出现因表面固化底层胶体未固化而起皱的情况，因此应在使用时分两次薄涂、两次照灯固化来达到颜色的饱和状态。

step 10

用尖头镊子填补式地给每个空格里放两颗水滴形金属铆钉。然后适当调整位置，让放置的水滴形金属铆钉间隔均匀，组合成一朵太阳花。

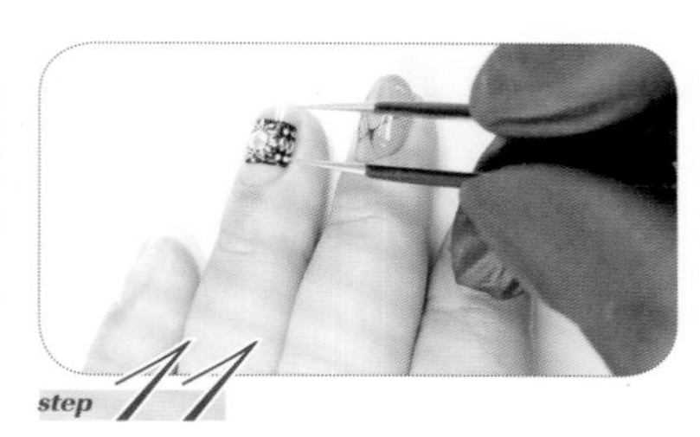

step 11

在太阳花的右边放两颗梭形的银色金属饰品，在左边排列两颗梭形的银色金属饰品，在每颗梭形银色金属饰品的上下都各放一颗小号的银豆豆。照灯固化30秒。

step 12

在黑色区域的上边缘和下边缘各贴一条银色线条贴纸，用尖头镊子的硅胶头按压至与甲面完全贴合。

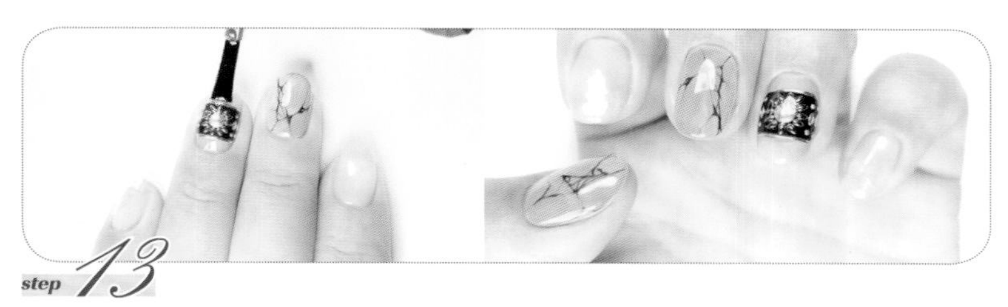

step 13

在无名指指甲上涂马苏拉封层，并照灯固化30秒。采用与中指指甲同样的手法制作拇指指甲。制作结束。

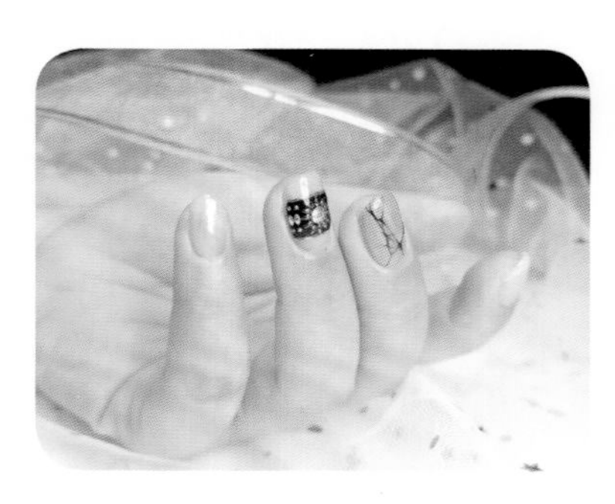

48 别致琥珀石美甲

别致琥珀石美甲主要运用琥珀石元素。琥珀石纹理是美甲师常用的美甲纹理之一。本案例使用了当下比较流行的转印纸，同时配合半透明的果冻胶，使指甲呈现出琥珀石晶莹剔透的质感，让琥珀石效果显得更加真实、自然。

使用材料与工具

01 OPI底胶
02 马苏拉封层
03 安妮丝GS08
04 彦雨秀YA074
05 彦雨秀YA070
06 哈摩霓加固胶
07 美甲专用清洁巾
08 清洁液
09 美甲灯
10 金色丝线
11 金色梭形铆钉
12 激光转印纸
13 平头美甲笔
14 法式笔
15 拉线笔
16 弯头镊子
17 调色盘

操作步骤

step 01

用美甲专用清洁巾蘸取清洁液，擦净甲面。然后给食指、中指、无名指和小指的指甲涂OPI底胶，并照灯固化30秒。

step 02

给食指和小指的指甲涂第1层安妮丝GS08。然后利用指甲上OPI底胶的浮胶给中指和无名指的指甲转印激光转印纸。

step 03

给中指和无名指的指甲涂一层彦雨秀YA070，并照灯固化30秒。然后给食指和小指的指甲涂第2层安妮丝GS08。

step 04

把彦雨秀YA074点在调色盘上，用法式笔蘸取后在中指和食指的指甲上晕染上色。注意呈S形走位晕染，两个甲面的花纹要不一样，并照灯固化30秒。

step 05

在食指指甲的周围用彦雨秀YA070勾一个稍微有宽度的边。用拉线笔蘸取少许彦雨秀YA074，在上一条边的基础上继续做勾边晕染。然后照灯固化30秒。

step 06

用平头美甲笔给小指指甲涂少许哈摩霓加固胶，用弯头镊子放上金色丝线和金色梭形铆钉，并照灯固化30秒。用平头美甲笔给小指指甲厚涂哈摩霓加固胶，包裹饰品的同时给甲面做弧度建构。然后照灯固化60秒。

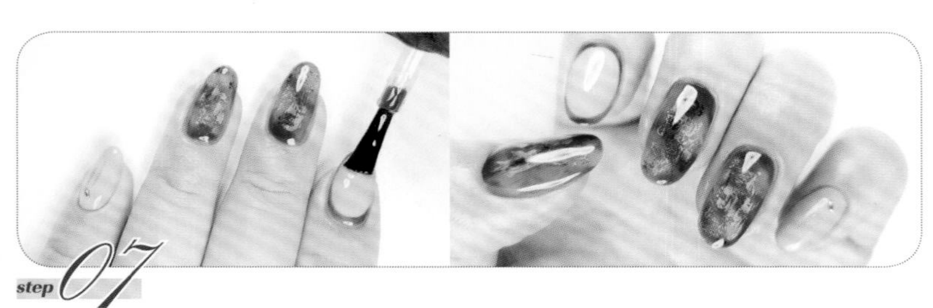

step 07

给食指、中指、无名指和小指的指甲涂一层马苏拉封层，并照灯固化30秒。采用与中指和无名指指甲同样的手法制作拇指指甲。制作结束。

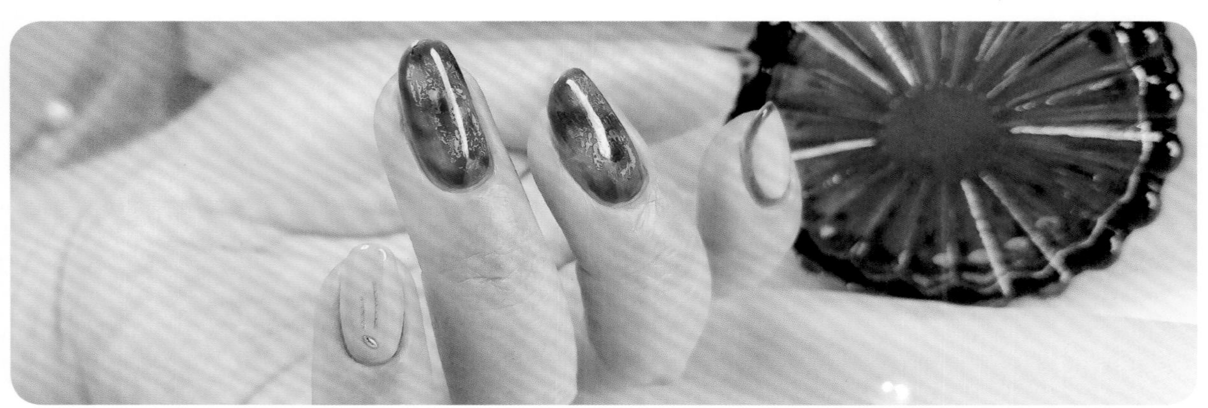

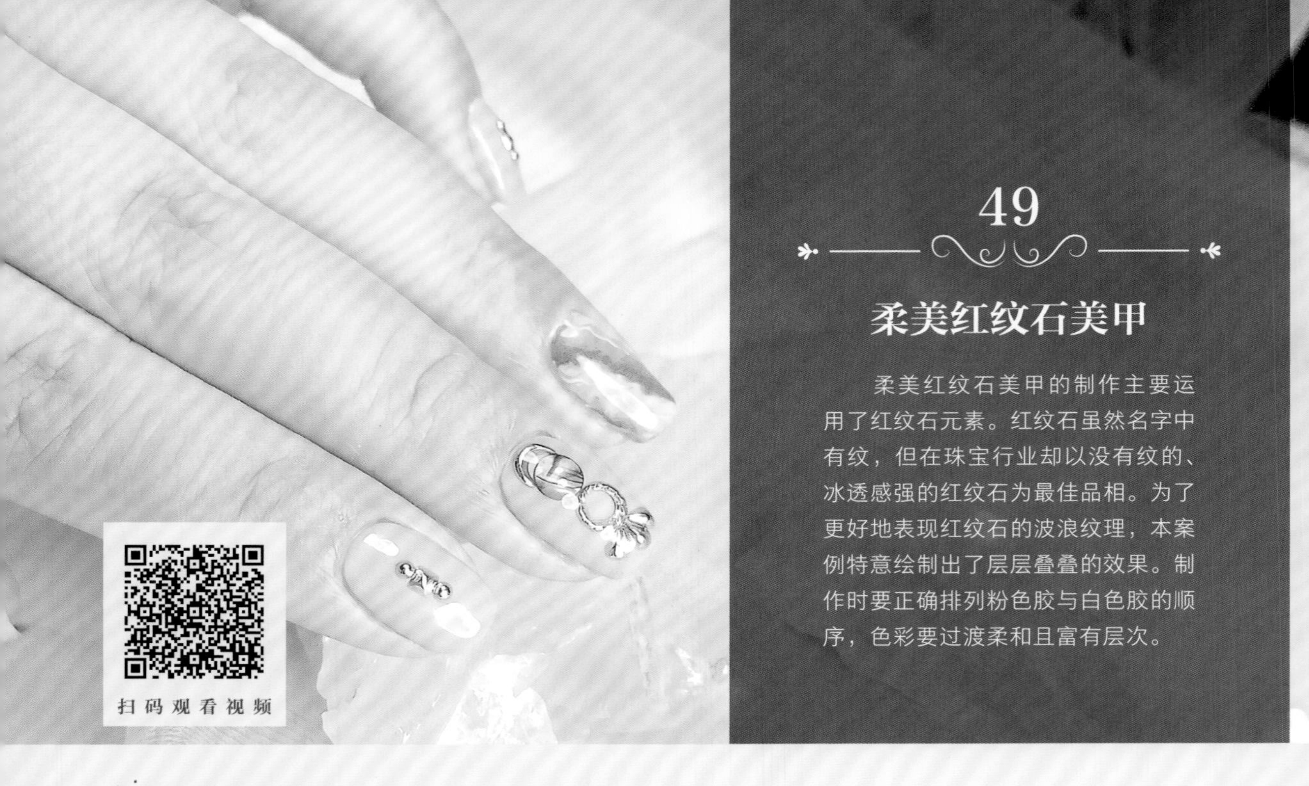

49

柔美红纹石美甲

柔美红纹石美甲的制作主要运用了红纹石元素。红纹石虽然名字中有纹，但在珠宝行业却以没有纹的、冰透感强的红纹石为最佳品相。为了更好地表现红纹石的波浪纹理，本案例特意绘制出了层层叠叠的效果。制作时要正确排列粉色胶与白色胶的顺序，色彩要过渡柔和且富有层次。

使用材料与工具

01 OPI底胶
02 马苏拉封层
03 CND SHELLAC LUXE#303
04 OPI GC B76
05 安妮丝GS08
06 白色彩绘胶
07 粘钻胶
08 哈摩霓加固胶
09 美甲专用清洁巾
10 清洁液
11 美甲灯
12 金色金属饰品
13 调色盘
14 金色螺纹金属圆圈饰品
15 金色月牙金属饰品
16 粉色贝壳宝石
17 平头美甲笔
18 法式笔
19 拉线笔
20 尖头镊子
21 榉木棒

操作步骤

step 01

用美甲专用清洁巾蘸取清洁液，擦净甲面。然后给食指、中指、无名指和小指的指甲涂OPI底胶，并照灯固化30秒。

step 02

给食指、中指和小指的指甲涂第1层安妮丝GS08，并照灯固化30秒。然后用相同颜色涂第2层颜色，并照灯固化30秒。

step 03

给无名指指甲薄涂一层哈摩霓加固胶，并照灯固化60秒。然后给食指、中指和小指的指甲涂第3层安妮丝GS08，并照灯固化30秒。

step 04

在调色盘上点上OPI GC B76和安妮丝GS08，用2支平头美甲笔各蘸取一种胶，在无名指指甲上斜向画波浪线，分两次进行。

step 05

给边缘留白处补色填充，然后用桦木棒刮掉指缘上的胶，并照灯固化30秒。用法式笔蘸取少许白色彩绘胶，在甲面的裸色和粉色交接处画出白色的波浪线，并照灯固化30秒。

step 06

用拉线笔蘸取白色彩绘胶，在甲面的裸色色块上画出几条细细的波浪线。照灯固化30秒。

提示

在给无名指指甲画第2次波浪线时，不能与第1次的颜色混合，而是要交错来画。

step 07

用法式笔蘸取少许CND SHELLAC LUXE #303，涂在粉色和白色交接处。局部加深粉色，并照灯固化30秒。

step 08

在中指指甲及食指和小指指甲的中心位置涂上粘钻胶。用尖头镊子在中指、食指和小指的指甲上放上金色金属饰品、金色螺纹金属圆圈饰品、金色月牙金属饰品和粉色贝壳宝石。然后照灯固化30秒。

step 09

给食指、中指、无名指和小指的指甲涂一层哈摩霓加固胶，做好甲面弧度建构，然后照灯固化60秒。给食指、中指、无名指和小指的指甲涂一层马苏拉封层，然后照灯固化30秒 。

step 10

采用与无名指指甲同样的手法制作拇指指甲。制作结束。

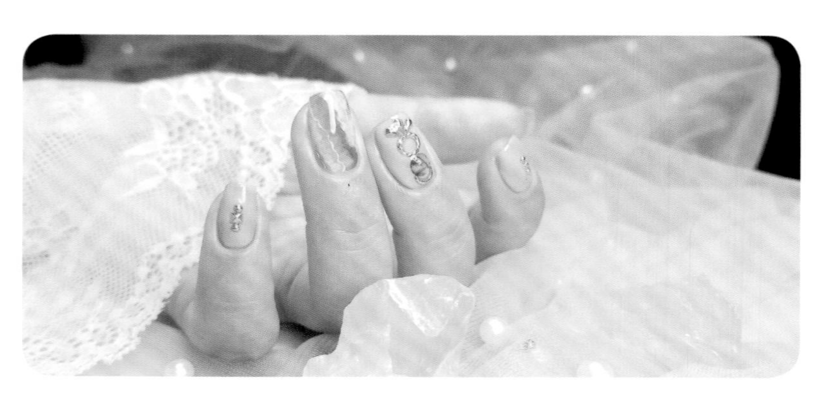

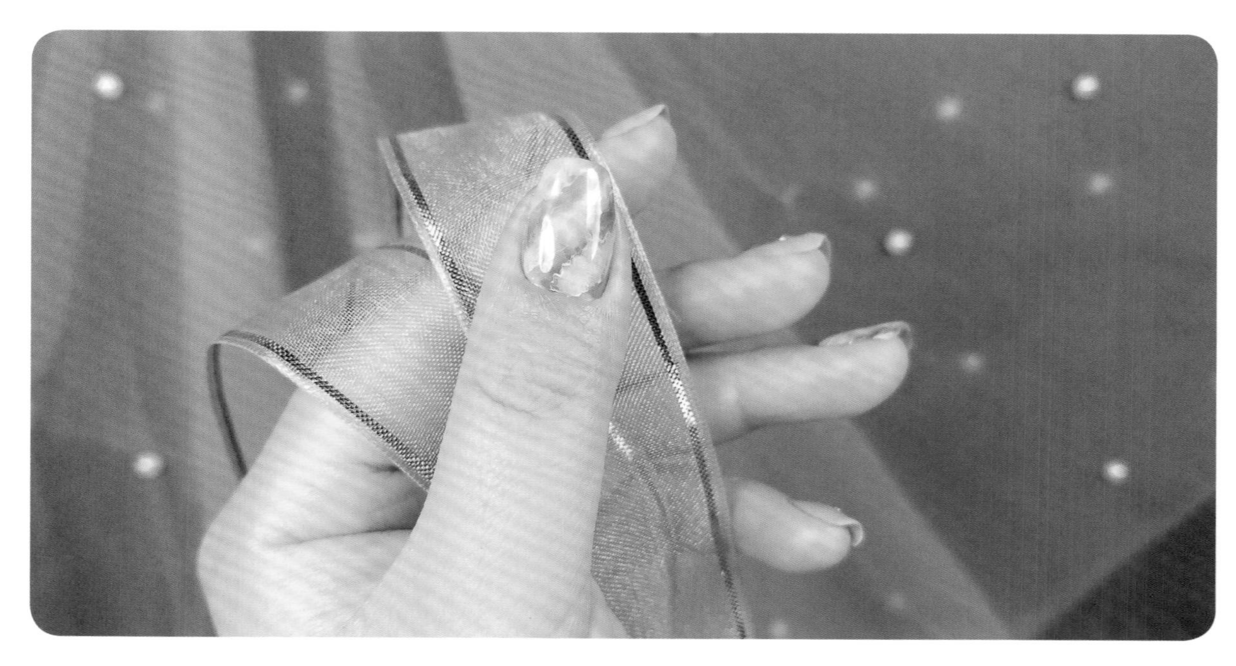

50

幻彩黑欧泊美甲

幻彩黑欧泊美甲的制作运用了黑欧泊元素。黑欧泊是在黑色或深色的胚体上呈现出明亮色的有彩蛋白石，是欧泊宝石中较名贵的一种。这款美甲的质感、颜色效果和运用云锦粉做出来的效果非常像。制作难点在于如何将透明加固胶堆积成立体宝石的形态，制作过程中需控制好照灯时间，以免加固胶流动面积太大体现不出立体感。

使用材料与工具

01 OPI底胶
02 马苏拉封层
03 安妮丝磨砂封层
04 黑色底胶
05 OPI GC I57
06 OPI GC T66
07 粘钻胶
08 马宝金属拉线胶M02
09 哈摩霓加固胶
10 美甲专用清洁巾
11 清洁液
12 美甲灯
13 玫瑰金色金属珠子
14 玫瑰金色金属饰品
15 提前用硅胶模具制作的半球形饰品（制作方法参考本书第46款）
16 BORN PRETTY云锦粉1~5号
17 拉线笔
18 尖头镊子

操作步骤

step 01

用美甲专用清洁巾蘸取清洁液，擦净甲面。然后给食指、中指、无名指和小指的指甲涂OPI底胶，并照灯固化30秒。

step 02

给食指和小指的指甲涂第1层OPI GC I57，给中指指甲涂第1层OPI GC T66，给无名指指甲涂第1层黑色底胶，然后照灯固化60秒。给食指、小指、中指和无名指的指甲涂第2层颜色，所选颜色与第1层相同，并照灯固化60秒。

step 03

给食指和小指的指甲涂第3层OPI GC I57，照灯固化30秒。用蘸有哈摩霓加固胶的拉线笔蘸取少许BORN PRETTY云锦粉1号，粘到无名指指甲上。

step 04

用拉线笔分别蘸取少量BORN PRETTY云锦粉5号、BORN PRETTY云锦粉2号、BORN PRETTY云锦粉4号、BORN PRETTY云锦粉3号，点涂在无名指指甲上。然后用手指按压，使其贴合甲面。

step 05

在无名指指甲上薄涂一层哈摩霓加固胶，包裹云锦粉并照灯固化60秒。用拉线笔蘸取一大滴哈摩霓加固胶，涂在无名指指甲上，模拟立体宝石的形态，然后照灯固化60秒。

step 06

蘸取一大滴哈摩霓加固胶，将其涂在立体宝石上，以增加立体宝石的高度，注意不要拓展宽度。然后照灯固化60秒。

提示

在无名指指甲上点涂这几个颜色的云锦粉时，虽然颜色顺序可以变化，但是每个颜色的区域要分明。

提示

由于哈摩霓加固胶的胶体比较稀，流动性大，一次不能做出太高的立体宝石，所以在这里可以分两次来做。

step 07

用拉线笔蘸取少许马宝金属拉线胶M02，在立体宝石周围画上线条，勾勒出立体宝石的形态。勾勒时注意线条要流畅，并随意画出一些藤蔓的效果。然后照灯固化30秒。

step 08

给无名指指甲涂一层马苏拉封层，并照灯固化30秒。在中指指甲上涂一大块粘钻胶，在食指和小指的指甲根部涂一点粘钻胶。

step 09

用尖头镊子在中指指甲上放上事先做好的半球形饰品。半球形饰品的做法和本书第46款轻奢大理石美甲的制作方法差不多，这里不再过多描述。

提示

云锦粉需要用有厚度的透明胶包裹才能呈现出漂亮的光泽。因此在做半球形饰品时，需要先在模具里涂满透明胶，待其固化后再在表面点涂一点云锦粉，最后涂黑色胶。

step 10

在半球形饰品的周围放上玫瑰金色金属珠子，然后放几颗磨砂质感的玫瑰金色金属饰品，再在食指和小指的指甲上分别放一颗磨砂质感的玫瑰金色金属饰品，并照灯固化30秒。给中指指甲涂马苏拉封层。

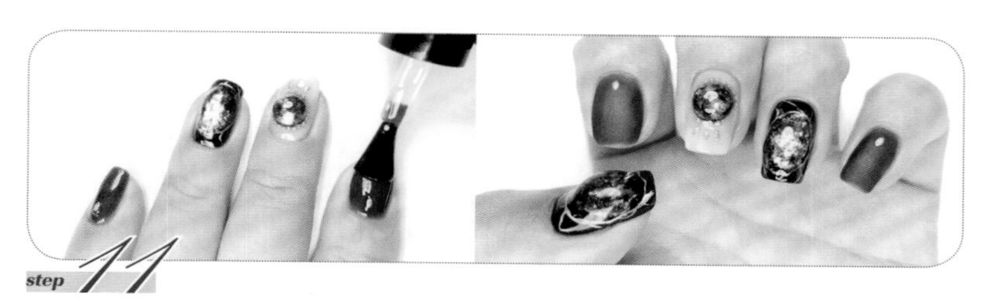

step 11

在食指和小指的指甲上涂安妮丝磨砂封层，并照灯固化30秒，呈现磨砂效果。采用与无名指指甲同样的手法制作拇指指甲。制作结束。

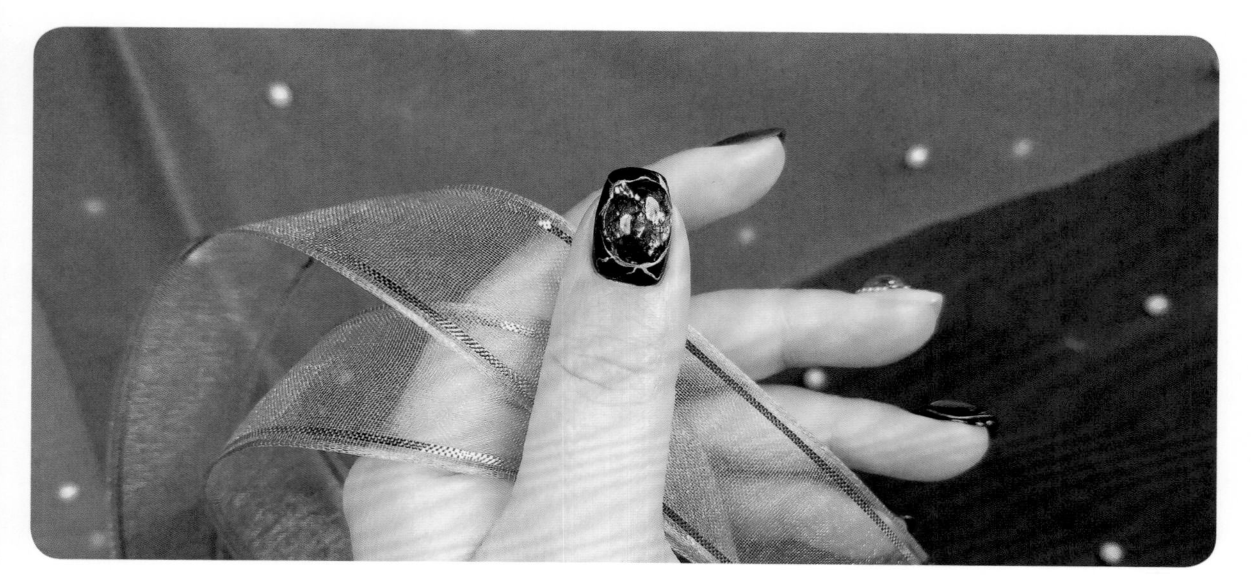

51

清透天青石美甲

清透天青石美甲的制作主要运用了天青石元素。天青色搭配透明果冻胶，并利用极光转印纸呈现的清透感石纹，整体给人清透、冰凉的感觉，适合夏季穿搭。制作时需注意留白。

使用材料与工具

01 黑色印花胶
02 OPI底胶
03 马苏拉封层
04 哈摩霓加固胶
05 马宝胶002
06 小布透明胶S808
07 小布透明胶S807
08 金色彩绘胶（Artist Gel）
09 美甲专用清洁巾
10 清洁液
11 美甲灯
12 金色转印纸
13 极光转印纸
14 浅蓝色贝壳片
15 蓝色厚贝壳片
16 绿色水晶石头
17 金色金属饰品
18 调色盘
19 平头美甲笔
20 圆头美甲笔
21 拉线笔
22 斜头美甲笔
23 弯头镊子

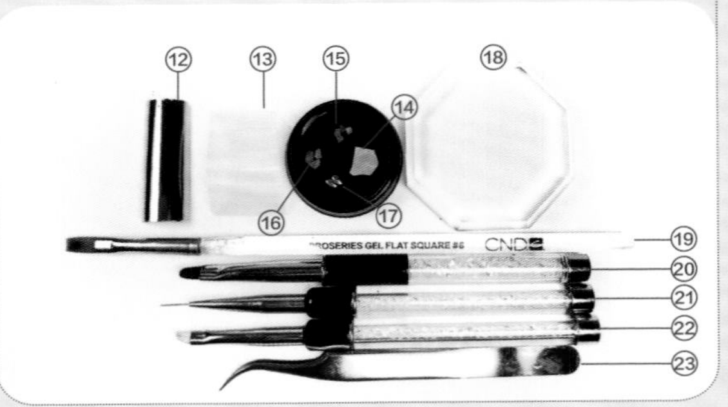

操作步骤

step 01

用美甲专用清洁巾蘸取清洁液，擦净甲面。然后给食指、中指、无名指和小指的指甲涂OPI底胶，并照灯固化30秒。

step 02

用圆头美甲笔给食指、中指、无名指和小指的指甲涂马宝胶002。注意每个甲面都涂两层，并且每涂一层就要照灯固化30秒。

step 03

用马宝胶002的浮胶给中指和无名指的指甲粘上稀疏的金色转印纸，然后转印上大片的颜色较不明显的极光转印纸。在食指和小指的指甲上转印少量的极光转印纸。

step 04

用圆头美甲笔蘸取少许小布透明胶S807，将其涂在中指和无名指指甲的边缘处。然后用圆头美甲笔蘸取少许小布透明胶S808，以加深颜色，并照灯固化30秒。

step 05

用干净的圆头美甲笔蘸取少许马宝胶002，将其涂在中指和无名指指甲上没有涂过蓝色胶的区域。涂的时候可覆盖一点蓝色区域的边缘，但是要透出一点蓝色底色。然后照灯固化30秒。

step 06

用平头美甲笔利用蓝色胶的浮胶给中指和无名指的指甲转印极光转印纸。然后在中指和无名指的指甲上厚涂一层哈摩霓加固胶，找平甲面，做好弧度建构，并照灯固化60秒。

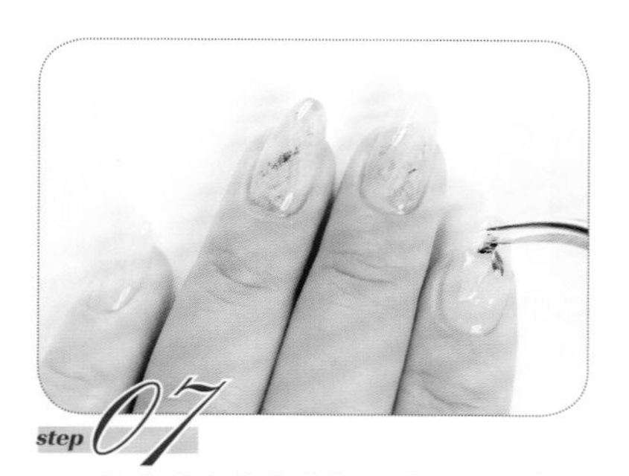

step 07

给食指和小指的指甲涂少许哈摩霓加固胶，用弯头镊子放上浅蓝色贝壳片、蓝色厚贝壳片、金色金属饰品和绿色水晶石头，并照灯固化30秒。

step 08

在食指和小指的指甲上厚涂一层哈摩霓加固胶，包裹饰品并做好甲面弧度建构，然后照灯固化60秒。擦掉中指和无名指指甲上的浮胶，用黑色印花胶代替彩绘胶，用拉线笔在甲面上画出自然的黑色石纹，并照灯固化30秒。

step 09

在调色盘上把哈摩霓加固胶和黑色印花胶混合，得到黑色透明胶。用斜头美甲笔蘸取少许混合好的黑色透明胶，涂在黑色石纹的边缘，并照灯固化30秒。

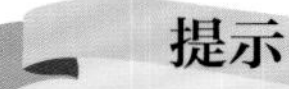

提示

在给黑色石纹的边缘涂黑色透明胶时，注意不是每条黑色石纹都涂，而是选择石纹较粗的地方进行添加。

step 10

在较粗的黑色石纹上用金色彩绘胶勾出短线条，并照灯固化30秒。给食指、中指、无名指和小指的指甲涂马苏拉封层，并照灯固化30秒。

step 11

采用与中指和无名指指甲同样的手法制作拇指指甲。制作结束。

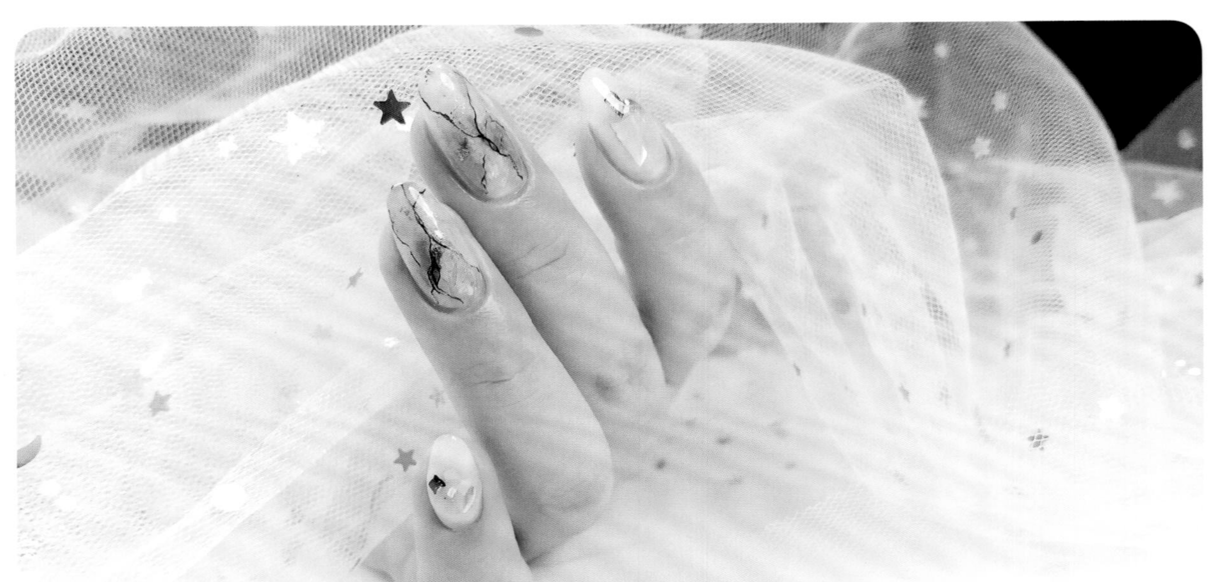

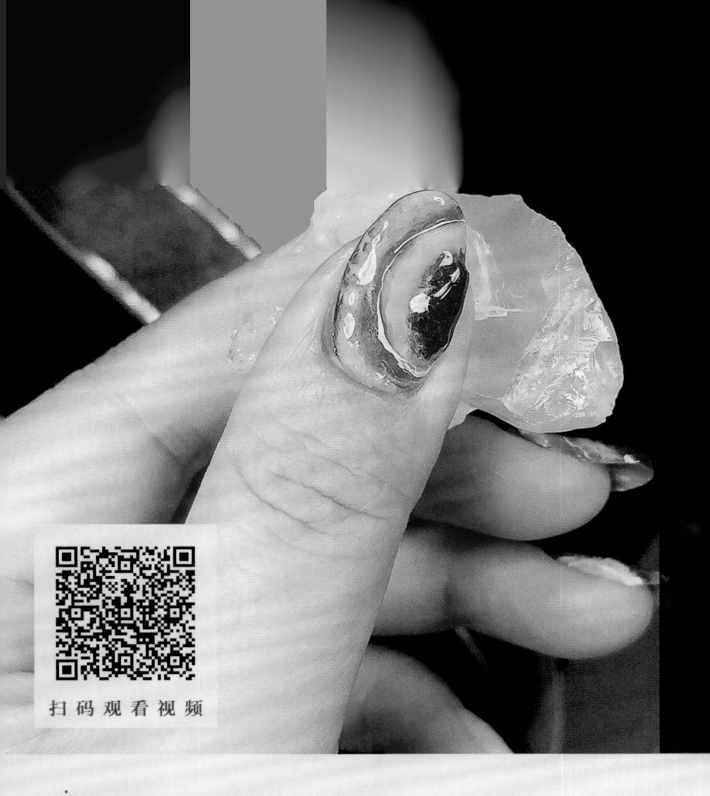

魅惑紫晶洞美甲

魅惑紫晶洞美甲的制作灵感源于紫晶洞。天然的紫晶洞一般是由中心晶莹剔透的水晶石晶粒和外面的玛瑙层组合而成的中空球形蛋，通常把它切成两半作为装饰用，颜色以深葡萄紫为最佳。不过在将其运用到美甲制作中时，笔者替换了原本的深葡萄紫，改用了稍微柔和的紫红色与粉色。在制作时，需要特别注意胶的选择，运用好流动性强和流动性弱的两种质地的胶，才能得到过渡自然又层次分明的晕染效果。

使用材料与工具

01 OPI底胶
02 马苏拉封层
03 CND SHELLAC #91410
04 安妮丝GB03
05 安妮丝GG22
06 OPI XHP F13
07 OPI HP F02
08 OPI GC H84
09 哈摩霓加固胶
10 马宝胶002
11 白色彩绘胶
12 美甲专用清洁巾
13 清洁液
14 美甲灯
15 蓝色和紫色的玻璃纸
16 紫色水晶石碎块
17 透明水晶石颗粒
18 水晶石碎粉
19 极光转印纸
20 平头美甲笔
21 拉线笔
22 极细彩绘笔
23 甲面打磨砂条
24 尖头镊子

操作步骤

step 01

用美甲专用清洁巾蘸取清洁液，擦净甲面。然后给食指、中指、无名指和小指的指甲涂OPI底胶，并照灯固化30秒。

step 02

用OPI底胶的浮胶给中指和无名指的指甲转印极光转印纸。用平头美甲笔给食指和小指的指甲薄涂第1层马宝胶002，给中指和无名指的指甲薄涂哈摩霓封层，涂好后先不要照灯。

step 03

准备好蓝色和紫色的玻璃纸碎片，然后在中指和无名指的指甲上放上稍微小片一点的玻璃纸碎片，在食指和小指的指甲上放上稍微大一点的玻璃纸碎片，并照灯固化60秒。给中指和无名指的指甲涂一层哈摩霓加固胶，包裹住所有的玻璃纸碎片，同时给食指和小指的指甲叠涂一层马宝胶002。照灯固化60秒。

step 04

给食指和小指的指甲涂第3层马宝胶002，并照灯固化30秒。然后给食指和小指的指甲涂马苏拉封层，并照灯固化30秒。

step 05

用极细彩绘笔蘸取少许OPI HP F02，将其涂在中指指甲的指尖部分。然后在所涂色块上用尖头镊子放上稍微大一点的紫色水晶石碎块。照灯固化30秒。

step 06

用极细彩绘笔蘸取一点安妮丝GG 22，在马宝胶002和安妮丝GB03之间画一条细线。检查指缘周围有没有溢出的胶，调整后照灯固化60秒。

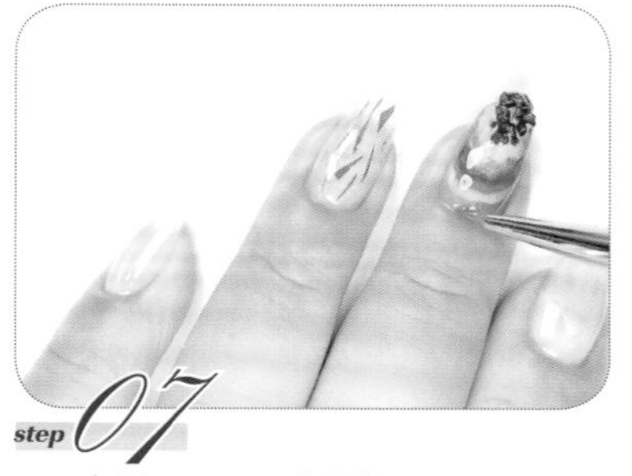

step 07

在OPI GC H84外面涂CND SHELLAC #91410，然后在两种颜色的交接处稍微混合。在CND SHELLAC #91410外面涂一圈安妮丝GB03，同样使颜色交接处稍微融合。在安妮丝GB03外面涂一圈马宝胶002，在中指指甲根部用安妮丝GB03仔细涂好边缘。

step 08

用极细彩绘笔蘸取OPI XHP F13，在紫色水晶石碎块边缘与CND SHELLAC #91410和安妮丝GB03两个色块的交接处画一条金色线条。

step 09

用极细彩绘笔蘸取一点OPI HP F02，在马宝胶002和安妮丝GB03之间画一条细线。检查中指指缘处有没有溢出的胶，调整好，照灯固化60秒。

step 10

用极细彩绘笔在甲面的乳白色区域涂少许哈摩霓加固胶，然后放上透明水晶石颗粒，并照灯固化60秒。此时中指指甲根部的安妮丝GB03有点淡，需要加深颜色。然后照灯固化30秒。

step 11

用平头美甲笔蘸取哈摩霓加固胶，将其涂在紫色水晶石碎块上的缝隙处，注意不要留下气泡。在两组石头之间涂一层哈摩霓加固胶，先不要照灯。

step 12

用拉线笔蘸取少许白色彩绘胶，在中指指甲上画线，画出两条曲折的波浪线后照灯固化60秒。

step 13

擦掉中指指甲上的浮胶，用甲面打磨砂条对紫色水晶石碎块的尖角进行打磨，然后擦掉打磨时留下的多余的粉末。

step 14

给中指指甲涂哈摩霓加固胶，给甲面做好弧度建构，并照灯固化60秒。给中指指甲涂马苏拉封层，并照灯固化30秒。

step 15

采用与中指指甲差不多的手法制作无名指和拇指的指甲，可将水晶石颗粒换成水晶石碎粉。制作结束。

提示

在这里，其实打磨后的紫色水晶石碎块的效果没有不打磨的好。水晶洞里面的水晶石本来就是凹凸不平、有棱有角的，不打磨会更接近水晶洞里水晶石的样子。但是石块上有锋利的尖角，为了消除安全隐患，还是打磨一下比较好。

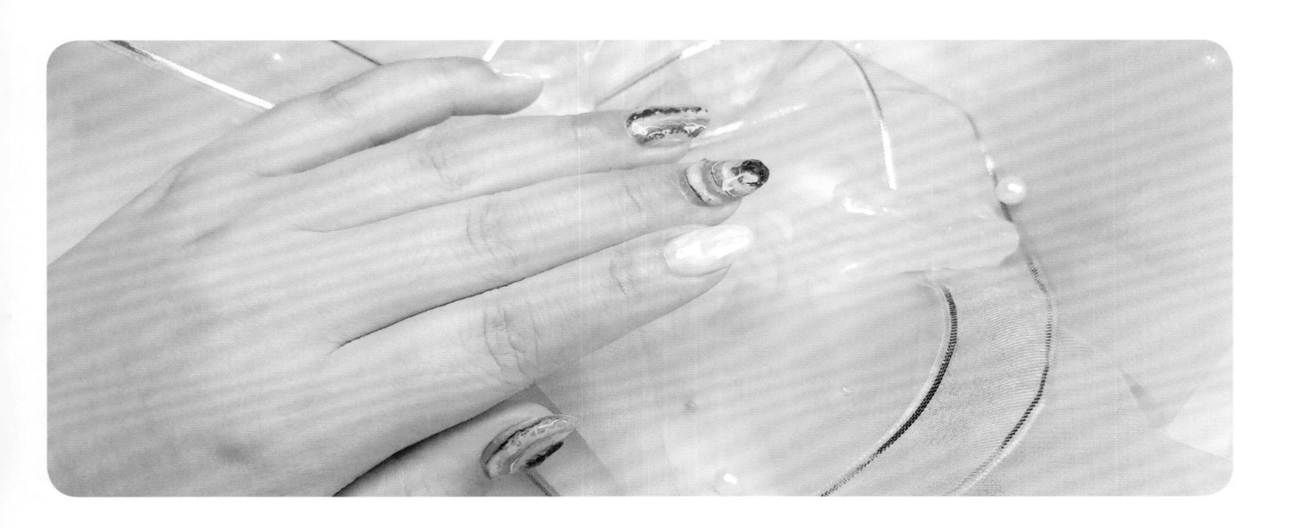

Manicure

第8章

晕染系列

进阶篇

53

极简青烟晕染美甲

极简青烟晕染美甲的制作采用较简单的晕染方式，让美甲效果看起来极具个性。在制作过程中，为了使美甲呈现出青烟袅袅的效果，需要特别注意图案的连续性。要随时比对图案在每个指甲上的位置，且每个指甲的起笔和落笔的位置都要事先规划好。

使用材料与工具

01 OPI底胶
02 马苏拉封层
03 白色底胶
04 黑色底胶
05 Essie gel#5037
06 美甲专用清洁巾
07 清洁液
08 美甲灯
09 调色盘
10 小肥仔笔

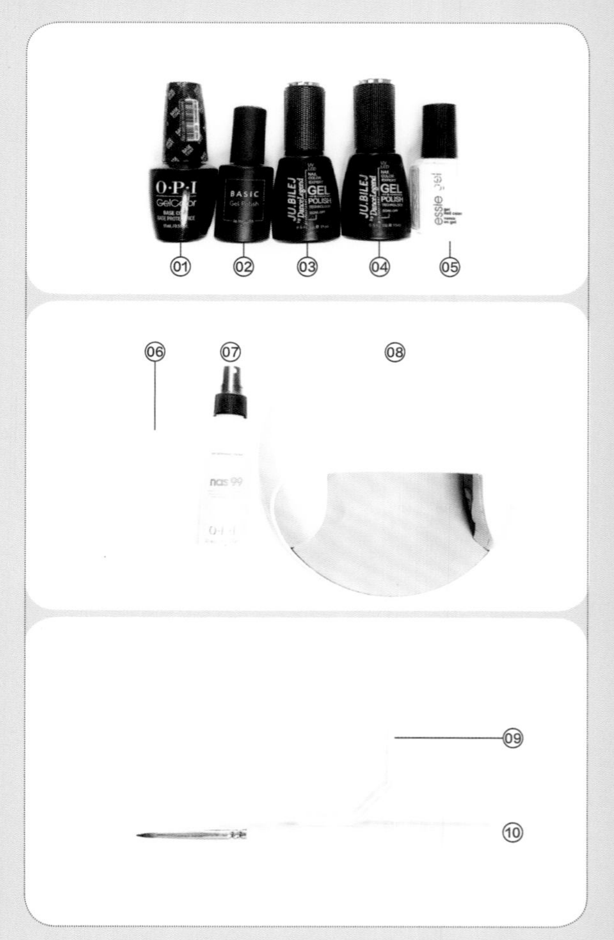

操作步骤

step 01

用美甲专用清洁巾蘸取清洁液，擦净甲面。然后给食指、中指、无名指和小指的指甲涂OPI底胶，并照灯固化30秒。

step 02

给食指、中指、无名指和小指的指甲涂第1层Essie gel#5037，然后照灯固化30秒。

step 03

给所有指甲涂第2层Essie gel# 5037，先不要照灯。

step 04

将一滴白色底胶和一滴黑色底胶置于调色盘上，然后用小肥仔笔将其混合成深灰色底胶。

step 05

把混合好的深灰色底胶涂在指甲上。从食指指甲开始，先画一条斜线，一边画一边晕染，让不同胶的交接处自然融合。

step 06

用小肥仔笔在中指指甲上画出一条曲线。注意中指指甲上线条的终点要和食指指甲上线条的起点有所呼应，即适当连接，同时一边画一边晕染颜色交接处。

step 07

用小肥仔笔在无名指指甲上画一条斜线，画的时候注意无名指指甲上线条的终点要和中指指甲上线条的起点相呼应。

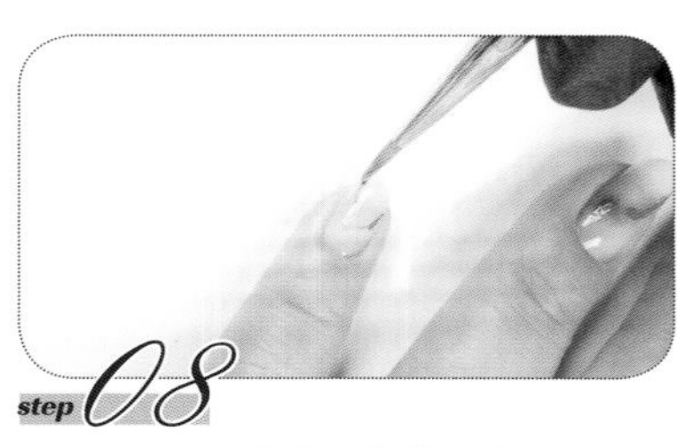

step 08

用小肥仔笔在小指指甲上画一条转折线。画的时候注意，小指指甲上线条的终点要和无名指线条的起点相呼应。然后所有指甲一起照灯固化30秒。

step 09

给食指、中指、无名指和小指的指甲涂一层马苏拉封层，然后照灯固化30秒。

step 10

采用与其他手指指甲同样的手法制作拇指指甲。制作结束。

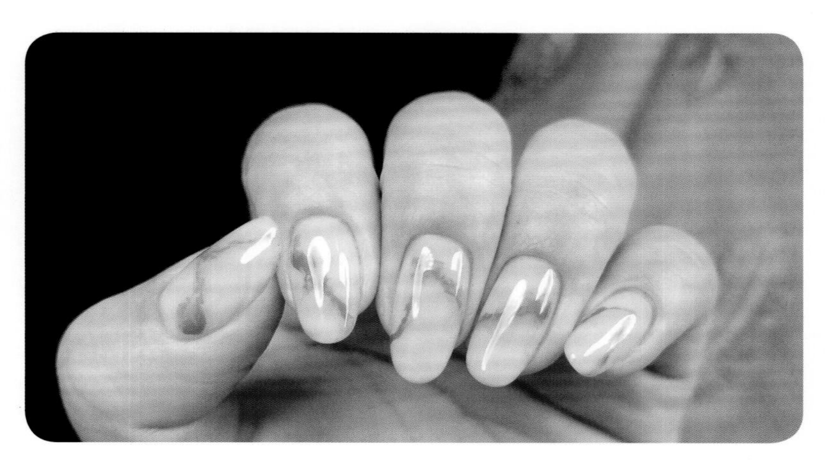

54

混搭蓝舞晕染美甲

混搭蓝舞晕染美甲主要凭借蓝色系甲油胶的流动性混合晕染制作而成，整体给人清凉的感觉，适合夏季穿搭。本案例的制作要点在于甲面的留白处理。此外，不同蓝色之间的笔触不要完全覆盖混合，要留出比较明显的颜色分界，同时笔触要尽量弯曲、随性一些，呈现出舞动的视觉效果。

使用材料与工具

01 OPI底胶
02 马苏拉封层
03 Essie gel#5037
04 OPI GC G46
05 OPI GC N61
06 OPI GC BA1
07 OPI XHP F13
08 CND SHELLAC LUXE #176
09 哈摩霓加固胶
10 粘钻胶
11 美甲专用清洁巾
12 清洁液
13 美甲灯
14 BORN PRETTY云锦粉3号
15 白色石头
16 金色金属饰品
17 白色贝壳
18 金色金属丝
19 剪好的紫色玻璃纸碎片
20 榉木棒
21 尖头镊子
22 平头美甲笔
23 小肥仔笔
24 拉线笔

操作步骤

step 01

用美甲专用清洁巾蘸取清洁液，擦净甲面。然后给食指、中指、无名指和小指的指甲涂OPI底胶，并照灯固化30秒。

step 02

用平头美甲笔给食指、中指、无名指和小指的指甲涂一层哈摩霓加固胶，并照灯固化60秒。用小肥仔笔蘸取少许OPI GC G46，将其涂在食指指甲的中心位置。注意运笔要干脆利落，且带有笔触痕迹。

step 03

用小肥仔笔在OPI GC G46左边涂一笔OPI GC N61，在OPI GC G46右边涂一笔OPI GC BA1。观察指甲，如果OPI GC G46颜色不够，可以再补一笔。

step 04

用小肥仔笔在OPI GC G46和OPI GC N61中间涂一笔Essie gel#5037，待颜色自动晕开后再补一笔OPI GC G46。在OPI GC G46的边缘加少许CND SHELLAC LUXE#176。

step 05

用小肥仔笔在OPI GC N61旁边涂一点OPI XHP F13，然后用小肥仔笔辅助胶体自然融合。胶流动后，有的部分颜色会变浅。这时可以再适当添加一点OPI XHP F13以调整甲面。然后照灯固化30秒。

step 06

在中指指甲的左边用OPI GC G46画出一条曲线，起笔颜色重，轻轻往指尖画，画出笔触感。用OPI GC N61，从指尖往下沿着OPI GC G46画过的痕迹进行叠加上色。

step 07

用小肥仔笔蘸取少许OPI GC BA1，点涂在OPI GC G46边上，注意画出笔触感。在甲面空余处涂OPI GC BA1和OPI GC N61，注意换颜色时可以不用擦小肥仔笔。

step 08

用干净的小肥仔笔蘸取少许Essie gel# 5037将其涂在OPI GC G46旁边。然后蘸取少许OPI GC G46，在指尖位置和OPI GC N61的颜色混合。

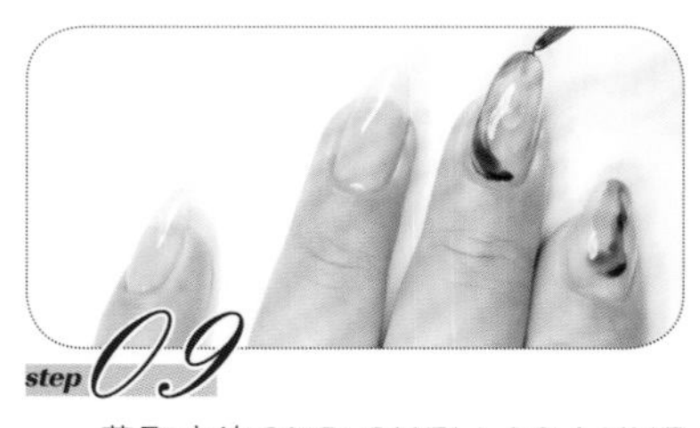

step 09

蘸取少许CND SHELLAC LUXE #176，涂在OPI GC G46的边缘，以加深颜色。然后用CND SHELLAC LUXE #176稍微加深指尖的颜色。

step 10

用干净的小肥仔笔蘸取Essie gel# 5037，将其晕染在OPI GC G46旁边。然后在甲面上的浅蓝色区域任意地方用小肥仔笔蘸取OPI XHP F13，随意地涂一笔金色。

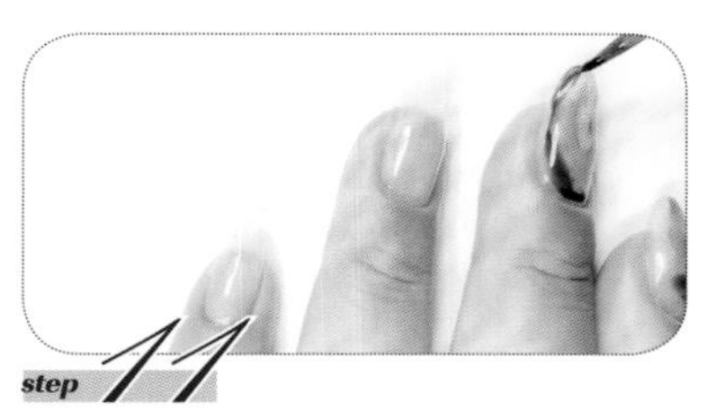

step 11

给中指指甲添加少许OPI GC N61，让甲面颜色自然过渡。然后用CND SHELLAC LUXE#176加深指尖的颜色，调整好甲面，并照灯固化30秒。

step 12

用小肥仔笔在无名指指甲中心涂一笔OPI GC G46，然后在甲面稍右边涂几笔OPI GC N61，在甲面左边涂OPI GC BA1，在甲面右侧边缘处涂一些OPI XHP F13。

step 13

在OPI GC G46和OPI GC N61中间涂一笔Essie gel#5037，在OPI GC G46上面涂一笔CND SHELLAC LUXE #176，晕染开颜色。然后照灯固化30秒。

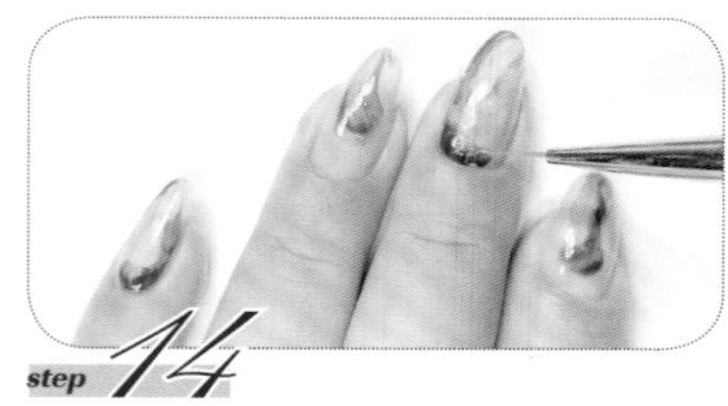

step 14

采用与无名指指甲同样的手法制作小指指甲。用拉线笔蘸取少许哈摩霓加固胶，粘上少许BORN PRETTY云锦粉3号，将其涂在每个甲面深蓝色的位置。

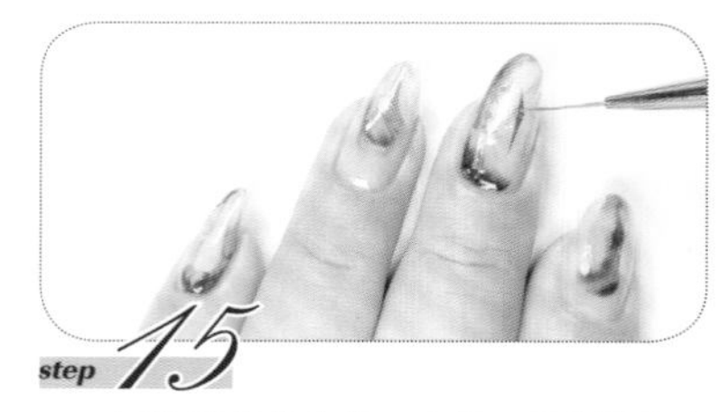

step 15

用拉线笔给食指、中指、无名指和小指的指甲薄涂一层哈摩霓加固胶，覆盖所有云锦粉，不要照灯。在甲面上放几条剪好的紫色玻璃纸碎片，并照灯固化60秒。

step 16

用榉木棒给中指和无名指的指甲涂一点粘钻胶，用尖头镊子放上白色石头、白色贝壳、金色金属饰品和金色金属丝等饰品，并照灯固化30秒。

step 17

用平头美甲笔给所有指甲厚涂哈摩霓加固胶，以平整甲面，并做好甲面弧度建构，然后照灯固化60秒。给食指、中指、无名指和小指的指甲涂一层马苏拉封层并照灯固化30秒。

step 18

采用与中指指甲差不多的手法制作拇指指甲。制作结束。

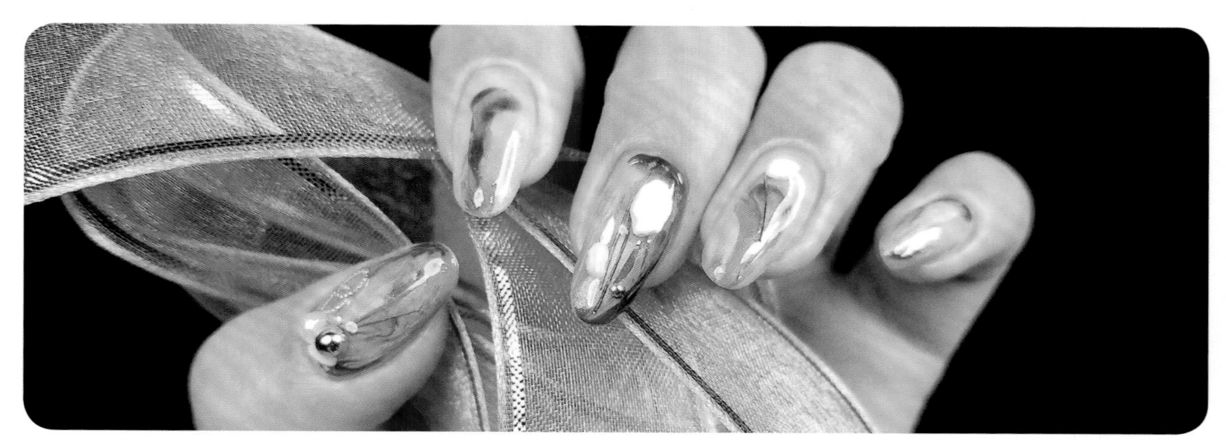

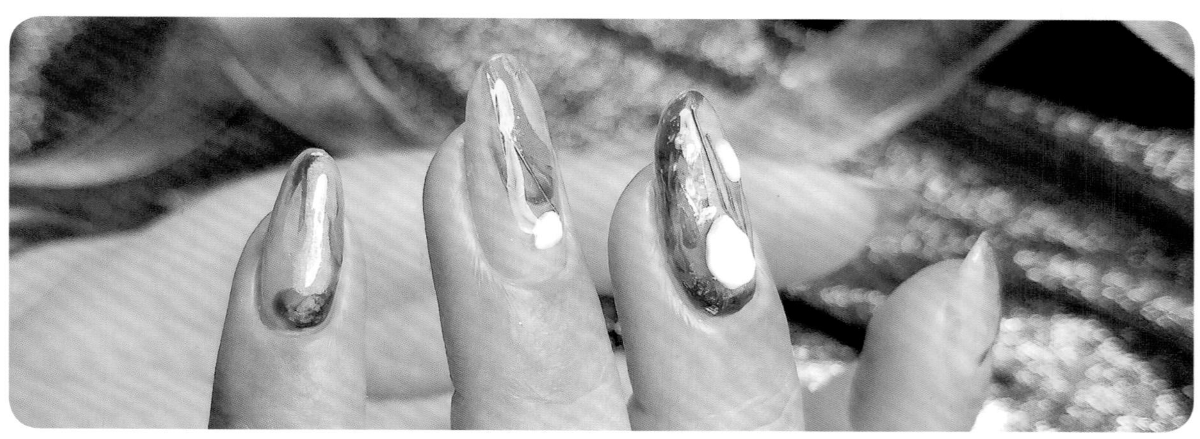

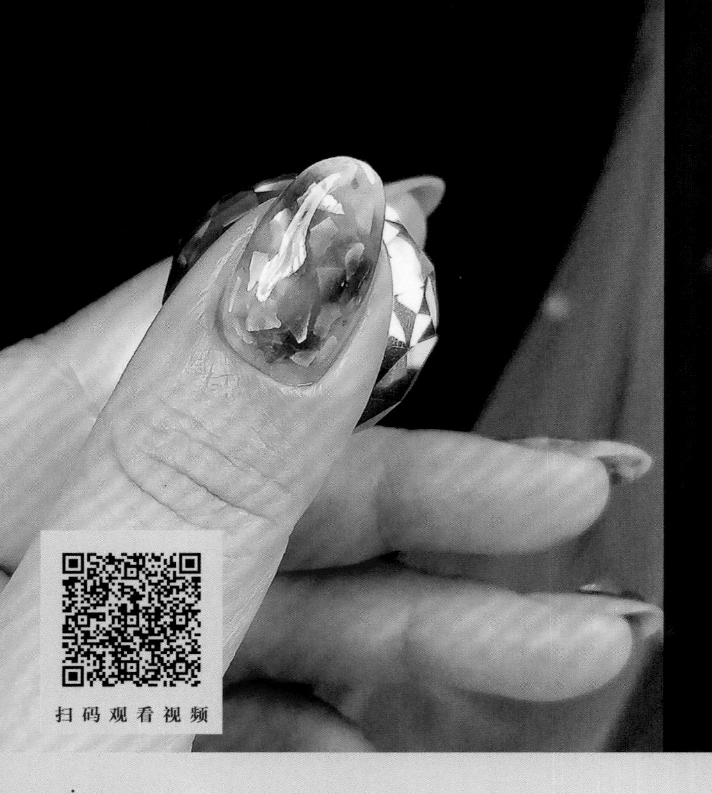

55

沁凉冰块晕染美甲

沁凉冰块晕染美甲的制作主要用白色贝壳片打底，然后在上面做颜色晕染，在甲面上形成似冰块的质感和效果。此款美甲给人感觉柔和而清凉，很适合盛夏穿搭。

使用材料与工具

01 OPI底胶
02 马苏拉封层
03 安妮丝GS11
04 安妮丝GB06
05 Essie gel#5037
06 CND SHELLAC #90709
07 哈摩霓加固胶
08 粘钻胶
09 美甲专用清洁巾
10 清洁液
11 美甲灯
12 金色椭圆金属圈
13 金豆豆
14 蓝色偏光彩金箔
15 白色贝壳片
16 水晶石头
17 平头美甲笔
18 拉线笔
19 极细彩绘笔
20 尖头镊子
21 榉木棒

操作步骤

step 01

用美甲专用清洁巾蘸取清洁液，擦净甲面。然后给食指、中指、无名指和小指的指甲涂OPI底胶，用榉木棒处理漏胶并照灯固化30秒。

step 02

用平头美甲笔给食指和无名指的指甲涂第1层安妮丝GS11，给小指指甲涂第1层安妮丝GB06。用OPI底胶的浮胶给中指指甲粘上蓝色偏光彩金箔，再涂一层哈摩霓加固胶，不要照灯。

step 03

用拉线笔在中指指甲上放上一些大小不同的白色贝壳片，稍大的放在甲面中心位置，稍小的放角落，几乎放满整个甲面。然后照灯固化60秒。

step 04

给食指和无名指的指甲涂第2层安妮丝GS11，给小指指甲涂第2层安妮丝GB06。用极细彩绘笔蘸取少许安妮丝GB06，呈S形走位涂在中指指甲上白色贝壳片的缝隙中。

step 05

蘸取少许安妮丝GS11，将其涂在中指指甲上，涂的时候稍微和安妮丝GB06融合。用极细彩绘笔在两种颜色交接处点上Essie gel#5037。对两种颜色进行进一步融合晕染。然后一起照灯固化30秒。

step 06

给食指指甲涂第3层安妮丝GS11，给无名指指甲叠涂一层CND SHELLAC #90709，给小指指甲涂第3层安妮丝GB06。用极细彩绘笔在中指指甲上的深色区域叠涂几笔Essie gel#5037，使甲面呈现一种朦胧感。然后一起照灯固化60秒。

step 07

用尖头镊子将一大片蓝色偏光彩金箔置于无名指的指甲上，用CND SHELLAC #90709粘好。然后用极细彩绘笔在蓝色偏光彩金箔上点少许安妮丝GB06。

step 08

给中指指甲涂一层哈摩霓加固胶，找平甲面并做好甲面弧度建构，然后照灯固化60秒。给食指和无名指指甲的指尖涂上粘钻胶。

step 09

在食指指甲上放金色椭圆金属圈和金豆豆，在无名指指甲上放一颗水晶石头，照灯固化30秒。用平头美甲笔在无名指指甲上厚涂一层哈摩霓加固胶，包裹住饰品并做好甲面弧度建构。然后照灯固化60秒。

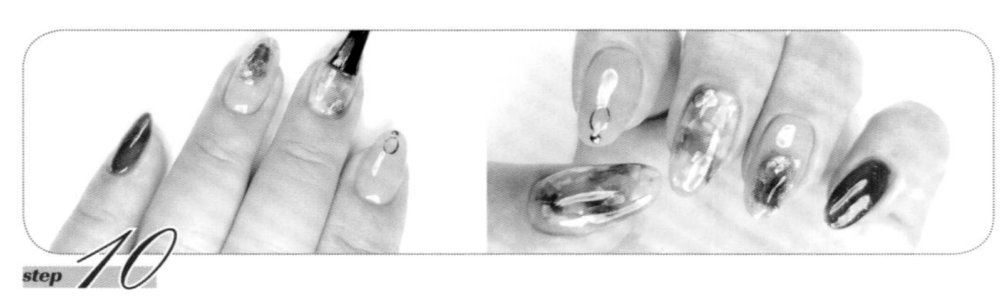

step 10

给食指、中指、无名指和小指的指甲涂一层马苏拉封层，并照灯固化30秒。采用与中指指甲同样的手法制作拇指指甲。制作结束。

扫码观看视频

56

层叠斑斓晕染美甲

层叠斑斓晕染美甲主要是利用晕染液搭配金箔制作而成的，色彩斑斓且晶莹剔透。本案例的制作需要特别注意晕染液的使用方法，一般是在甲面上点少量晕染液，待其干透后点上另外一种颜色的晕染液，如此才能制作出斑斓的色彩效果。

使用材料与工具

01 OPI底胶
02 马苏拉封层
03 Presto磨砂封层
04 安妮丝GB02
05 哈摩霓加固胶
06 黑色晕染液（Aishini 水墨 · 晕染5）
07 红色晕染液
08 土黄色晕染液
09 粉色晕染液（Aishini 水墨 · 晕染8）
10 黄色晕染液
11 紫色晕染液（Aishini 水墨 · 晕染3）
12 透明水
13 美甲专用清洁巾
14 清洁液
15 美甲灯
16 玫瑰金色金属珠子
17 红色偏光彩金箔
18 白色小片贝壳
19 金色金属链条
20 金豆豆
21 金色螺纹圆形铆钉
22 金色实心金属棒
23 平头美甲笔
24 拉线笔
25 弯头镊子

操作步骤

step 01

用美甲专用清洁巾蘸取清洁液，擦净甲面。然后给食指、中指、无名指和小指的指甲涂OPI底胶，并照灯固化30秒。

step 02

用OPI底胶的浮胶在中指和无名指的指甲上粘上一些红色偏光彩金箔。然后用平头美甲笔给中指和无名指的指甲薄涂一层哈摩霓加固胶。再给食指和小指的指甲涂第1层安妮丝GB02。照灯固化60秒。

step 03

给中指和无名指的指甲涂Presto磨砂封层。然后给食指和小指的指甲涂第2层安妮丝GB02。照灯固化30秒。

step 04

擦掉中指和无名指指甲上的浮胶，呈现磨砂效果。然后给食指和小指的指甲涂第3层安妮丝GB02。照灯固化30秒。

step 05

在中指指甲上点少许黑色晕染液，稍干后在黑色晕染液旁点红色晕染液，稍干后在红色晕染液旁点少许土黄色晕染液。

step 06

待土黄色晕染液稍干后，在旁边点一些黄色晕染液。然后在指尖点粉色晕染液，以加深颜色。

step 07

在黄色晕染液上点少许紫色晕染液，让颜色融合。在黑色和土黄色的晕染液旁边点一些紫色晕染液。待晕染液都变干后，蘸取适量透明水，点在各晕染液的交接处。

step 08

检查甲面，在颜色较淡的地方加深颜色，但是注意不要破坏透明水点出来的涟漪效果。

step 09

采用与中指指甲同样的手法制作无名指指甲。不过要注意的是，无名指指甲的制作需要留出下半部分。待晕染液干透后，给中指和无名指的指甲涂一层马苏拉封层，并照灯固化30秒。

提示

晕染液属于自然风干的水性颜料，必须等干透后才能涂封层，否则图案很可能被拉花。同时，针对干透的晕染液，封层所用的胶量可以多一点。在涂封层时，尽量不要用笔刷来回刷甲面，将笔刷轻轻拖过甲面即可。

step 10

用弯头镊子在中指的指甲根部放上裹满哈摩霓加固胶的金色金属链条，并在金色金属链条两头分别放一颗金豆豆。然后照灯固化60秒。

step 11

在金色金属链条上涂一点哈摩霓加固胶，并放上玫瑰金色金属珠子。用平头美甲笔在食指指甲中心位置薄涂一层哈摩霓加固胶。

step 12

用弯头镊子在食指指甲上放上白色小片贝壳、金色螺纹圆形铆钉、金色实心金属棒和金豆豆。然后照灯固化60秒。

step 13

用平头美甲笔给食指和中指的指甲厚涂一层哈摩霓加固胶，饰品之间的空隙用拉线笔仔细涂满，给甲面做弧度建构。然后照灯固化60秒。

step 14

给食指、中指、无名指和小指的指甲涂马苏拉封层。然后照灯固化30秒。

step 15

采用与无名指指甲同样的手法制作拇指指甲。制作结束。

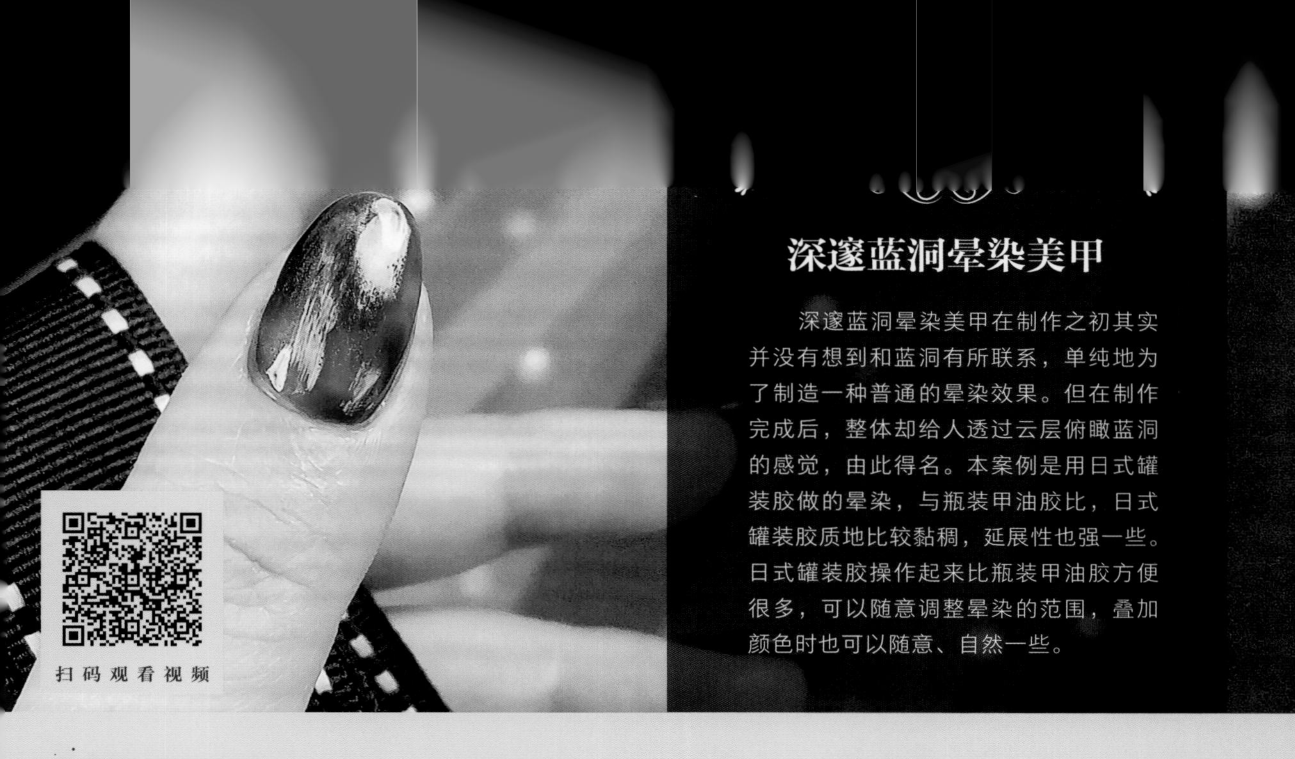

深邃蓝洞晕染美甲

深邃蓝洞晕染美甲在制作之初其实并没有想到和蓝洞有所联系，单纯地为了制造一种普通的晕染效果。但在制作完成后，整体却给人透过云层俯瞰蓝洞的感觉，由此得名。本案例是用日式罐装胶做的晕染，与瓶装甲油胶比，日式罐装胶质地比较黏稠，延展性也强一些。日式罐装胶操作起来比瓶装甲油胶方便很多，可以随意调整晕染的范围，叠加颜色时也可以随意、自然一些。

使用材料与工具

01 OPI底胶
02 马苏拉封层
03 OPI GC G46
04 CND SHELLAC Silver Chrome
05 安妮丝GS17
06 小布透明胶S808
07 小布透明胶S805
08 小布透明胶S801
09 白色彩绘胶
10 粘钻胶
11 美甲专用清洁巾
12 清洁液
13 美甲灯
14 长方形贝壳饰品
15 搅拌棒
16 尖头镊子
17 圆头美甲笔

操作步骤

step 01

用美甲专用清洁巾蘸取清洁液，擦净甲面。然后给食指、中指、无名指和小指的指甲涂OPI底胶，并照灯固化30秒。

step 02

给食指指甲涂第1层CND SHELLAC Silver Chrome，给无名指指甲涂第1层OPI GC G46，然后照灯固化60秒。给食指、无名指的指甲涂第2层和第3层颜色，所选颜色与第1层相同。每涂一层，就要照灯固化60秒。

step 03

用圆头美甲笔蘸取一点小布透明胶S808，呈S形走位涂在中指指甲和小指指甲的中心位置并照灯固化30秒。

step 04

用圆头美甲笔蘸取一点小布透明胶S805，将其涂在中指指甲和小指指甲的留白位置，在两种颜色交接的地方晕染开。然后照灯固化30秒。

step 05

用干净的圆头美甲笔蘸取一点小布透明胶S808，涂在中指指甲和小指指甲两种颜色的交接处，照灯固化30秒。取一点安妮丝GS17，涂在中指和小指指甲的指尖位置，注意表现出笔触感。然后照灯固化30秒。

step 06

用干净的圆头美甲笔蘸取一点白色彩绘胶，将其涂在中指和小指的指甲上并表现出笔触感。左右两笔分别是从下到上和从上到下的方向用笔，然后在甲面中间部分稍微补一点颜色。照灯固化30秒。

step 07

用干净的圆头美甲笔蘸取一点小布透明胶S801，将其涂在中指和小指指甲上白色笔触的中间，照灯固化30秒。用搅拌棒蘸取一点粘钻胶，将其涂在无名指指甲上。用尖头镊子在无名指指甲上放一颗长方形贝壳饰品。然后照灯固化30秒。

step 08

给食指、中指、无名指和小指的指甲涂一层马苏拉封层，然后照灯固化30秒。

step 09

采用与中指指甲同样的手法制作拇指指甲。制作结束。

O·P·I
GEL COLOR
CHILLS ARE MULTIPLYING!
15 mL / 0.5 fl. oz.

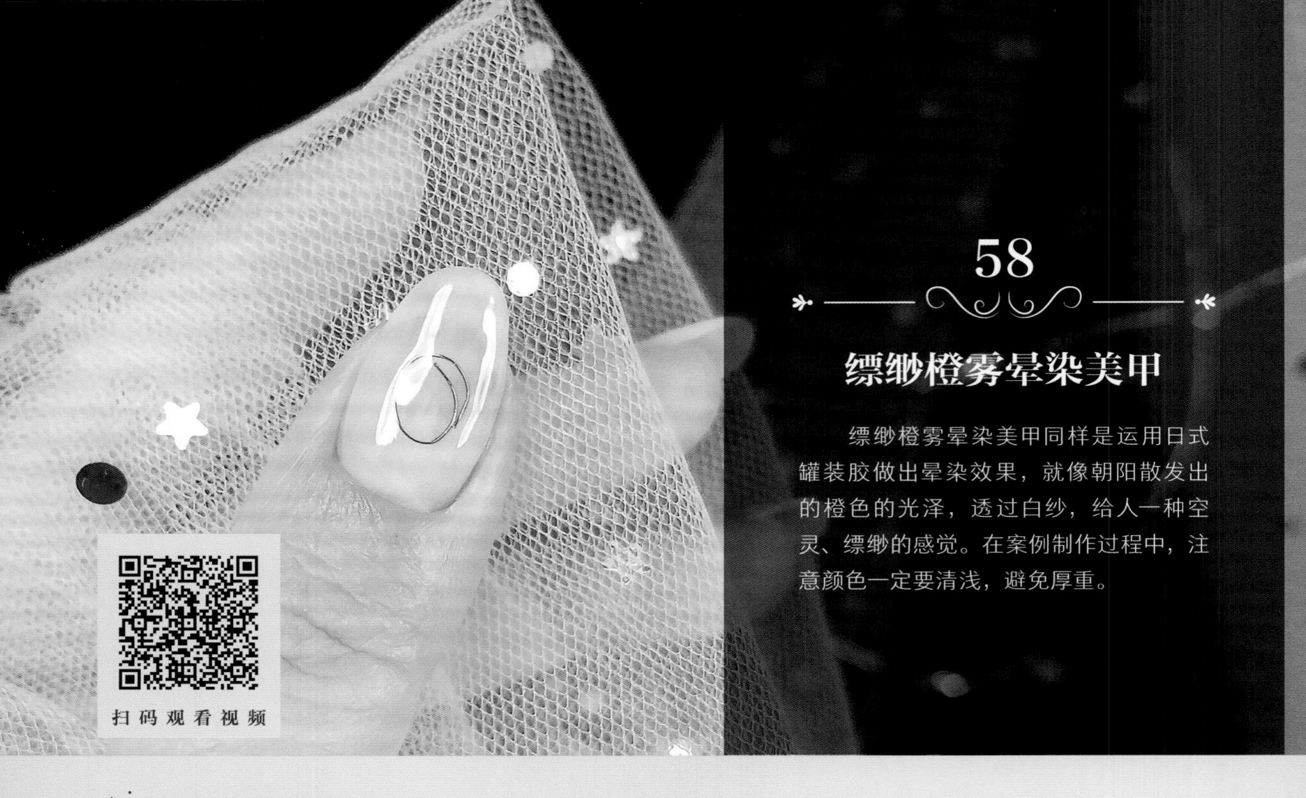

58

缥缈橙雾晕染美甲

缥缈橙雾晕染美甲同样是运用日式罐装胶做出晕染效果，就像朝阳散发出的橙色的光泽，透过白纱，给人一种空灵、缥缈的感觉。在案例制作过程中，注意颜色一定要清浅，避免厚重。

使用材料与工具

01 OPI底胶
02 马苏拉封层
03 OPI GC T66
04 彦雨秀YAM004
05 彦雨秀YA016
06 转印纸专用胶
07 哈摩霓加固胶
08 小布透明胶S802
09 小布透明胶S801
10 马宝胶002
11 金色彩绘胶
12 美甲专用清洁巾
13 清洁液
14 美甲灯
15 金色金属丝
16 激光转印纸
17 玫瑰金色金属珠子
18 平头美甲笔
19 圆头美甲笔
20 拉线笔

操作步骤

step 01

用美甲专用清洁巾蘸取清洁液，擦净甲面。然后给食指、中指、无名指和小指的指甲涂OPI底胶，并照灯固化30秒。

step 02

用OPI底胶的浮胶在食指指甲上大面积地转印激光转印纸。然后涂第1层彦雨秀YA016。

step 03

在中指指甲上涂第1层OPI GC T66，在无名指指甲上涂第1层马宝胶002，在小指指甲上涂第1层小布透明胶S802。然后一起照灯固化30秒。给以上指甲涂第2层颜色，所选颜色与第1层相同，照灯固化30秒。再单独给中指指甲涂第3层OPI GC T66，照灯固化30秒。

step 04

用圆头美甲笔蘸取一点小布透明胶S802，将其涂在无名指指甲上。涂的时候只需要分开位置随意涂两笔即可，避免满涂。

step 05

用干净的圆头美甲笔蘸取一点小布透明胶S801，将其涂在无名指指甲上。涂的时候注意避开小布透明胶S802所涂位置，并呈对角线布局。

step 06

用圆头美甲笔蘸取一点彦雨秀YAM 004，将其涂在之前两种颜色的交接处和边缘，在甲面上呈三角形分布。然后用干净的圆头美甲笔晕染开这几种颜色。

step 07

用干净的笔蘸取少许马宝胶002，将其涂在无名指指甲上颜色比较深的地方，让颜色晕染得更均匀。在小指指甲上涂第3层小布透明胶S802，并照灯固化30秒。用平头美甲笔在中指指甲上涂一点哈摩霓加固胶。

step 08

用拉线笔的笔尖蘸取少许哈摩霓加固胶，取出几颗直径最小的玫瑰金色金属珠子，并将其粘到甲面上，排列成一个圆圈的形状。

step 09

在小指指甲的指尖部分涂上一点转印纸专用胶，然后照灯固化60秒。

step 10

在小指指甲根部转印上长条形的激光转印纸。然后用拉线笔蘸取少许彦雨秀YAM004，将其涂在中指指甲上玫瑰金色金属珠子围成的圆圈里。

step 11

用拉线笔在小指指甲上的激光转印纸上涂一点哈摩霓加固胶。然后在小指指甲的激光转印纸中间位置放几颗玫瑰金色金属珠子，并照灯固化60秒。

step 12

在中指和小指指甲上厚涂一层哈摩霓加固胶，包裹住所有饰品并给甲面做弧度建构，然后照灯固化60秒。用拉线笔蘸取金色彩绘胶，在无名指指甲的周围进行勾边。勾边时可以随意一些，避免死板。然后照灯固化30秒。

step 13

给食指、中指、无名指和小指的指甲涂一层马苏拉封层，然后照灯固化30秒。

step 14

采用与无名指指甲底色同样的手法制作拇指指甲底色，然后给拇指指甲粘上金色金属丝。制作结束。

59

奇幻星空晕染美甲

奇幻星空晕染美甲的制作主要运用了星空元素。小小的甲面上蕴藏了一个浩瀚的宇宙，华美又闪耀。本案例是通过3种颜色的磁性胶晕染得来的，加上磁性胶本身的颜色变化，让甲面的颜色看起来极其丰富。其制作过程较简单，制作时要注意最后加入的白色尘埃带的晕染要做到又轻又薄。

使用材料与工具

01 OPI底胶
02 马苏拉封层
03 马宝万能胶
04 黑色底胶
05 安妮丝GM26
06 安妮丝GM27
07 安妮丝GM28
08 OPI GC L00
09 OPI GC T65
10 OPI HP H02
11 美甲专用清洁巾
12 清洁液
13 美甲灯
14 BORN PRETTY云锦粉1号
15 BORN PRETTY云锦粉3号
16 BORN PRETTY云锦粉5号
17 圆头美甲笔
18 极细彩绘笔
19 磁板
20 尖头镊子
21 星空贴纸

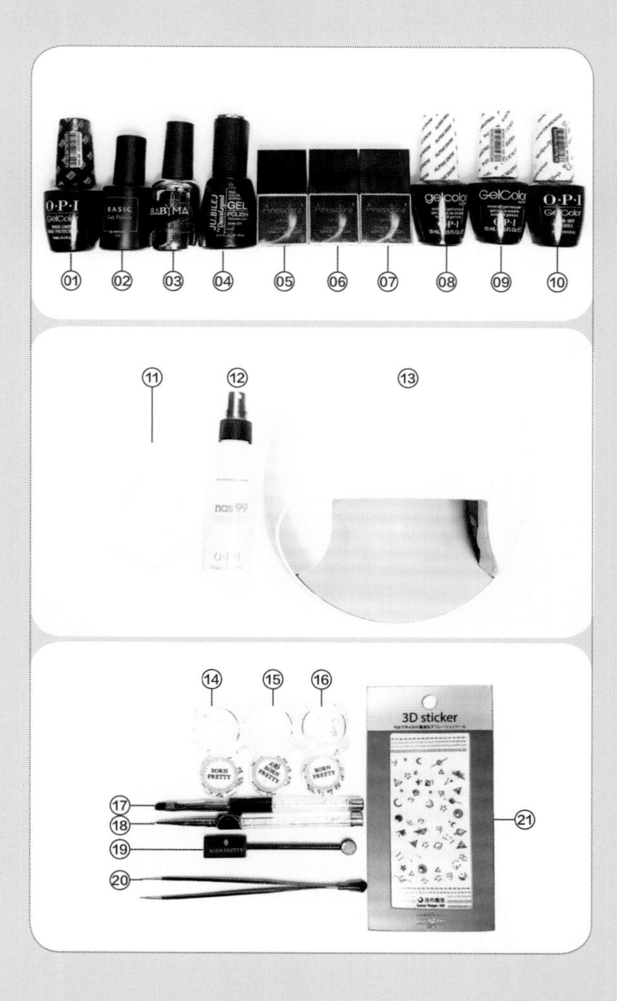

操作步骤

step 01

用美甲专用清洁巾蘸取清洁液，擦净甲面。然后给食指、中指、无名指和小指的指甲涂OPI底胶，并照灯固化30秒。

step 02

给食指和小指的指甲涂第1层OPI GC T65，给中指和无名指的指甲涂第1层黑色底胶。然后照灯固化60秒。

step 03

给食指和小指、中指和无名指的指甲涂第2层颜色，所选颜色与第1层相同，并照灯固化60秒。擦掉食指和小指指甲上的浮胶，并用尖头镊子在食指指甲上贴上蓝色星球和金色五角星的贴纸。

step 04

在小指指甲上贴上金色五角星的贴纸。然后在食指和小指的指甲上涂马苏拉封层，并照灯固化30秒。

step 05

在中指指甲上分别用安妮丝GM26、安妮丝GM27、安妮丝GM28点涂，然后用极细彩绘笔将颜色的交接部分混合晕染开，同时把颜色推到指甲边缘，覆盖整个黑色底色。

step 06

用磁板的圆头在中指指甲的周围稍微吸出磁性胶的光泽，调整到满意后照灯固化60秒。用蘸取了哈摩霓加固胶的极细彩绘笔蘸取BORN PRETTY云锦粉1号、3号和5号，粘在甲面的不同位置。

step 07

在粘好云锦粉的中指指甲上涂马苏拉封层，使之包裹云锦粉并找平甲面。然后照灯固化30秒。

step 08

在中指指甲上涂一层马宝万能胶，不要照灯。用极细彩绘笔蘸取一点OPI GC L00，将其涂在色块分开处，让白色在甲面上自然晕染开。

step 09

待白色胶在甲面散开以后，用擦干净的圆头美甲笔吸走甲面颜色鲜艳区域的白色胶，只在颜色交接处留下一点白色。然后照灯固化30秒。

提示

在进行这一步操作时，如果没有马苏拉封层，也可以用加固胶代替。

step 10

将OPI HP H02在中指指甲上轻轻扫几下，留下一点激光闪片。然后照灯固化30秒。

step 11

采用与中指指甲同样的手法晕染无名指指甲。然后给食指、中指、无名指和小指的指甲涂一层马苏拉封层，照灯固化30秒。

step 12

采用与中指指甲同样的手法制作拇指指甲。制作结束。

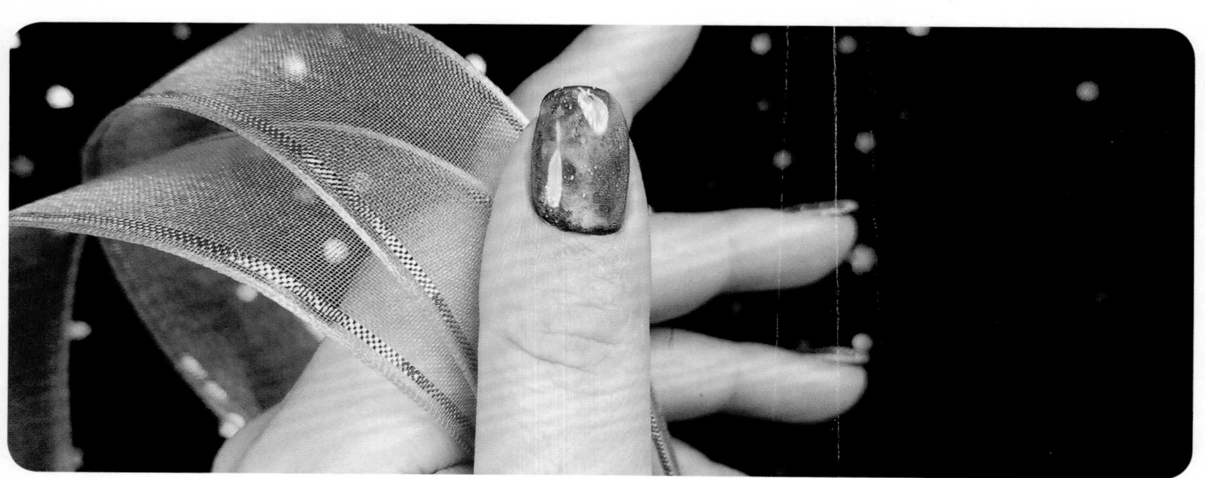

碧波湖水晕染美甲

碧波湖水晕染美甲由蔚蓝色与绿色交错渐变、自然晕染而成，晕染出的效果犹如幽深的湖水。其中，无名指指甲的颜色在金属框的衬托下更像一块温润的翡翠。这款美甲的制作主要利用晕染液，操作简单快速，但是方法和第56款大不一样。在制作时，需注意不要在甲面上堆积太多晕染液，以免其流到指缘处的缝隙里而不好清理。

使用材料与工具

01 OPI底胶
02 马苏拉封层
03 Presto磨砂封层
04 白色底胶
05 masura294-407
06 金色彩绘胶
07 白色彩绘胶
08 哈摩霓加固胶
09 黄色晕染液
10 绿色晕染液
11 湖蓝色晕染液
12 深蓝色晕染液
13 墨蓝色晕染液
14 紫色晕染液
15 美甲专用清洁巾
16 清洁液
17 美甲灯
18 金色椭圆金属框
19 金豆豆
20 金色梭形铆钉
21 金箔
22 深灰色彩箔
23 幻彩贝壳片
24 平头美甲笔
25 拉线笔
26 极细彩绘笔
27 尖头镊子

操作步骤

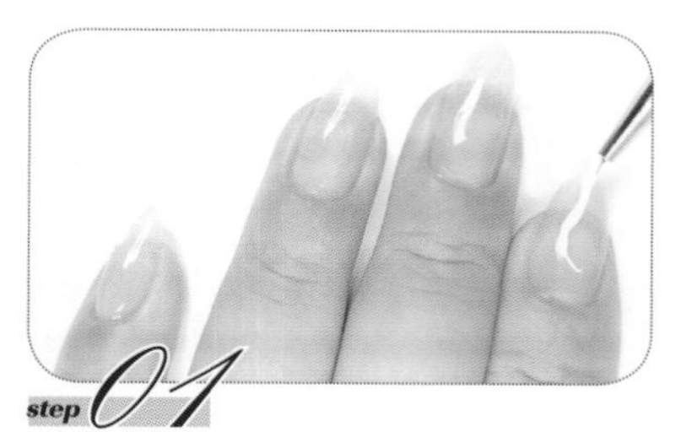

step 01

用美甲专用清洁巾蘸取清洁液，擦净甲面。然后给食指、中指、无名指和小指的指甲涂OPI底胶，并照灯固化30秒。用极细彩绘笔蘸取白色彩绘胶，在食指指甲上随意画一条线，不要照灯。

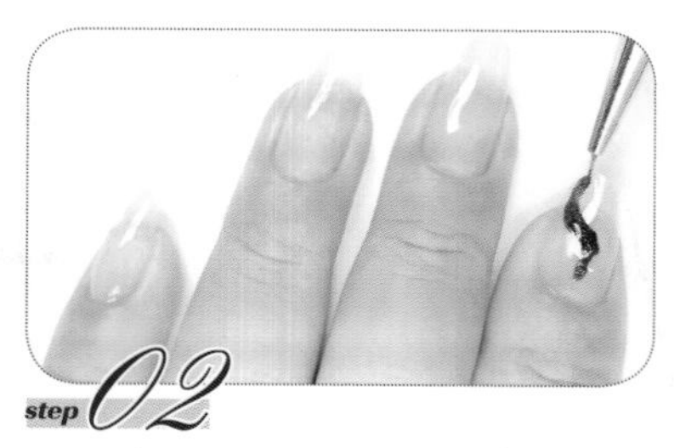

step 02

用极细彩绘笔蘸取一点masura294-407，在食指指甲上画另一条线。注意画的时候要和白色的线有交叉，不要照灯。

step 03

在食指指甲上直接涂马苏拉封层，然后用封层自带的笔刷拉动刚刚画的两种颜色，在甲面上形成一种自然的刷痕。照灯固化30秒。

提示

以上两步选用的两种胶都是延展性较强且质地较干的彩绘胶。

step 04

用平头美甲笔在食指指甲上薄涂一层哈摩霓加固胶，用尖头镊子在食指指甲上放幻彩贝壳片和深灰色彩箔，并把大片的深灰色彩箔在甲面上分离成小碎片。照灯固化60秒。

step 05

在食指指甲上厚涂一层哈摩霓加固胶，包裹饰品并给甲面做弧度建构，然后照灯固化60秒。擦掉浮胶，检查幻彩贝壳片的边角是否完全被哈摩霓加固胶包裹。然后在食指指甲上涂马苏拉封层并照灯固化30秒。

step 06

采用与食指指甲同样的手法制作小指指甲。然后在中指指甲上涂白色底胶，并照灯固化60秒。再在中指甲面上涂一层Presto磨砂封层。照灯固化30秒。

step 07

擦掉中指指甲上的浮胶。蘸取湖蓝色晕染液，将其点在甲面上。再蘸取多一些深蓝色的晕染液，将其点在甲面上。使两种颜色自然混合。

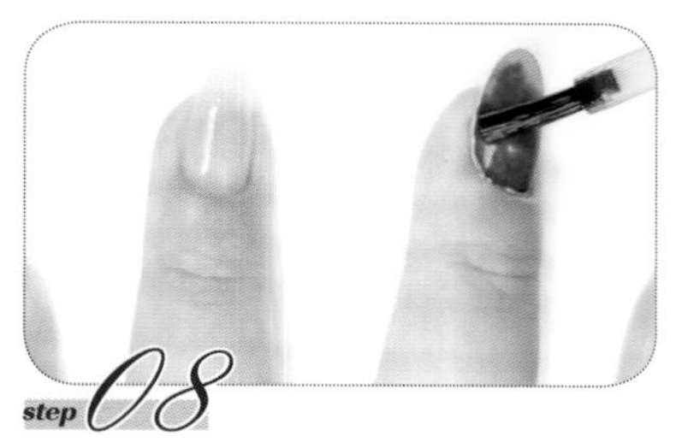

step 08

在甲面中心处点墨蓝色晕染液和紫色晕染液，在甲面边缘处点一些紫色晕染液，在紫色和蓝色交接的地方点一些深蓝色晕染液，在甲面空隙处点深蓝色晕染液。

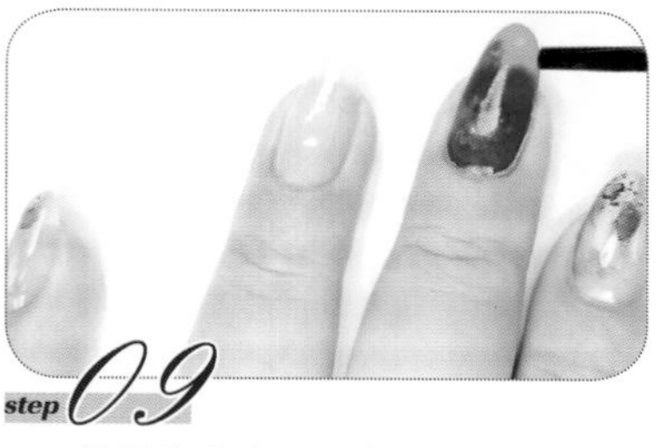

step 09

待晕染液稍干后会发现颜色变淡。此时蘸取紫色晕染液，将其点在甲面中心的蓝色区域，以加深颜色。蘸取绿色晕染液，将其点在指尖位置。

提示

在靠近甲面边缘的地方点上晕染液时，要尽量覆盖所有白色的打底色。实在覆盖不到的暂时不管，以免晕染液太多，流到指缘上不好清理。

step 10

在甲面颜色浅的区域点上绿色晕染液，做出湖中小岛的效果。然后用深蓝色晕染液加深颜色，同时调整甲面的边缘，尽量覆盖所有白色。

step 11

绿色晕染液点上后被蓝色晕染液融合成浅蓝色。此时蘸取黄色晕染液，将其点在甲面中心的浅色区域，甲面上的颜色会变成草绿色。

step 12

在指尖的绿色区域点上一些黄色晕染液。然后在黄色晕染液和深蓝色晕染液的交接处点上湖蓝色晕染液。

step 13

整个甲面的颜色都来自晕染液的混合。颜色混合到满意的样子后，需要稍长一点的时间等干。我们可以利用这段时间制作无名指指甲。

step 14

用平头美甲笔给无名指指甲薄涂一层哈摩霓加固胶，用尖头镊子在无名指指甲上放金色椭圆金属框、金色梭形铆钉和金豆豆，将它们组合成宝石框的样子。然后照灯固化60秒。

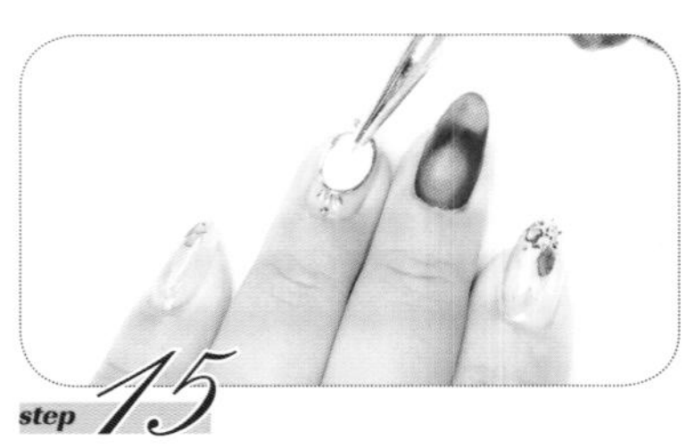

step 15

用平头美甲笔给无名指指甲薄涂一层哈摩霓加固胶，使之包裹饰品。照灯固化60秒。用极细彩绘笔蘸取白色底胶，将其涂在无名指指甲上金色椭圆金属框内。照灯固化60秒。

step 16

用极细彩绘笔蘸取Presto磨砂封层，将其涂在无名指指甲金色椭圆金属框内的白色底胶上。照灯固化30秒。擦掉无名指指甲金色椭圆金属框内白色区域的浮胶，点上湖蓝色晕染液。

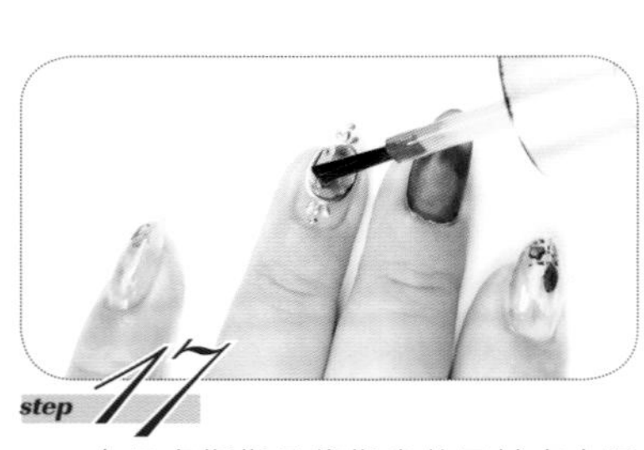

step 17

在无名指指甲偏指尖的区域点上深蓝色晕染液、紫色晕染液、绿色晕染液，然后在边缘处点上湖蓝色晕染液做融合。

step 18

加深绿色区域的颜色，然后在绿色区域点上少量的黄色晕染液，再点上深蓝色晕染液，以加深蓝色区域。

step 19

此时，中指指甲上的晕染液基本干透，给中指指甲涂一层马苏拉封层，保护好晕染好的图案。然后照灯固化30秒。

step 20

用拉线笔蘸取一些金色彩绘胶，在中指指甲随意勾个边。勾的时候不要太死板，宽度不用一致。但是要注意，晕染液颜色没有覆盖住的白色底色区域一定要勾上金边。然后照灯固化30秒。

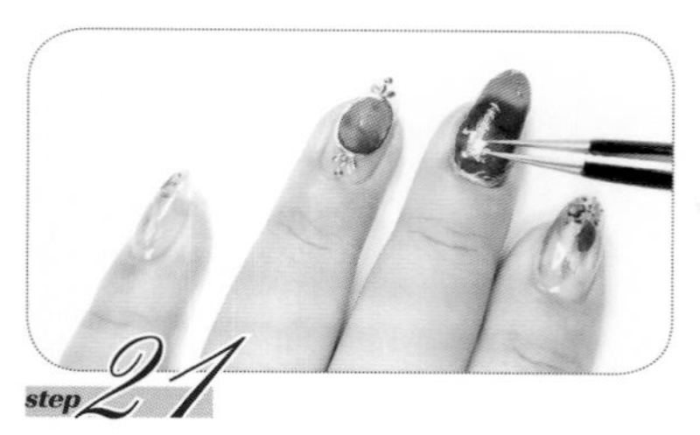

step 21

用平头美甲笔给中指指甲厚涂一层哈摩霓加固胶，找平甲面并照灯固化60秒。用尖头镊子利用浮胶在甲面的绿色区域粘上金箔。

step 22

给中指指甲涂一层哈摩霓加固胶，并照灯固化60秒。然后给中指指甲涂一层马苏拉封层，并照灯固化30秒。

step 23

用极细彩绘笔蘸取一滴哈摩霓加固胶，将其点在无名指指甲的晕染图案上。注意要分两次堆积哈摩霓加固胶，做成立体的宝石状。两次都要分别照灯固化60秒。

step 24

给无名指指甲涂马苏拉封层，然后照灯固化30秒。

step 25

采用与中指指甲同样的手法制作拇指指甲。制作结束。

61

消融冰川晕染美甲

消融冰川晕染美甲的制作方式是薄涂叠色，尽量用淡淡的颜色表现出甲面的丰富层次，清浅大地色系的配色和古铜金色的金属拉线与初春冰川上的裂痕意境相契合。本案例值得注意的是白色胶和万能胶的组合晕染。这种方法相比原始晕染方法要简单许多，新手通过练习能很快掌握。

扫码观看视频

使用材料与工具

01 OPI底胶
02 马苏拉封层
03 马宝万能胶
04 OPI GC L00
05 CND SHELLAC #90709
06 masura294-410
07 masura294-391
08 masura294-384
09 哈摩霓加固胶
10 粘钻胶
11 马宝胶Z102
12 马宝胶S354
13 马宝金属拉线胶M02
14 美甲专用清洁巾
15 清洁液
16 美甲灯
17 蓝色丝线
18 幻彩贝壳片
19 白色大贝壳片
20 BORN PRETTY云锦粉3号
21 红色偏光彩金箔
22 异形珍珠
23 玫瑰金色金属珠子
24 调色盘
25 圆头美甲笔
26 拉线笔
27 尖头镊子

操作步骤

step 01

用美甲专用清洁巾蘸取清洁液，擦净甲面。然后给食指、中指、无名指和小指的指甲涂OPI底胶，并照灯固化30秒。

step 02

用圆头美甲笔蘸取masura294-384，满涂食指指甲，注意涂薄薄一层即可。用圆头美甲笔蘸取少许马宝胶S354，呈S形走位涂在中指指甲上，注意不要满涂。

step 03

用干净的圆头美甲笔蘸取少许masura 294-410，呈S形走位涂在无名指指甲上，注意不要满涂，涂刷方向和中指指甲涂刷方向有所区分。

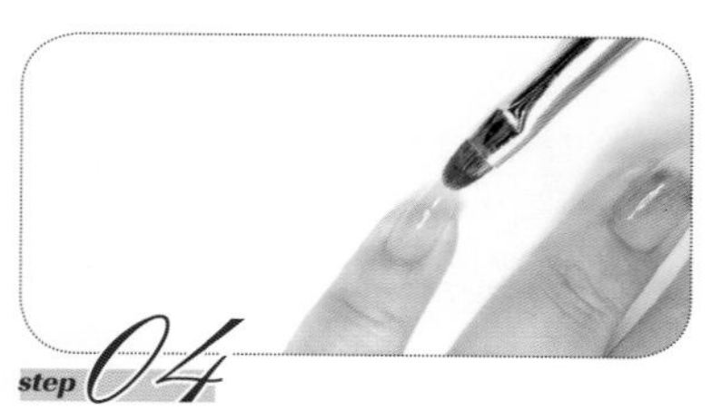

step 04

用干净的圆头美甲笔蘸取少许masura 294-391，涂在小指指甲的中心位置，周围稍微晕染开，做出一些渐变效果。将小指、无名指、中指和食指的指甲一起照灯固化30秒。

step 05

用干净的圆头美甲笔蘸取少许马宝胶Z102，满涂在食指指甲上。然后用干净的圆头美甲笔蘸取少许masura294-384，涂在中指指甲的空白区域，避免满涂并使其与马宝胶S354有所交叠。

step 06

用圆头美甲笔蘸取少许masura 294-384，涂在无名指指甲的空白区域，使其和masura294-410有少许交叠，同时注意留白，避免满涂。

step 07

用干净的圆头美甲笔蘸取少许马宝万能胶，薄薄地涂在小指指甲上，然后点上少许OPI GC L00，看情况晕染颜色。将小指、无名指、中指和食指的指甲一起照灯固化30秒。

step 08

在食指指甲上叠涂一层CND SHELLAC #90709。利用浮胶在中指指甲上错落地粘一些BORN PRETTY云锦粉3号，然后薄薄地涂一层哈摩霓加固胶。

step 09

用圆头美甲笔先蘸取少许masura 294-384，给无名指指甲加深颜色。再蘸取少许masura294-410，在颜色交接处涂几下，让两种颜色交接的地方过渡自然。

step 10

在小指指甲上利用浮胶粘上BORN PRETTY云锦粉3号，错落地粘少许即可。然后在粘上云锦粉3号的小指指甲上薄薄地涂一层哈摩霓加固胶。将小指、无名指、中指和食指的指甲一起照灯固化60秒。

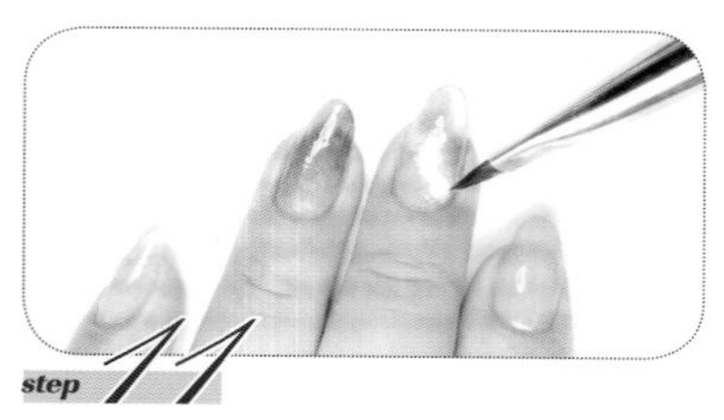

step 11

在中指指甲上涂一层马宝万能胶，呈S形走位点上OPI GC L00，白色胶会自然晕开。可以用圆头美甲笔辅助晕染，使之达到理想效果。

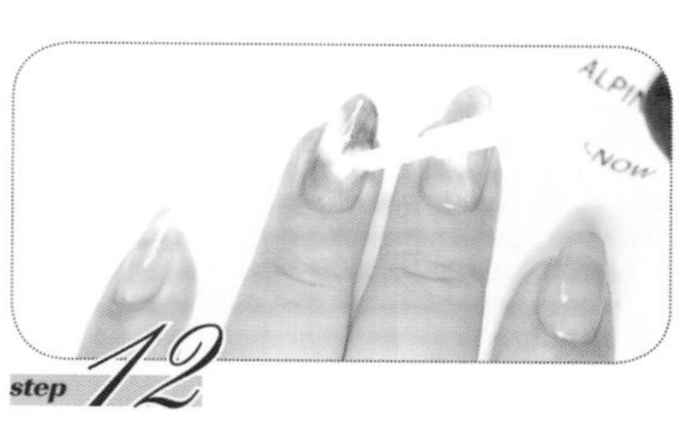

step 12

在无名指指甲上涂马宝万能胶，然后点上OPI GC L00。

step 13

如果白色胶的量太多，可以用圆头美甲笔吸走多余的白色胶，再添加少许马宝万能胶，让剩余的白色更自然地晕染开。如果白色胶不够，可以再次添加白色胶进行晕染，直至效果理想。然后照灯固化30秒。

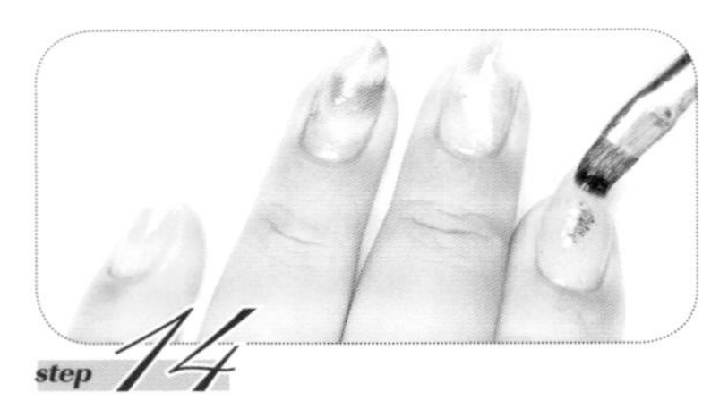

step 14

用色胶的浮胶在食指指甲中心位置粘上一大片红色偏光彩金箔，然后在无名指指甲上错落地放小片的红色偏光彩金箔，并用圆头美甲笔给食指指甲薄涂一层哈摩霓加固胶。

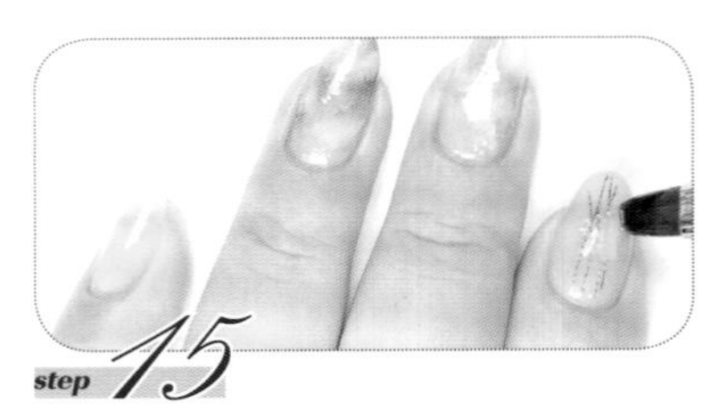

step 15

在食指指甲上放几根蓝色丝线和一块白色大贝壳片，并单独将食指指甲照灯固化60秒。在食指指甲上厚涂一层哈摩霓加固胶，包裹所有饰品并给甲面做弧度建构。然后照灯固化60秒。

提示

在万能胶上点白色胶做烟雾或云层的效果是非常方便的。这里万能胶无可替代，而白色胶笔者用的是OPI GC L00。在实际操作中，大家可以用其他品牌的质地比较稀的瓶装白色胶代替使用。

step 16

在中指指甲上涂一层哈摩霓加固胶，不要照灯。用拉线笔蘸取马宝金属拉线胶M02，在中指指甲上画线，表现出冰川的裂纹效果。然后单独将中指指甲照灯固化60秒。

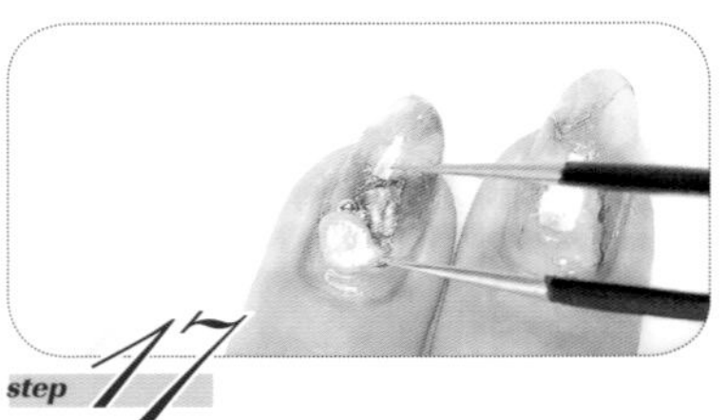

step 17

在无名指指甲的根部涂一大块粘钻胶，用尖头镊子在粘钻胶上放一片稍大的幻彩贝壳片和一颗异形珍珠，并在异形珍珠的旁边放几颗大小不一的玫瑰金色金属珠子，将无名指指甲单独照灯固化30秒。

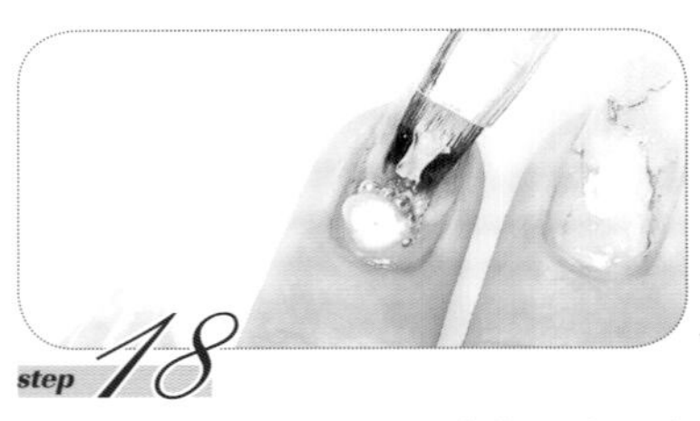

step 18

用圆头美甲笔在无名指指甲上厚涂一层哈摩霓加固胶，使其包裹所有饰品并给甲面做弧度建构。然后将无名指指甲单独照灯固化60秒。

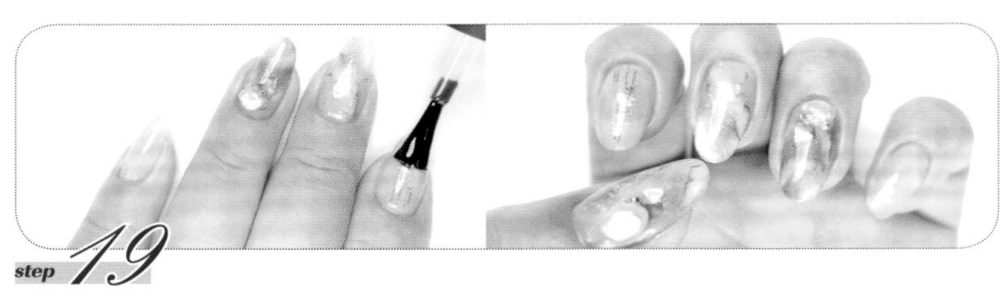

step 19

给食指、中指、无名指和小指的指甲涂一层马苏拉封层，并照灯固化30秒。采用与中指指甲的底色同样的手法制作拇指指甲的底色，然后粘上异形珍珠等饰品。制作结束。

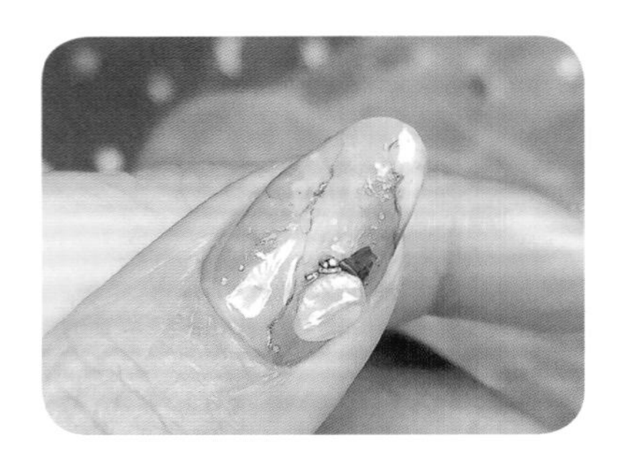

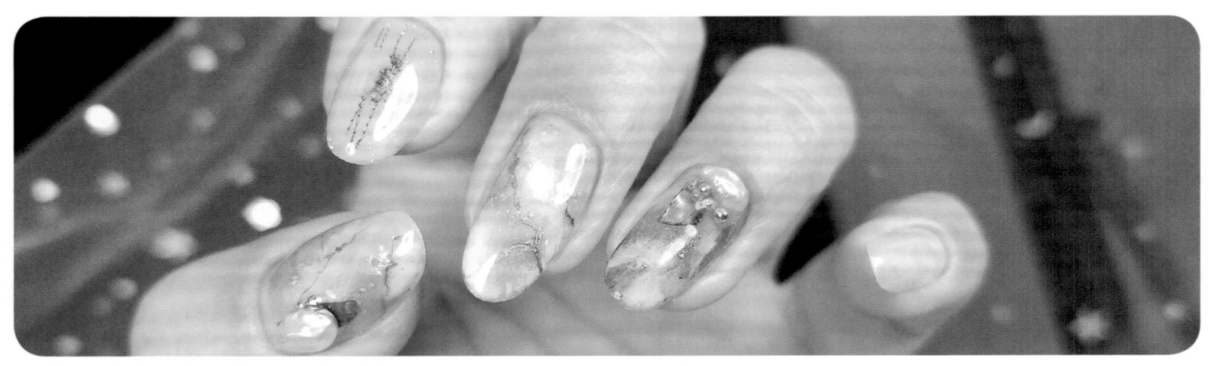

Manicure

第9章 粉的运用系列

进阶篇

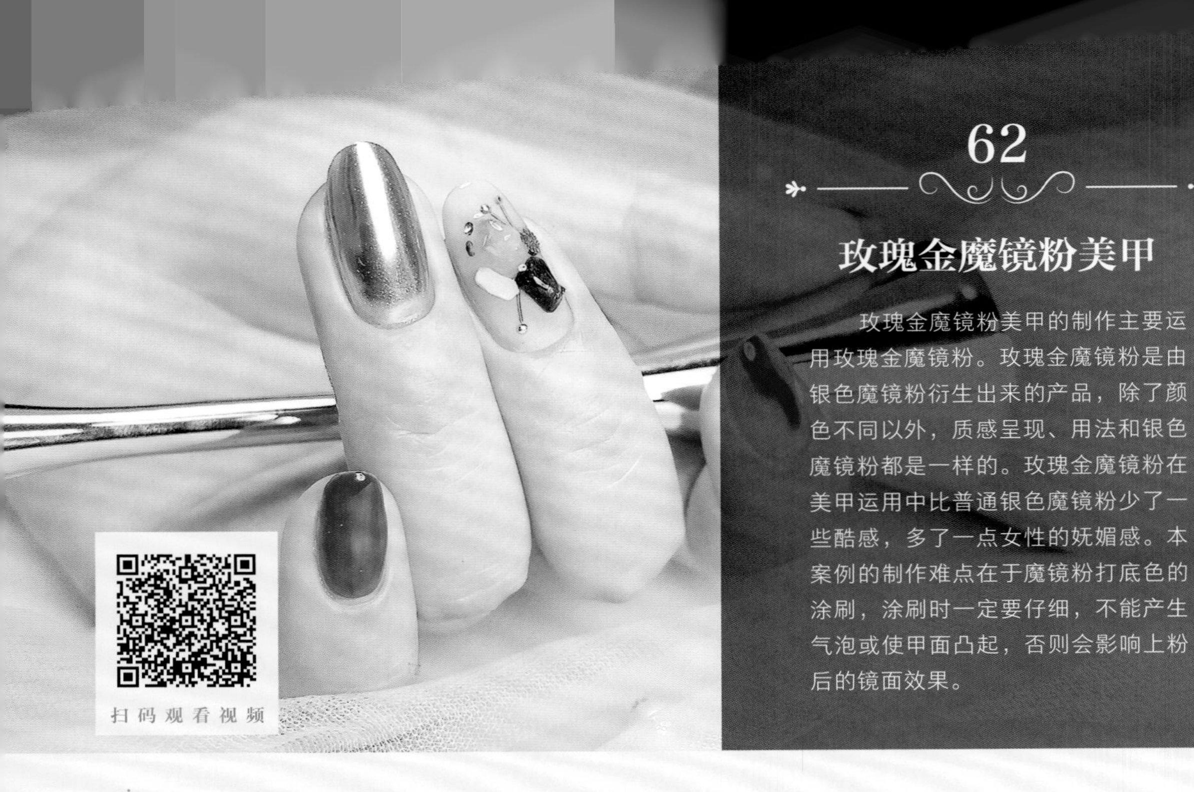

62

玫瑰金魔镜粉美甲

玫瑰金魔镜粉美甲的制作主要运用玫瑰金魔镜粉。玫瑰金魔镜粉是由银色魔镜粉衍生出来的产品，除了颜色不同以外，质感呈现、用法和银色魔镜粉都是一样的。玫瑰金魔镜粉在美甲运用中比普通银色魔镜粉少了一些酷感，多了一点女性的妩媚感。本案例的制作难点在于魔镜粉打底色的涂刷，涂刷时一定要仔细，不能产生气泡或使甲面凸起，否则会影响上粉后的镜面效果。

使用材料与工具

01 OPI底胶
02 Ratex免洗封层
03 彦雨秀YA074
04 彦雨秀YA016
05 OPI HP J08
06 粘钻胶
07 masura294-384
08 哈摩霓加固胶
09 美甲专用清洁巾
10 清洁液
11 美甲灯
12 BORN PRETTY云锦粉3号
13 玫瑰金魔镜粉
14 红色偏光彩金箔
15 白色石头
16 水晶石头
17 金豆豆
18 金色螺纹铆钉
19 幻彩尖底小钻
20 黑色石头
21 金色金属丝
22 粉尘刷
23 搅拌棒
24 平头美甲笔
25 圆头美甲笔
26 硅胶笔
27 尖头镊子
28 调色盘

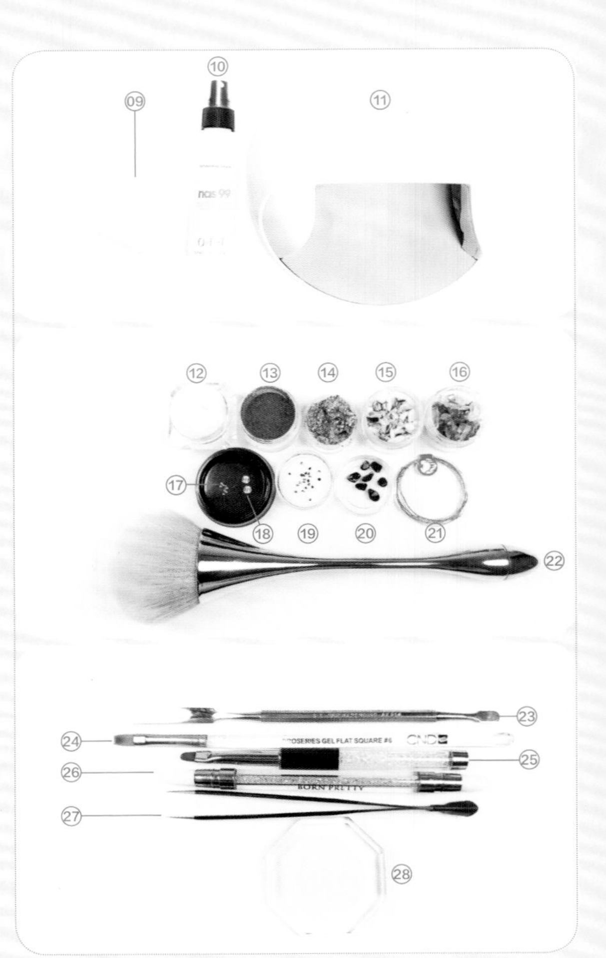

操作步骤

step 01

用美甲专用清洁巾蘸取清洁液，擦净甲面。然后给食指、中指、无名指和小指的指甲涂OPI底胶，并照灯固化30秒。

step 02

蘸取少许OPI HP J08，在食指指甲上随意涂一笔。然后在调色盘上蘸取少许masura 294-384和哈摩霓加固胶调成透灰色的混合物，再涂在中指指甲上。给无名指指甲涂一层Ratex免洗封层，给小指指甲涂第1层彦雨秀YA074。照灯固化30秒。

step 03

蘸取适量OPI HP J08(先在瓶口刮掉一些胶，并在干净的美甲专用清洁巾上擦掉更多的胶)，涂在食指指甲上已有色块的周围。由于笔刷上的胶很少，因此轻涂几笔就可以表现出层次感。

提示

与各种粉搭配时必须使用免洗封层，而不能使用擦洗封层。因为这类又细又轻的粉都是通过静电的吸附原理覆盖在甲面上的，擦洗封层有浮胶，擦掉浮胶后就没有静电了。同时注意，在将免洗封层照灯后，一定不能有任何东西与之触碰，不然会影响粉末的吸附效果。

step 04

瓶装胶的笔刷不方便控制，画出的划痕可能不自然。这时候可以用平头美甲笔轻涂几下，让颜色过渡自然。用圆头美甲笔给中指指甲涂第2层透灰色。

step 05

在小指指甲上叠涂一层彦雨秀YA016，并照灯固化30秒。然后用硅胶笔蘸取少许玫瑰金魔镜粉，涂在无名指指甲上。涂的时候注意指甲根部和指尖的处理。

step 06

检查并确认无名指指甲上所有地方都涂到玫瑰金魔镜粉。用粉尘刷刷去多余的浮粉，然后给食指、无名指、小指的指甲涂Ratex免洗封层。照灯固化30秒。

提示

玫瑰金魔镜粉显色度高、颗粒较细，因此在涂之前无须打底。如果粉的颗粒较粗，抹上能看见底色，而且会根据底色的颜色变化而变化，则需要打底。

step 07

用搅拌棒蘸取一大块粘钻胶，放在中指指甲上。然后用尖头镊子在中指指甲上放了粘钻胶的地方放1颗水晶石头、1颗黑色石头、1颗白色石头、1颗金色螺纹铆钉，以及2个幻彩尖底小钻、3段金色金属丝和3颗金豆豆。照灯固化30秒。

step 08

在中指指甲上厚涂一层哈摩霓加固胶，包裹所有饰品并做好甲面弧度建构，然后照灯固化60秒。给中指指甲涂一层Ratex免洗封层，并照灯固化30秒。

step 09

采用与第58款美甲的无名指指甲差不多的手法制作拇指指甲，注意上色晕染用到了彦雨秀YA016和彦雨秀YA074。晕染后给甲面粘上少许BORN PRETTY云锦粉3号和红色偏光彩金箔，这样制作与本款美甲整体更搭配。制作结束。

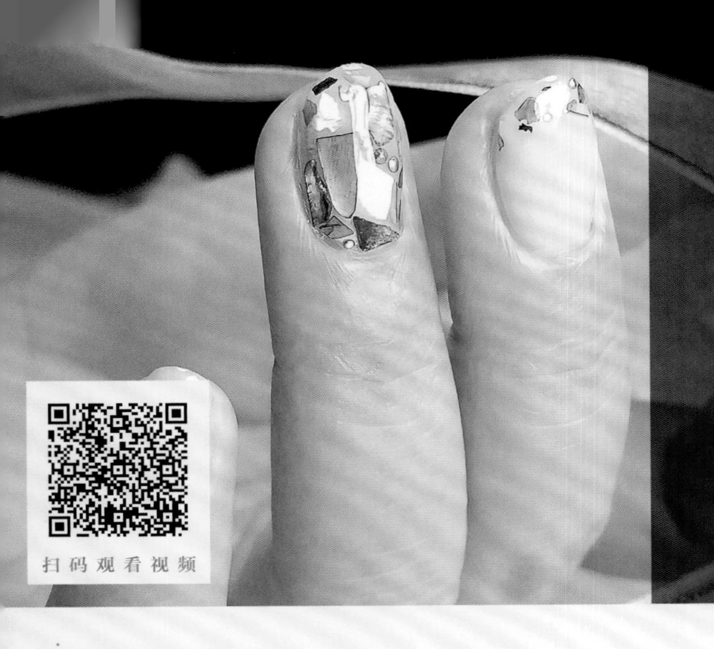

独角兽霓虹粉美甲

独角兽霓虹粉美甲的制作主要运用独角兽霓虹粉。独角兽霓虹粉也称贝壳粉或人鱼粉，是一种带珍珠光泽的偏光粉。独角兽霓虹粉呈现一种高光效果，抹在不同底色的甲面上能透出不同的高光色，给人一种梦幻般的感觉。这类粉分很多种颜色，本案例展示的是紫色款，在白色底色上显示粉色高光，在黑色底色上显示紫色高光。在制作这款美甲时要注意打底色的涂刷。

使用材料与工具

01 OPI底胶
02 Ratex免洗封层
03 OPI GC T65
04 粘钻胶
05 哈摩霓加固胶
06 美甲专用清洁巾
07 清洁液
08 美甲灯
09 灰色贝壳片
10 蓝色厚贝壳片
11 白色小贝壳片
12 BORN PRETTY独角兽粉BJ15号
13 幻彩贝壳片
14 半圆珍珠
15 金豆豆
16 金色金属丝
17 平头美甲笔
18 硅胶笔
19 小号粉尘刷
20 尖头镊子
21 榉木棒
22 甲面打磨砂条

操作步骤

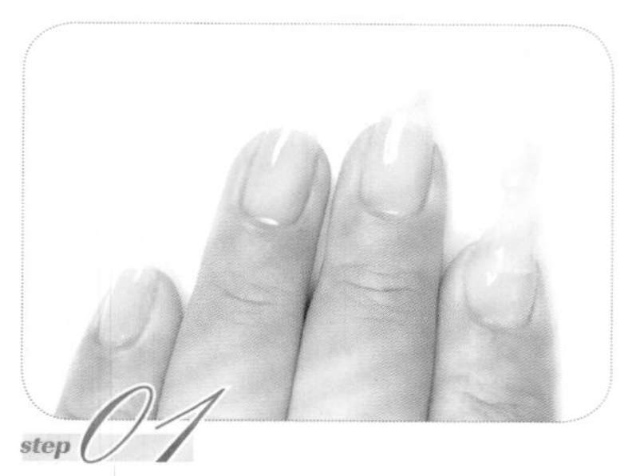

step 01

用美甲专用清洁巾蘸取清洁液，擦净甲面。然后给食指、中指、无名指和小指的指甲涂OPI底胶并照灯固化30秒。给食指、中指、无名指和小指的指甲涂第1层OPI GC T65，并照灯固化30秒。

step 02

给食指、中指和小指的指甲涂第2层OPI GC T65。然后给无名指指甲涂上粘钻胶，用尖头镊子放上各种贝壳片、金豆豆和金色金属丝。照灯固化30秒。

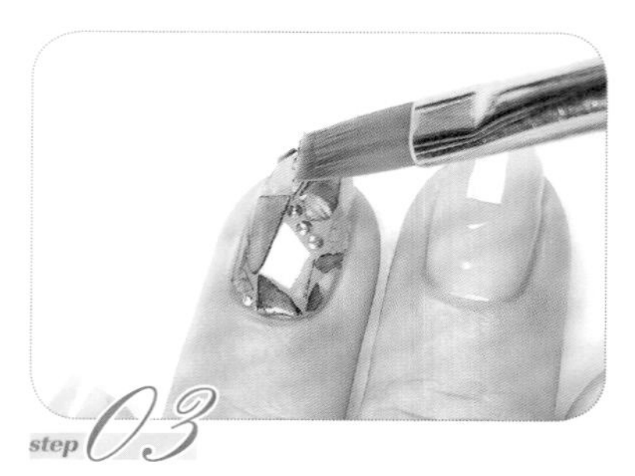

step 03

给食指、中指和小指的指甲涂第3层OPI GC T65。然后用平头美甲笔在无名指指甲的饰品上厚涂一层哈摩霓加固胶，包裹所有饰品并给甲面做弧度建构。照灯固化60秒。

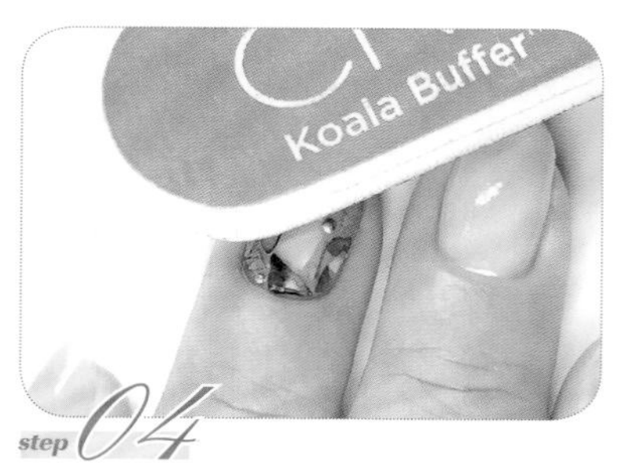

step 04

擦掉无名指指甲上的浮胶。用甲面打磨砂条对没有包裹好的贝壳片边角进行打磨，让甲面保持平整。打磨完成后，用蘸有清洁液的美甲专用清洁巾擦净甲面。

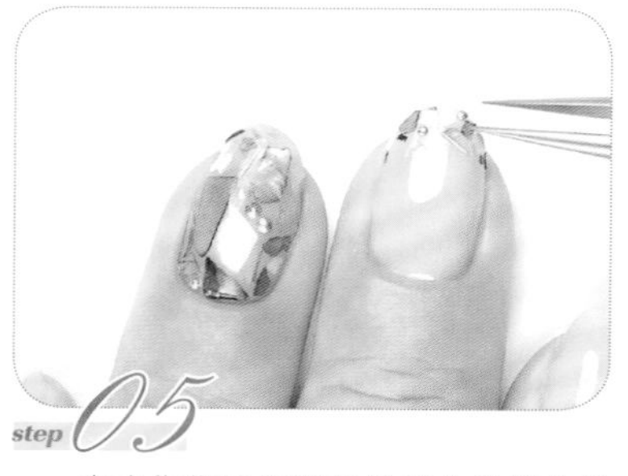

step 05

在中指指甲的微笑线以上用榉木棒涂上粘钻胶，用尖头镊子放上各种贝壳片、金豆豆和金色金属丝，并将饰品排列成法式美甲的造型。照灯固化30秒。

step 06

给中指指甲厚涂一层哈摩霓加固胶，包裹所有饰品并给甲面做弧度建构，并照灯固化60秒。擦掉浮胶，用甲面打磨砂条对中指指甲上没有包裹好的贝壳片边角进行打磨，然后擦净甲面。

step 07

给食指和小指的指甲涂Ratex免洗封层并照灯固化30秒。用硅胶笔蘸取少许BORN PRETTY独角兽粉BJ15号，涂在食指和小指的指甲上，并用小号粉尘刷轻轻地刷掉浮粉。

step 08

给食指、中指、无名指和小指的指甲涂一层Ratex免洗封层，并照灯固化30秒。

step 09

采用与食指、小指的指甲底色同样的手法制作拇指指甲底色，并粘上金色金属丝、金豆豆和半圆珍珠。制作结束。

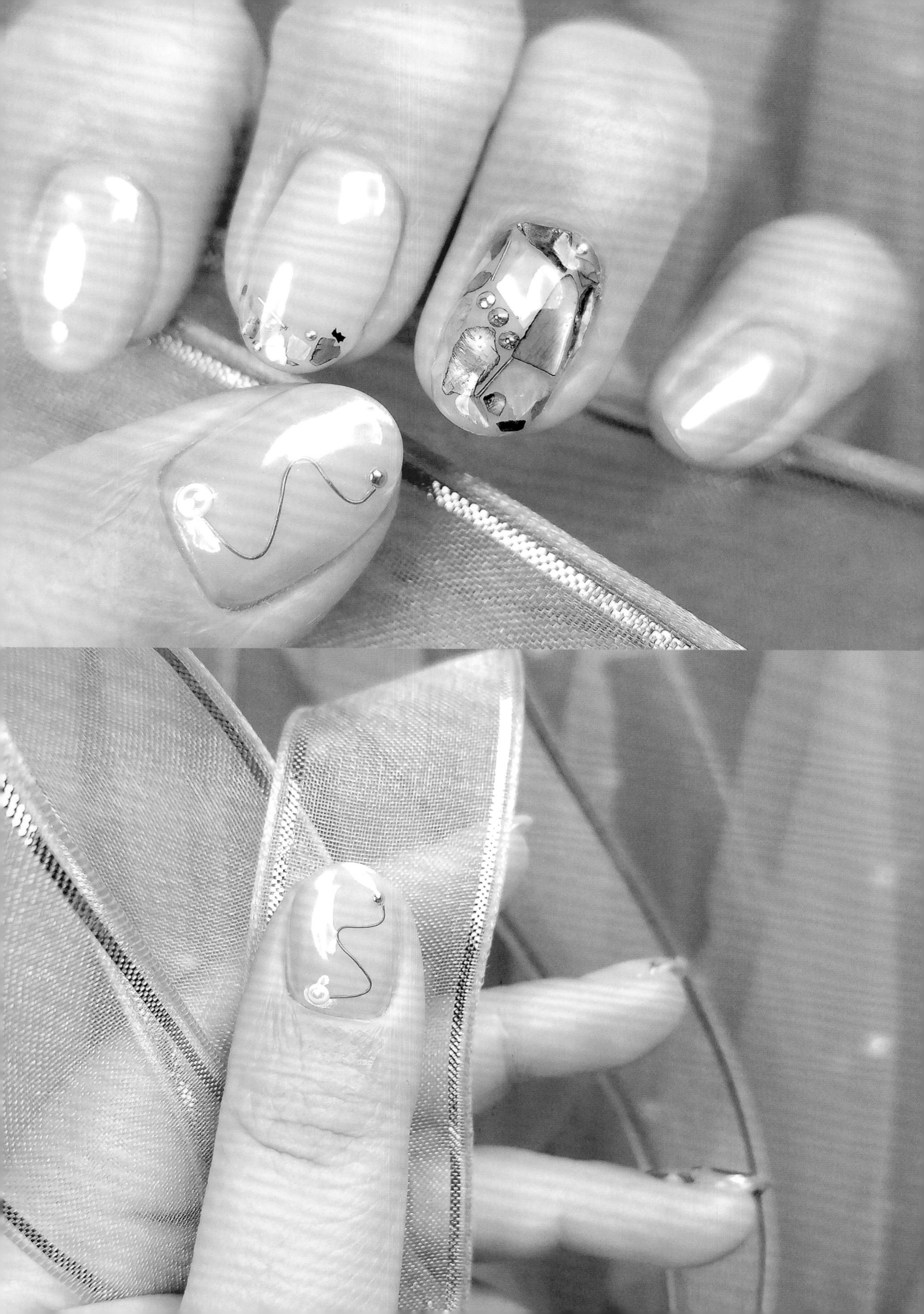

64

全息粉个性美甲

全息粉个性美甲的制作主要运用了全息粉。使用全息粉的时候通常都是先用黑色胶给整个甲面打底，然后上粉涂抹，呈现的效果非常炫酷。本案例操作和普通案例操作不同的是，本案例在打底时就表现出了丰富的颜色层次，之后再配以少量的全息粉，呈现的纹理新颖又富有个性。本案例制作简单，只需注意全息粉在涂抹时量少而轻，并且要和底色的纹理进行配合。

使用材料与工具

01 OPI底胶
02 Ratex免洗封层
03 转印纸专用胶
04 黑色底胶
05 Essie gel#5054
06 Essie gel#5037
07 黑色彩绘胶
08 白色彩绘胶
09 美甲专用清洁巾
10 清洁液
11 美甲灯
12 极光转印纸
13 OPI全息粉
14 海绵棒
15 调色盘
16 拉线笔
17 短平头笔
18 哈摩霓加固胶

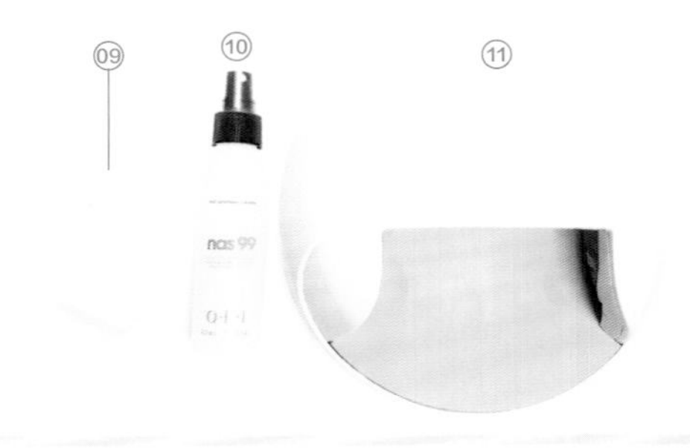

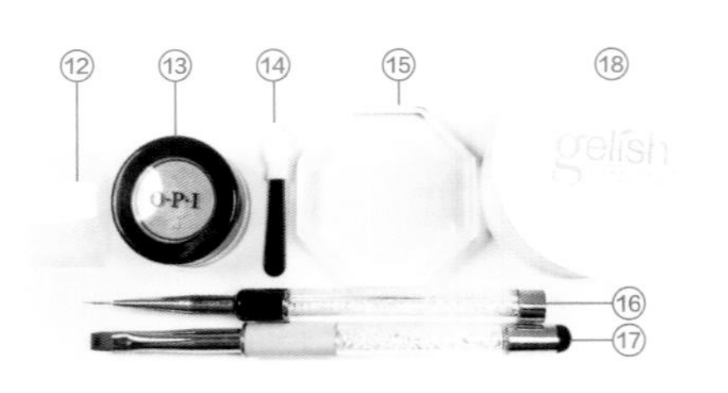

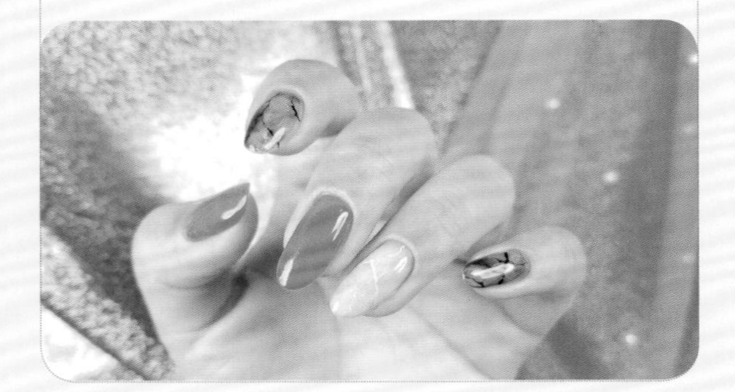

操作步骤

step 01

用美甲专用清洁巾蘸取清洁液，擦净甲面。然后给食指、中指、无名指和小指的指甲涂OPI底胶，并照灯固化30秒。

step 02

用短平头笔蘸取一滴哈摩霓加固胶和一滴黑色底胶，将其置于调色盘上，混合成透黑色胶，涂在食指和小指的指甲上。

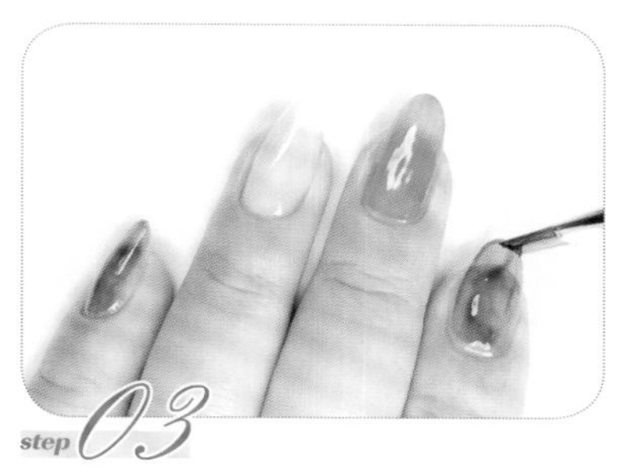

step 03

给中指指甲涂第1层Essie gel#5054，给无名指指甲涂第1层Essie gel#5037，然后照灯固化60秒。用短平头笔蘸取少许透黑色胶，随意地涂在食指和小指的指甲上，做出深浅不一的效果。

step 04

给中指和无名指的指甲涂第2层颜色，所选颜色与第1层相同，然后照灯固化60秒。擦掉食指、无名指和小指指甲上的浮胶。用拉线笔蘸取少许黑色彩绘胶，在食指和小指的指甲上画黑色石纹。

step 05

擦干净拉线笔，蘸取少许白色彩绘胶，在无名指指甲上画白色石纹。再给中指指甲涂第3层Essie gel#5054，并照灯固化30秒。

step 06

给拇指、食指、中指和小指的指甲涂上Ratex免洗封层，然后给无名指指甲涂转印纸专用胶。照灯固化30秒。

step 07

用指甲上的浮胶给无名指指甲粘上极光转印纸。转印时注意手速要快，以保证转印到无名指指甲上的极光转印纸是小面积的，同时达到丰富甲面层次的目的。

step 08

在无名指指甲上涂Ratex免洗封层，并照灯固化30秒。用OPI全息粉自带的海绵棒蘸取少许OPI全息粉，在食指、无名指和小指的指甲上错落地轻刷几下。

提示

给食指、无名指和小指的指甲做轻刷处理时，注意观察甲面的情况，针对食指和小指指甲上底色较深的地方，针对无名指指甲，注意避开转印的极光图案。

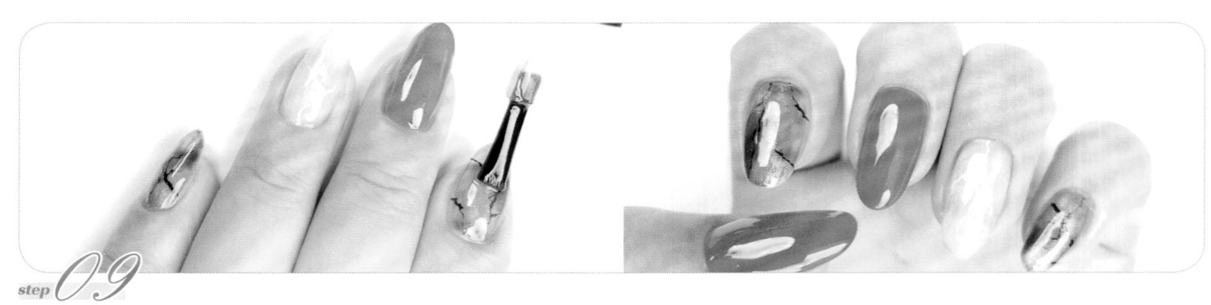

step 09

给食指、中指、无名指和小指的指甲涂一层Ratex免洗封层，并照灯固化30秒。采用与中指指甲同样的手法制作拇指指甲。制作结束。

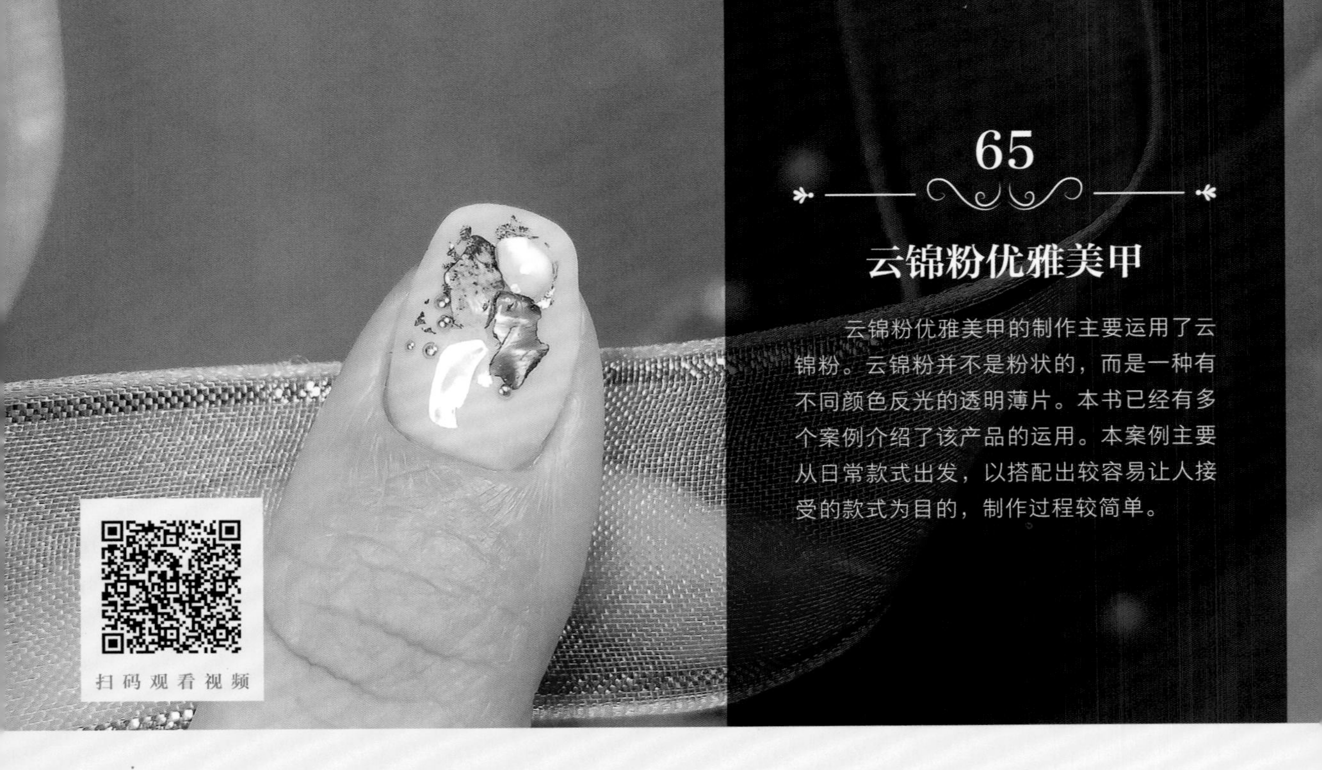

65

云锦粉优雅美甲

云锦粉优雅美甲的制作主要运用了云锦粉。云锦粉并不是粉状的，而是一种有不同颜色反光的透明薄片。本书已经有多个案例介绍了该产品的运用。本案例主要从日常款式出发，以搭配出较容易让人接受的款式为目的，制作过程较简单。

使用材料与工具

01 OPI底胶
02 马苏拉封层
03 OPI GC T65
04 OPI GC T66
05 彦雨秀YA074
06 彦雨秀YA070
07 彦雨秀YA016
08 安妮丝GB03
09 哈摩霓加固胶
10 粘钻胶
11 美甲专用清洁巾
12 清洁液
13 美甲灯
14 白色大片贝壳
15 幻彩贝壳片
16 蓝色厚贝壳片
17 水晶石头
18 BORN PRETTY云锦粉5号
19 红色偏光彩金箔
20 白色石头
21 金豆豆
22 金色金属丝
23 平头美甲笔
24 极细彩绘笔
25 尖头镊子
26 榉木棒

操作步骤

step 01

用美甲专用清洁巾蘸取清洁液，擦净甲面。然后给食指、中指、无名指和小指的指甲涂OPI底胶，并照灯固化30秒。

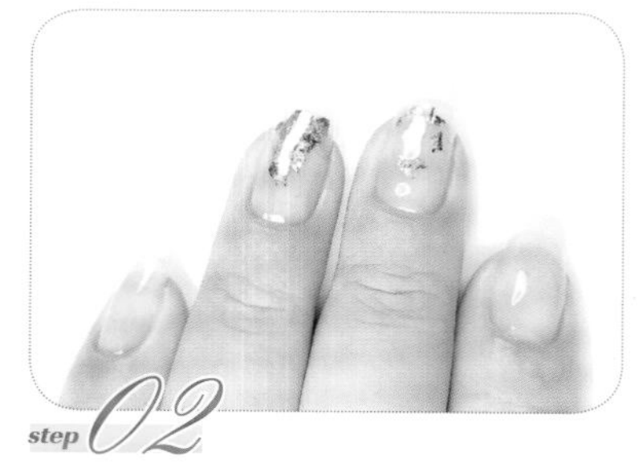

step 02

给食指和小指的指甲涂第1层OPI GC T65。用OPI底胶的浮胶，在中指指甲的指尖部分粘上小片的红色偏光彩金箔，在无名指指甲的指尖部分粘上一大片红色偏光彩金箔，并用手按压平整。然后给中指和无名指的指甲薄涂一层哈摩霓加固胶。照灯固化60秒。

step 03

给食指和小指的指甲涂第2层OPI GC T65。用甲面的浮胶给中指和无名指的指甲粘上BORN PRETTY云锦粉5号，并给中指和无名指的指甲涂一层哈摩霓加固胶，以保护云锦粉。蘸取少量彦雨秀YA074，随意地在小指甲指甲上画一笔。照灯固化60秒。

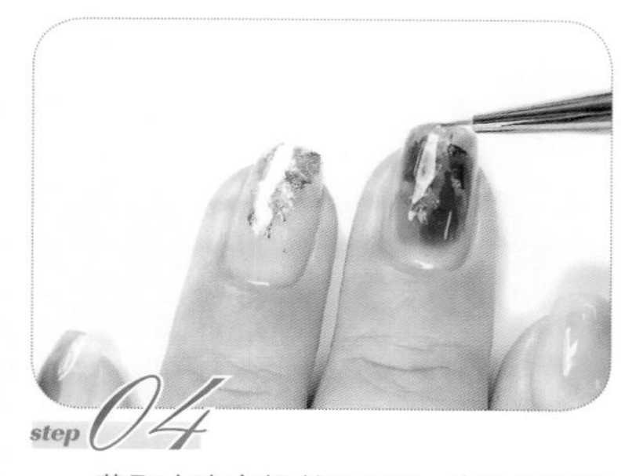

step 04

蘸取少许安妮丝GB03，在食指指甲的中间位置随意地涂两笔。然后用极细彩绘笔蘸取少许彦雨秀YA074、彦雨秀YA070和彦雨秀YA016，在中指指甲上贴有金箔和云锦粉的区域做一些简单的晕染。

step 05

用榉木棒在中指指甲上贴有金箔和云锦粉的位置涂少许粘钻胶，用尖头镊子在粘钻胶上放一个稍大的水晶石头并照灯固化30秒。

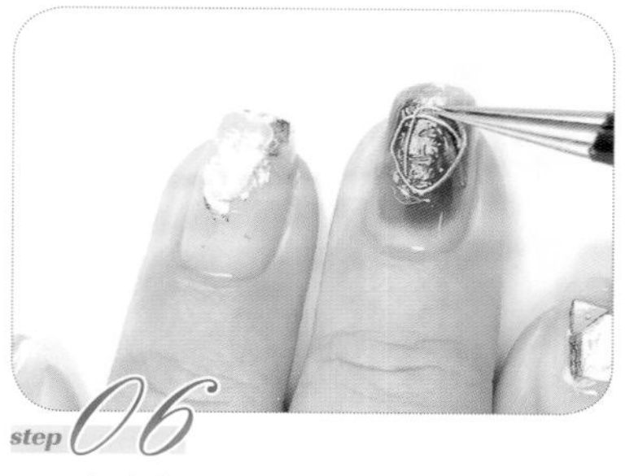

step 06

在食指和中指的指甲上涂少许粘钻胶，用尖头镊子在食指指甲上放上白色大片贝壳进行组合拼贴，再在中指指甲上放上提前找好甲面弧度的金色金属丝弯成的圈。照灯固化30秒。

提示

大量的加固胶覆盖甲面才会充分展现出云锦粉的光泽。用透明的水晶石头代替加固胶的做法能更快速地做出这种效果。

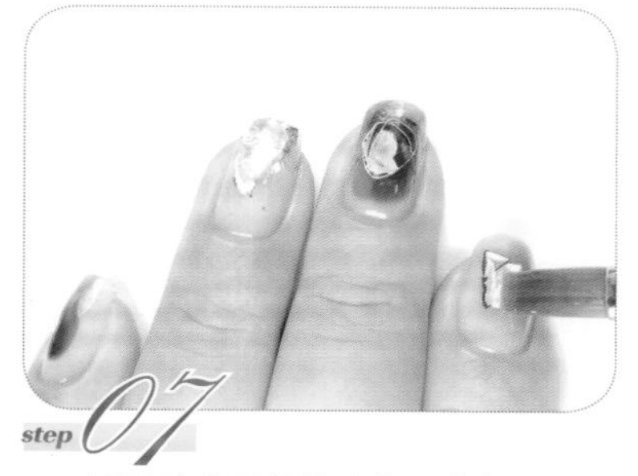

step 07

用平头美甲笔给食指、中指和无名指的指甲厚涂一层哈摩霓加固胶，包裹所有饰品并给甲面做好弧度建构。然后照灯固化60秒。

step 08

给食指、中指、无名指和小指的指甲涂一层马苏拉封层，然后照灯固化30秒。

step 09

用OPI GC T66给拇指指甲薄涂3层打底，然后粘上红色偏光彩金箔、蓝色厚贝壳片、幻彩贝壳片、白色石头和金豆豆。制作结束。

Manicure

第10章

创意系列

高阶篇

基础涂鸦美甲

基础涂鸦美甲是参考绘画初学者练习时的涂鸦作品制作的。其莫兰迪色调的色块搭配黑白色的简约线条，并以金色作为点缀，简约而自然。本案例的配色和线条的形式都是从绘画作品中提取出来的，制作难点在于线条的勾勒，需要做到干脆利落且轻松随意。

使用材料与工具

01 OPI底胶
02 马苏拉封层
03 安妮丝GAR600
04 安妮丝GD09
05 安妮丝GS20
06 OPI GC V26
07 金色彩绘胶
08 masura294-384
09 白色彩绘胶
10 黑色彩绘胶
11 哈摩霓加固胶
12 美甲专用清洁巾
13 清洁液
14 美甲灯
15 平头美甲笔
16 拉线笔
17 小肥仔笔

操作步骤

step 01

用美甲专用清洁巾蘸取清洁液，擦净甲面。然后给食指、中指、无名指和小指的指甲涂OPI底胶，并照灯固化30秒。用平头美甲笔给甲面涂一层哈摩霓加固胶，再照灯固化60秒。

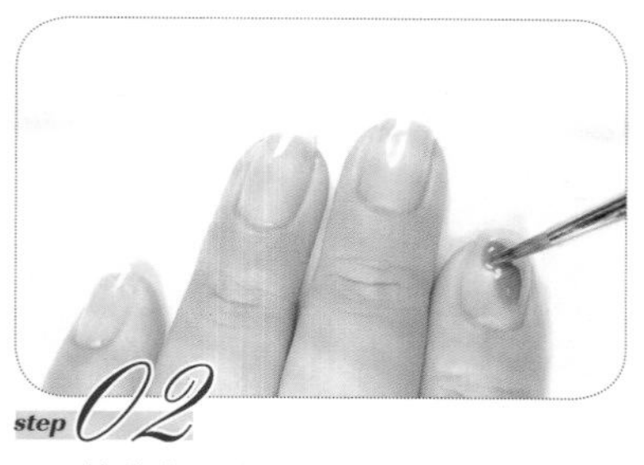

step 02

擦掉指甲上的浮胶。用小肥仔笔蘸取少许安妮丝GAR600，在食指指甲的中心位置画一个椭圆作为一片叶子，并照灯固化30秒。蘸取少许OPI GC V26，涂在椭圆旁边作为另一片叶子，并照灯固化30秒。

step 03

擦掉指甲上的浮胶。用拉线笔蘸取白色彩绘胶，画出食指指甲上叶子的叶脉和轮廓，并照灯固化30秒。用小肥仔笔蘸取少许masura294-384，以打圈的方式随意地画在中指指甲的中心位置。照灯固化30秒。

step 04

用干净的小肥仔笔蘸取少许金色彩绘胶，在中指指甲的灰色色块上画3片金色花瓣，并照灯固化30秒。用拉线笔蘸取黑色彩绘胶，给金色花瓣勾边并照灯固化30秒。

step 05

给无名指指甲点一滴马苏拉封层，不要照灯。然后用小肥仔笔蘸取少许安妮丝GD09，在甲面上和刚刚点的马苏拉封层混合。

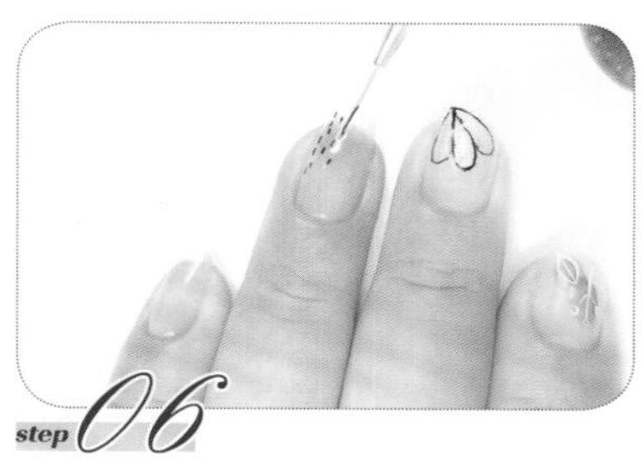

step 06

用小肥仔笔蘸取少许安妮丝GS20，点在刚刚混合好的色块边缘，确保两种颜色过渡自然。照灯固化30秒。用拉线笔蘸取黑色彩绘胶，在无名指指甲的左侧画点线，并照灯固化30秒。

提示

针对这一步操作，除了底胶以外，任意一种透明的胶都可以替代马苏拉封层进行使用。

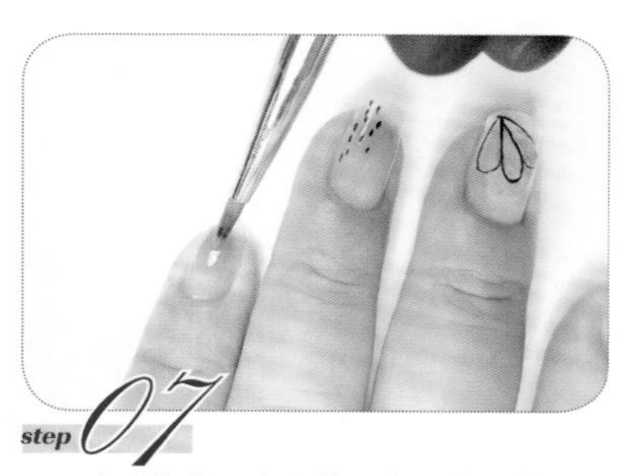

step 07

在小指指甲中心位置点一滴马苏拉封层，不要照灯。用小肥仔笔蘸取少许安妮丝GAR600，使之和小指指甲上的马苏拉封层混合。单独将小指指甲照灯固化30秒。

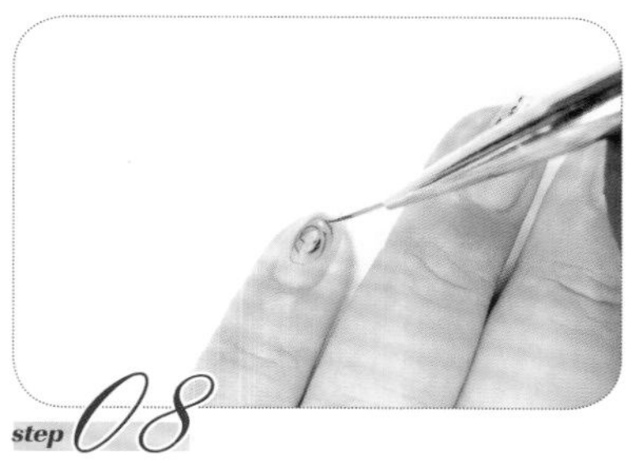

step 08

用拉线笔蘸取少许黑色彩绘胶，在小指指甲的粉色色块上画螺旋状的线。然后照灯固化30秒。

step 09

给食指、中指、无名指和小指的指甲涂一层马苏拉封层。照灯固化30秒。

提示

这一步是本案例的难点。在画线时想要做到线条流畅且自然随意，需要平日里多加练习。

step 10

用安妮丝GS20在拇指指甲中心位置画出色块。然后用黑色彩绘胶随意地画几条线，再用金色彩绘胶点几个金色的波点。制作结束。

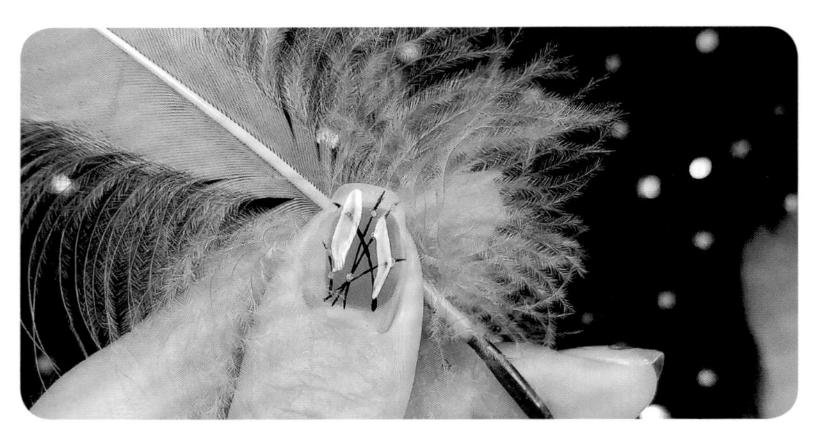

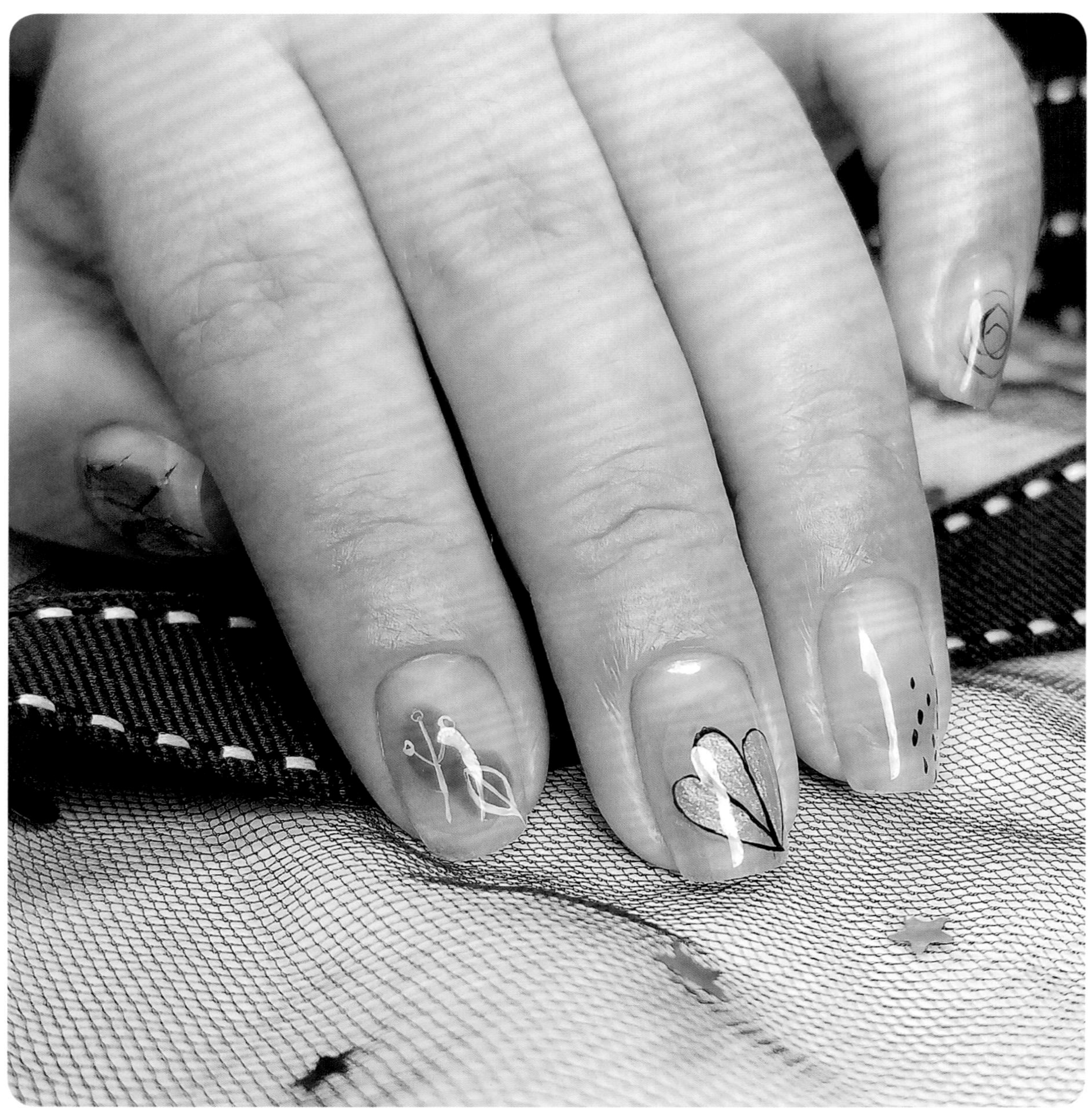

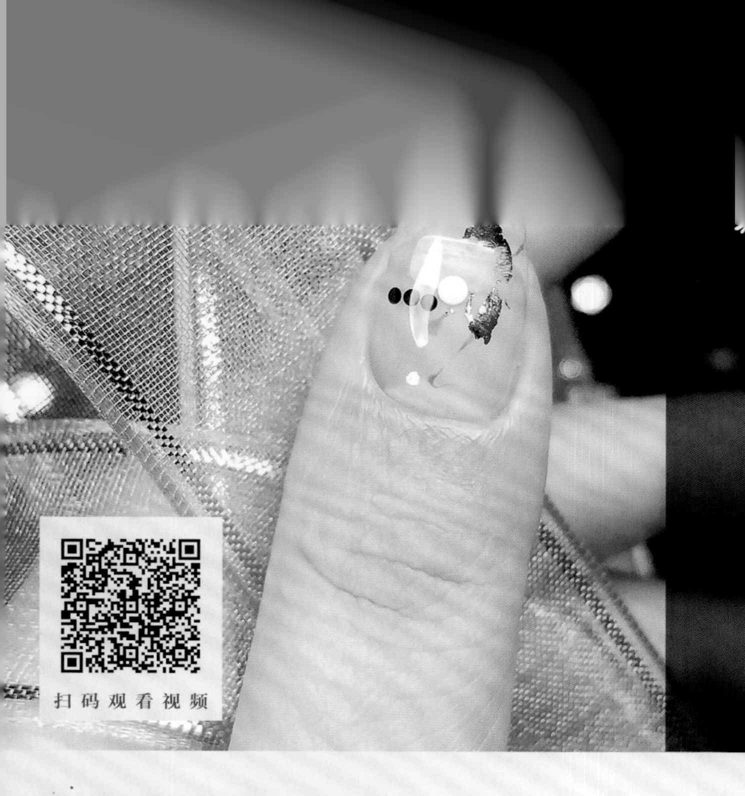

轻奢笔触美甲

轻奢笔触美甲的制作运用草书笔触元素，把恣意纵横的笔画精简成图案后呈现在甲面上。笔画图案搭配金色饰品，让整款美甲具有鲜明的时代感。本案例制作简单，基本都是各种饰品的组合搭配。制作时需要注意的是白色的大笔触和蓝色的小笔触的结合。而想要做好这一点，选对胶是关键。

使用材料与工具

01 OPI底胶
02 马苏拉封层
03 蓝色彩绘胶
04 白色彩绘胶
05 哈摩霓加固胶
06 美甲专用清洁巾
07 清洁液
08 美甲灯
09 金豆豆
10 金色瓜子形铆钉
11 蓝色丝线
12 小号圆形亮片
13 中号组合亮片
14 金色转印纸
15 平头美甲笔
16 小肥仔笔
17 拉线笔
18 极细彩绘笔
19 尖头镊子

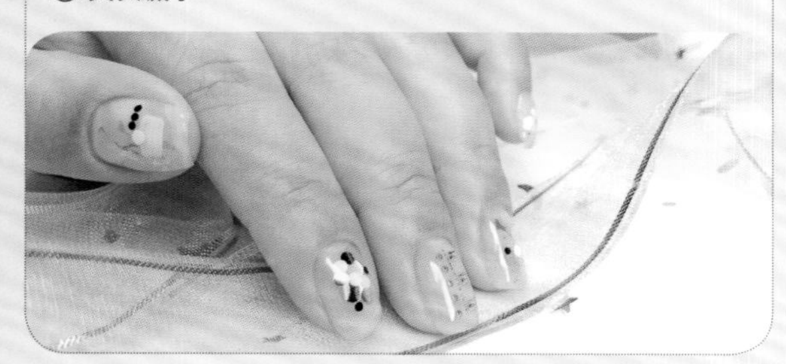

操作步骤

step 01

用美甲专用清洁巾蘸取清洁液，擦净甲面。然后给食指、中指、无名指和小指的指甲涂OPI底胶，并照灯固化30秒。用OPI底胶的浮胶将金色转印纸在无名指和小指的指甲上转印图案。用平头美甲笔给所有指甲涂一层哈摩霓加固胶。不要照灯。

step 02

用蘸有少许哈摩霓加固胶的极细彩绘笔蘸取几种大小不一的亮片，将其放在食指指甲的中心位置。注意摆的时候要将大亮片放在中心位置，小亮片放在周围，并且亮片之间可适当重叠。

step 03

用尖头镊子在中指指甲的中心位置放一段蓝色丝线，在蓝色丝线的右边放几颗金豆豆，注意距离要均匀。然后在蓝色丝线左边放上金色瓜子形铆钉，不同方向的两颗组成一组放置，一共排列3组，调整好位置并照灯固化60秒。

step 04

擦掉无名指和小指指甲上的浮胶。用小肥仔笔蘸取少许白色彩绘胶，在无名指指甲的空白区域竖向画一笔，画的时候避开金色转印纸。

step 05

在小指指甲上横向画一笔。用平头美甲笔在食指和中指的指甲上厚涂一层哈摩霓加固胶，包裹所有饰品并给甲面做弧度建构。照灯固化60秒。

step 06

用拉线笔蘸取少许蓝色彩绘胶，在无名指和小指的指甲上以点上并拖拉笔尖的方式随意画出几个点，注意点与点之间要有线条连接。照灯固化30秒。

提示

在画线前，一定要擦掉浮胶，否则笔触的边缘会不清晰，同时色胶很可能会和浮胶融合，让边缘虚化。

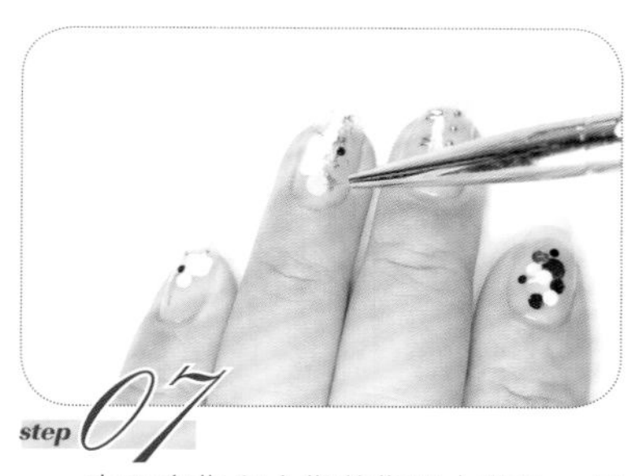

step 07

在无名指和小指的指甲上薄涂一层哈摩霓加固胶，不要照灯。用拉线笔在无名指和小指的指甲上放上白色圆形亮片和黑色圆形亮片，在无名指指甲的空白处放一个浅蓝色圆形亮片。照灯固化60秒。

step 08

在无名指和小指的指甲上厚涂一层哈摩霓加固胶，给甲面做弧度建构。照灯固化30秒。给食指、中指、无名指和小指的指甲涂马苏拉封层，并照灯固化30秒。

step 09

采用与无名指指甲同样的手法制作拇指指甲。制作结束。

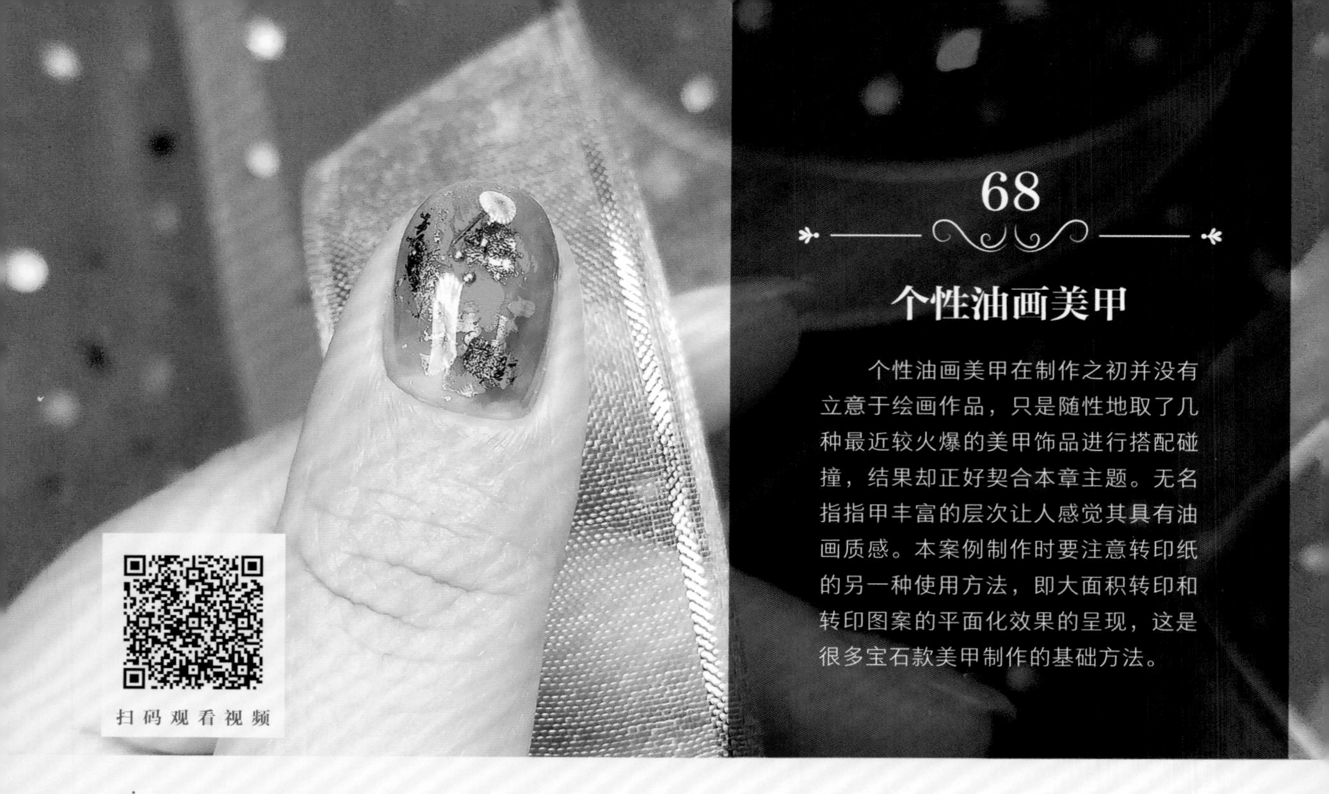

68

个性油画美甲

个性油画美甲在制作之初并没有立意于绘画作品，只是随性地取了几种最近较火爆的美甲饰品进行搭配碰撞，结果却正好契合本章主题。无名指指甲丰富的层次让人感觉其具有油画质感。本案例制作时要注意转印纸的另一种使用方法，即大面积转印和转印图案的平面化效果的呈现，这是很多宝石款美甲制作的基础方法。

使用材料与工具

01 OPI底胶
02 马苏拉封层
03 Ratex免洗封层
04 安妮丝GB02
05 小布透明胶S807
06 小布透明胶S808
07 马宝胶002
08 小布透明胶S805
09 哈摩霓加固胶
10 美甲专用清洁巾
11 清洁液
12 美甲灯
13 玫瑰金转印纸
14 激光转印纸
15 幻彩贝壳片
16 白色小贝壳片
17 蓝色厚片贝壳
18 金豆豆
19 银色金属丝
20 金色金属丝
21 金色偏光碎片
22 蓝色偏光碎片
23 银色魔镜粉和海绵棒
24 平头美甲笔
25 圆头美甲笔
26 拉线笔
27 法式笔
28 小号粉尘刷
29 尖头镊子

操作步骤

step 01

用美甲专用清洁巾蘸取清洁液，擦净甲面。然后给食指、中指、无名指和小指的指甲涂OPI底胶，并照灯固化30秒。

step 02

给食指和小指的指甲涂第1层马宝胶002，给中指指甲涂第1层安妮丝GB02，同时用OPI底胶的浮胶给无名指指甲转印激光转印纸。用法式笔分别蘸取小布透明胶S808、小布透明胶S807和小布透明胶S805，在无名指指甲上做晕染。然后照灯固化30秒。

step 03

给食指和小指的指甲涂第2层马宝胶002，给中指指甲涂第2层安妮丝GB02。然后用法式笔分别蘸取小布透明胶S808、小布透明胶S807和小布透明胶S805，在无名指指甲上做加深晕染。照灯固化30秒。

step 04

给食指和小指的指甲涂第3层马宝胶002，照灯固化30秒。用拉线笔蘸取一大滴哈摩霓加固胶，涂在食指指甲的指尖位置，并大致划拉出一个水滴形状。然后照灯固化60秒。

step 05

蘸取一大滴哈摩霓加固胶叠，将其涂在食指指尖处的胶体上，照灯固化60秒。然后擦掉食指指甲上的浮胶。用拉线笔蘸取Ratex免洗封层，将其涂在立体水滴的表面。照灯固化30秒。

step 06

用海绵棒蘸取银色魔镜粉，将其涂在食指指甲的水滴上，做出流动的效果。用小号粉尘刷轻轻地刷掉浮粉。

提示

哈摩霓加固胶与其他品牌的加固胶相比流动性更强，因此在制作立体图案时，在成形后需尽快照灯固化。

step 07

在食指指甲上涂一层马苏拉封层，并照灯固化30秒。用拉线笔蘸取少许哈摩霓加固胶，涂在中指指甲的中心位置，不要照灯。

step 08

将一小块玫瑰金转印纸放在中指指甲上，用尖头镊子固定位置并照灯固化60秒。撕掉玫瑰金转印纸，用平头美甲笔给中指指甲薄涂一层哈摩霓加固胶，并照灯固化60秒。

step 09

用拉线笔蘸取一大滴哈摩霓加固胶，在中指指甲上转印纸图案的周围画立体的圈，并照灯固化60秒。用拉线笔蘸取一大滴哈摩霓加固胶，以加高立体的圈。照灯固化60秒。

提示

这里所描述的是在没有转印纸专用胶的情况下采用的转印方式。虽然这种方式有点麻烦，但是能很好地完成大片转印纸的转印。

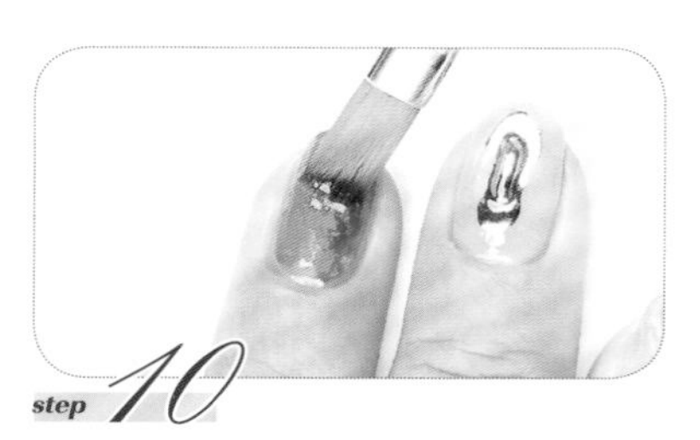

step 10

在中指指甲上涂一层马苏拉封层，并照灯固化30秒。用平头美甲笔在无名指指甲上薄涂一层哈摩霓加固胶，不要照灯。

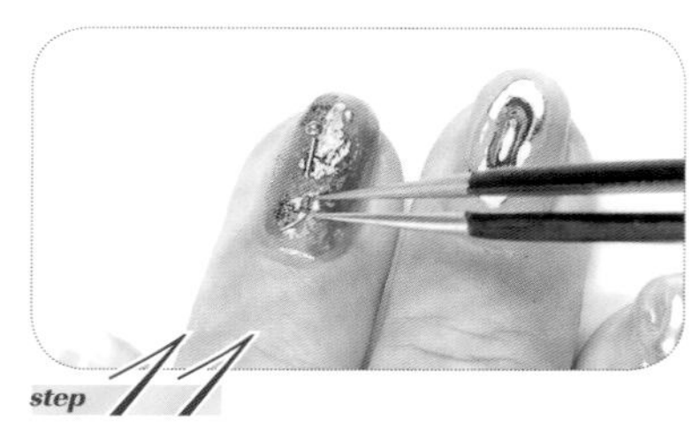

step 11

用蘸有哈摩霓加固胶的拉线笔蘸取少许蓝色偏光碎片和金色偏光碎片，错落地放在无名指指甲上，不要照灯。然后用尖头镊子放上金色金属丝、银色金属丝和大小不一的金豆豆。照灯固化60秒。

step 12

在无名指指甲上厚涂一层哈摩霓加固胶，包裹所有饰品并给甲面做弧度建构。照灯固化60秒。在无名指指甲上涂一层马苏拉封层，并照灯固化30秒。

step 13

用马宝胶002的浮胶给小指指甲转印激光转印纸。然后用平头美甲笔在小指指甲上薄涂一层哈摩霓加固胶，不要照灯。

step 14

在小指指甲的中心位置放上蓝色厚片贝壳、白色小贝壳片和幻彩贝壳片，并照灯固化60秒。用平头美甲笔给小指指甲厚涂一层哈摩霓加固胶，包裹所有饰品并给甲面做弧度建构。照灯固化60秒。

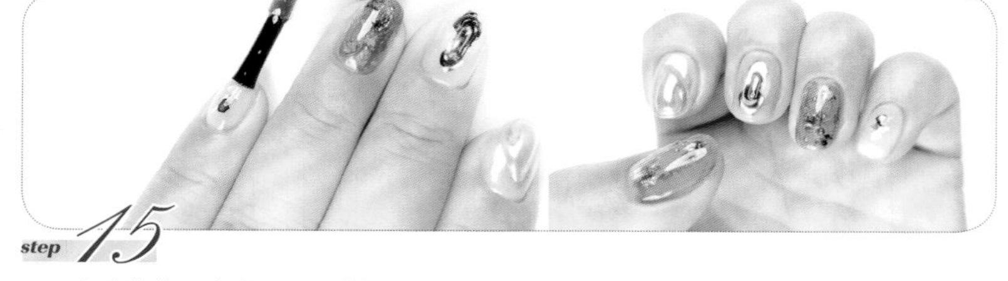

step 15

在小指指甲上涂一层马苏拉封层，并照灯固化30秒。采用与无名指指甲同样的手法制作拇指指甲。制作结束。

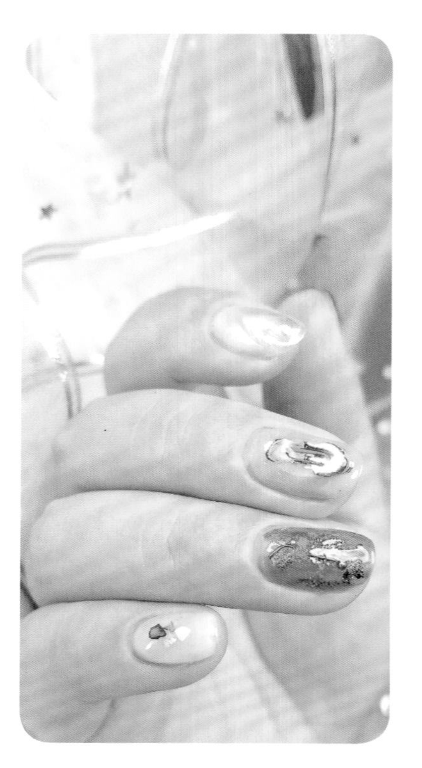

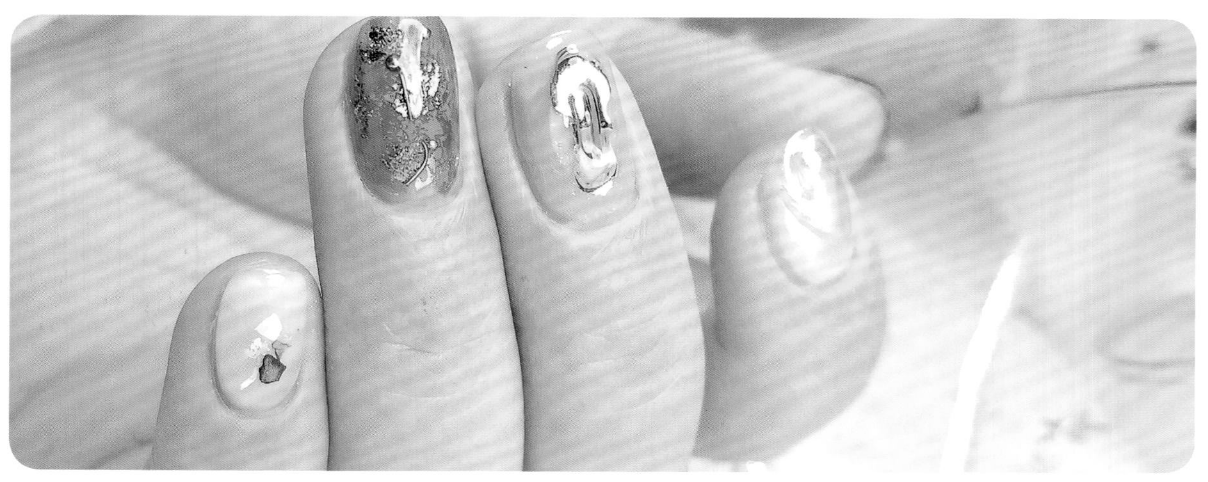

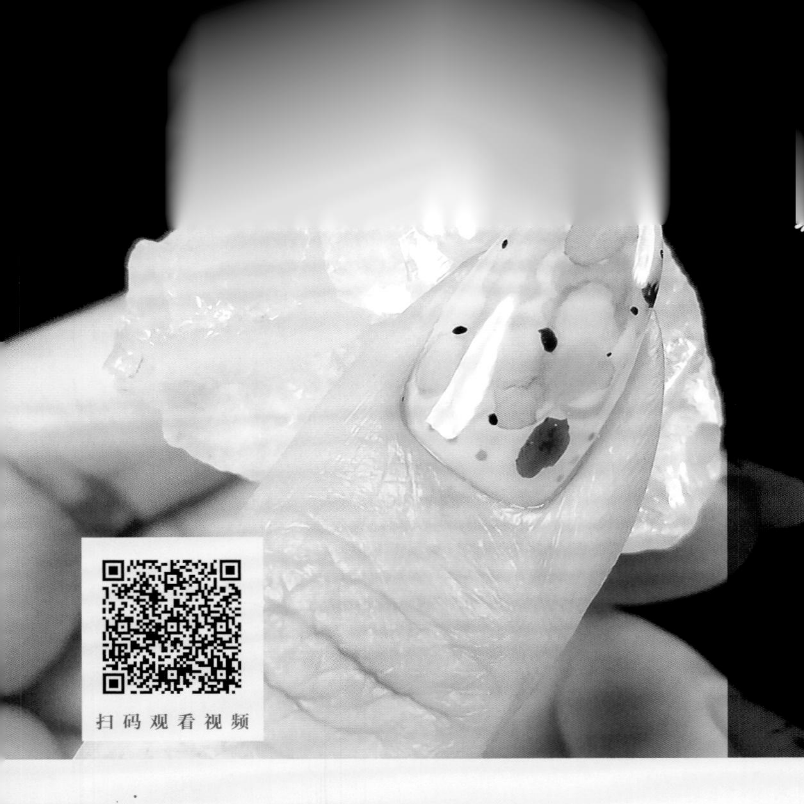

清新水彩美甲

清新水彩美甲的制作灵感来自水彩画的练习作品，所用画作不是要表现具象的东西，只是纯粹的颜色搭配练习。这类绘画很适合搬上小小的甲面，在制作时可以随意发挥。本案例操作简单，甲面的色彩是用晕染液绘制而成的。同样是晕染液的使用，使用方式稍做调整，做出的美甲效果就和本书前面几款大不一样，这也是晕染液的独特魅力。

使用材料与工具

01 OPI底胶
02 马苏拉封层
03 Presto磨砂封层
04 Essie gel#5037
05 黑色印花胶
06 哈摩霓加固胶
07 安妮丝GS16
08 安妮丝GS11
09 安妮丝GG25
10 安妮丝GG20
11 安妮丝GG26
12 安妮丝GLS06
13 透明水
14 紫色晕染液
15 黄色晕染液
16 粉色晕染液
17 深蓝色晕染液
18 湖蓝色晕染液
19 美甲专用清洁巾
20 清洁液
21 美甲灯
22 平头美甲笔
23 拉线笔
24 极细彩绘笔
25 玫瑰金转印纸

操作步骤

step 01

用美甲专用清洁巾蘸取清洁液，擦净甲面。然后给食指、中指、无名指和小指的指甲涂OPI底胶，并照灯固化30秒。用OPI底胶的浮胶在无名指指甲的指尖部分转印玫瑰金转印纸。

step 02

给食指指甲涂第1层安妮丝GS11，给中指指甲涂第1层Essie gel#5037，给小指指甲涂第1层安妮丝GS16。然后照灯固化30秒。

step 03

给食指、中指和小指的指甲涂第2层颜色，所选颜色与第1层相同。然后用平头美甲笔给无名指指甲薄涂一层哈摩霓加固胶，并照灯固化60秒。

step 04

给食指、中指和小指的指甲涂第3层颜色，所选颜色与第1层相同。然后给无名指指甲薄涂一层哈摩霓加固胶，并照灯固化60秒。

step 05

给食指、无名指和小指的指甲涂一层马苏拉封层。然后给中指指甲涂一层Presto磨砂封层。照灯固化30秒。食指、无名指和小指的指甲制作完成。

step 06

擦掉中指指甲上的浮胶，呈现磨砂效果。蘸取少量湖蓝色晕染液，点在中指指甲中心靠左上的位置。蘸取少量深蓝色晕染液，点在湖蓝色晕染液中间。再在蓝色色块右上方点少许黄色晕染液。

step 07

在蓝色色块的右下方点紫色晕染液，在紫色色块的右上方点粉色晕染液，在粉色晕染液上方点黄色晕染液，让颜色融合成橙色。如果一次点的量不够，可以分多次叠加点染。

step 08

在紫色色块左下方用黄色晕染液的笔刷轻刷甲面，得到一个稍大的黄色色块。在黄色色块的上半部分点少许湖蓝色晕染液，让颜色混合成绿色。

step 09

等晕染液稍干，在黄色色块和绿色色块的交接部分用透明水笔刷轻刷一下，让黄绿色的色块形成一个空心圈。然后加深甲面最上方黄色色块的颜色。

step 10

用透明水笔刷在甲面右边的橙色色块中间轻刷，得到一个橙色的空心圈。然后在甲面的紫色色块右下方点少许湖蓝色晕染液。

step 11

在甲面左边的空白处用蘸有紫色晕染液的笔刷轻刷出一个长条形。然后在紫色色块上点少许湖蓝色晕染液，让颜色变成葡萄紫。

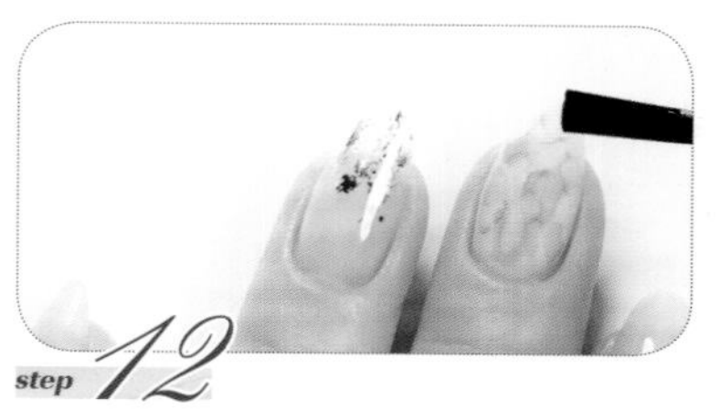

step 12

在葡萄紫色块上点透明水，让色块变成一个空心圈。然后用黄色晕染液加深甲面下方黄色色块的颜色。用透明水笔刷轻刷在甲面上方黄色色块的边缘，让色块的边缘呈渐变效果。

step 13

在甲面右下角的蓝色色块中间点少许透明水，让色块成为一个空心圈。等晕染液的颜色稍干，用极细彩绘笔蘸取安妮丝GG25，在甲面上点几个小圆点。

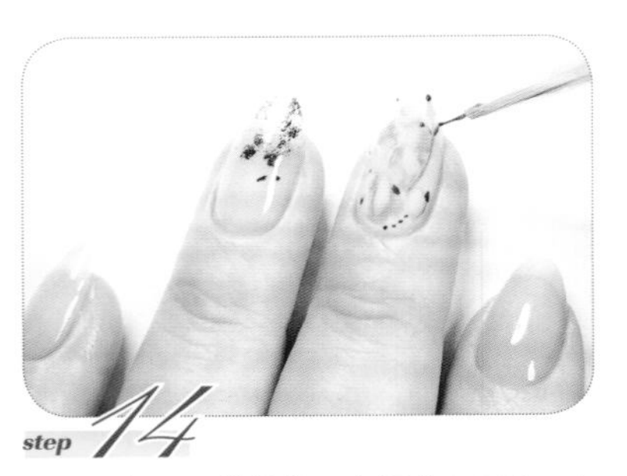

step 14

用极细彩绘笔蘸取安妮丝GG26，在甲面右边画出一片叶子。然后用极细彩绘笔蘸取安妮丝GLS06，在甲面的左上方和右下方各点几个小圆点。蘸取少许安妮丝GG20，点在刚刚画的叶子的叶尖，并照灯固化30秒。

step 15

用拉线笔蘸取少许安妮丝GLS 06，在蓝色小圆点上画线。在甲面右下方的几个圆点上分别画一条延长线，注意把延长线画向一个点，形成一个扇形。然后照灯固化30秒。

step 16

给中指和拇指的指甲涂马苏拉封层，并照灯固化30秒。采用与中指指甲差不多的手法制作拇指指甲。制作结束。

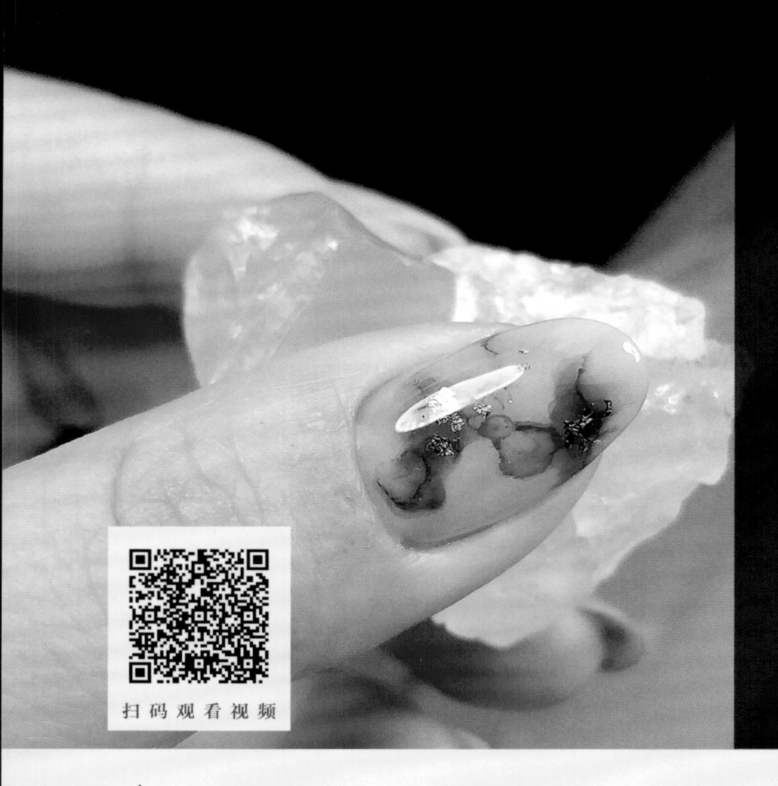

70

创意酒精墨水美甲

创意酒精墨水美甲的制作参考的是最近国际上大热的装饰画，目的是制作出酒精墨水混合晕染的效果。本案例的制作方法简单，同样是使用晕染液制作，但晕染效果给人的感觉与其他款式的美甲是不一样的。

使用材料与工具

01 OPI底胶
02 马苏拉封层
03 马宝万能胶
04 白色底胶
05 黑色彩绘胶
06 masura294-384
07 哈摩霓加固胶
08 透明水
09 红色晕染液
10 黑色晕染液
11 美甲专用清洁巾
12 清洁液
13 美甲灯
14 金色转印纸
15 金箔
16 调色盘
17 平头美甲笔
18 木杆美甲笔
19 彩绘笔
20 尖头镊子
21 圆头美甲笔

操作步骤

step 01

用美甲专用清洁巾蘸取清洁液，擦净甲面。然后给食指、中指、无名指和小指的指甲涂OPI底胶，并照灯固化30秒。

step 02

给食指和小指的指甲涂一层马宝万能胶。用木杆美甲笔蘸取少许白色底胶，随意地涂在食指和小指的指甲上，让白色底胶在万能胶上自然晕开。然后蘸取masura294-384和哈摩霓加固胶，在调色盘上混合成透灰色。用圆头美甲笔蘸取混合胶，将其涂在中指和无名指的指甲上，作为第1层。照灯固化60秒。

提示

一般来说，晕染云雾效果是需要质地稀一点的白色甲油胶的，而这里我们想要制作的是白色的渐变纹理，因此选择质地稍微浓稠的DanceLegend白色底胶，并且操作时需要用笔刷辅助晕染开。

step 03

用浮胶给食指和小指的指甲粘上少许金色转印纸，然后在食指和小指的指甲上涂马苏拉封层。用圆头美甲笔给中指和无名指的指甲涂第2层混合胶，并照灯固化30秒。

step 04

用中指和无名指指甲上的浮胶在甲面上均匀错落地粘上金箔，然后用平头美甲笔涂一层哈摩霓加固胶。照灯固化60秒。

step 05

擦掉中指和无名指指甲上的浮胶。蘸取红色晕染液，在中指指甲的中心位置轻涂一下，得到一个浅色色块。

step 06

蘸取黑色晕染液，在中指指甲的右上方和左下方轻涂一下，得到一个浅浅的黑色色块。如果觉得中间的红色色块颜色不够，可以加深颜色。

step 07

蘸取少许透明水，涂在红色色块中心，并把笔刷往甲面空白处拖动，让色块的边缘形成渐变效果。然后在黑色色块的上面和下面的边缘拖动几下，让色块的边缘形成渐变效果。

step 08

在黑色色块和红色色块交接处点少许黑色晕染液，以加深颜色。然后用同样的手法制作无名指指甲。用彩绘笔蘸取少许黑色彩绘胶，在食指和小指的指甲上粗犷地画出黑色笔触。照灯固化30秒。

step 09

给食指、中指、无名指和小指的指甲涂一层马苏拉封层，并照灯固化30秒。采用与中指指甲同样的手法制作拇指指甲。制作结束。

Manicure

第11章 中国风系列

高阶篇

71

中国风美甲之梅

中国风美甲之梅的制作灵感来源于螺钿漆器。这款美甲选择了喜鹊登梅的传统吉祥图案，搭配精致的水钻，缓解了黑底带给人的压抑感。本案例由填色印花的方法制作而成，方法简单。可复制性强。在制作梅花和喜鹊图案时注意填色要仔细。另外，相比选择普通颜色的印油制作，选择偏光色的印油制作效果会更出彩。

使用材料与工具

01 OPI底胶
02 马苏拉封层
03 OPI GC T66
04 黑色底胶
05 粘钻胶
06 哈摩霓加固胶
07 胶带
08 SWEETCOLOR黑色印油
09 SWEETCOLOR珍珠白印油
10 MOYOU LONDON印油MN050
11 MOYOU LONDON印油MN007
12 MOYOU LONDON印油MN006
13 MOYOU LONDON印油MN005
14 MOYOU LONDON印油MN004
15 PUEEN松石绿印油
16 美甲专用清洁巾
17 清洁液
18 美甲灯
19 洗甲水
20 幻彩异形钻
21 平底钻
22 银色瓜子形铆钉
23 银豆豆
24 印章
25 印花板CHINESE STYLE-01
26 尖头镊子
27 极细彩绘笔
28 彩绘笔
29 榉木棒
30 刮板

操作步骤

step 01

用美甲专用清洁巾蘸取清洁液，擦净甲面。然后给食指、中指、无名指和小指的指甲涂OPI底胶，并照灯固化30秒。

step 02

给食指和小指的指甲涂第1层OPI GC T66，给中指和无名指的指甲涂第1层黑色底胶，并照灯固化60秒。

step 03

给食指和小指、中指和无名指的指甲涂第2层颜色，所选颜色与第1层相同，并照灯固化60秒。

step 04

给食指和小指的指甲涂第3层OPI GC T66，给中指和无名指的指甲涂马苏拉封层并照灯固化30秒。

step 05

用榉木棒在食指和小指的指甲根部涂上粘钻胶。用尖头镊子在食指和小指指甲的粘钻胶上放上幻彩异形钻、平底钻、银色瓜子形铆钉和银豆豆。照灯固化30秒。

step 06

用彩绘笔蘸取哈摩霓加固胶，将其涂在食指和小指指甲钻饰的周围和银饰表面。照灯固化60秒。用彩绘笔蘸取马苏拉封层，将其涂在食指和小指指甲钻饰的周围和银饰表面，并照灯固化30秒。食指和小指的指甲制作完成。

step 07

用美甲专用清洁巾蘸取足量的洗甲水，擦净印花板。取MOYOU LONDON印油MN004，将其涂在印花板CHINESE STYLE-01的梅花图案上。用刮板刮掉多余的印油，用印章印取图案。

step 08

用胶带粘走印章上多余的梅花图案，只保留枝丫部分。分两次将枝丫图案转印到无名指和中指指甲上。转印时注意，枝丫在甲面的位置，虽然在两个甲面上，但尽量让图案有整体感。

step 09

取MOYOU LONDON印油MN050，将其涂在印花板CHINESE STYLE-01的梅花图案上。用刮板刮掉多余的印油，用印章印取图案。

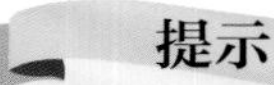

提示

这里将多余的梅花图案粘走，是为了将梅花图案和枝丫图案分开转印。这样可以保证需要填色的梅花图案在转印后依然保持黏度。

step 10

用胶带粘走印章上的枝丫图案，只保留花朵图案。用极细彩绘笔蘸取SWEETCOLOR珍珠白印油，仔细填在花朵图案里。将填好色的花朵图案转印到中指和无名指指甲上的合适位置。

step 11

取MOYOU LONDON印油MN005，将其涂在印花板CHINESE STYLE-01的喜鹊图案上。用刮板刮掉多余的印油，用印章印取图案。

step 12

用胶带粘掉印章上除了喜鹊图案外的其他图案。用极细彩绘笔蘸取MOYOU LONDON印油MN004，将其填在喜鹊的脚上。蘸取SWEETCOLOR珍珠白印油，将其填在喜鹊的胸部。

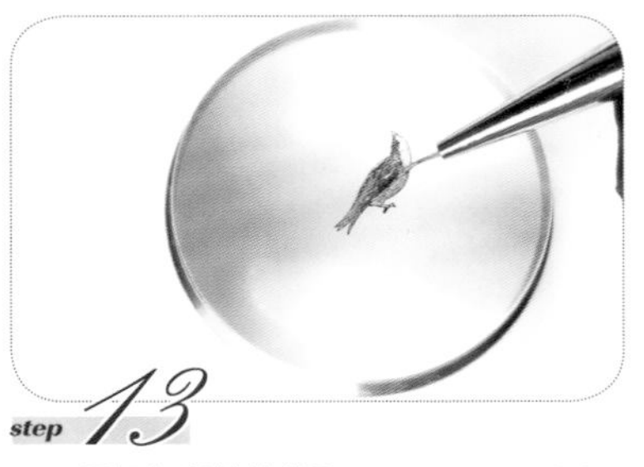

step 13

用极细彩绘笔蘸取MOYOU LONDON印油MN006，将其填在喜鹊的后颈部分。蘸取MOYOU LONDON印油MN007，将其填在喜鹊的翅膀部分。蘸取PUEEN松石绿印油，将其填在喜鹊的背部到尾羽部分。蘸取MOYOU LONDON印油MN005，将其填在喜鹊的腹部。

step 14

将填好色的喜鹊图案转印到中指指甲上。然后用极细彩绘笔蘸取少许SWEET COLOR黑色印油，点在喜鹊的眼睛位置。

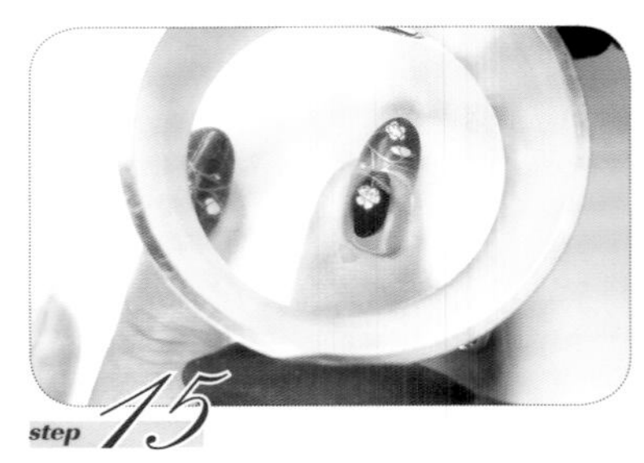

step 15

转印上喜鹊图案后，发现中指指甲上有点空，因此重新选择一朵梅花图案，填色后转印到喜鹊图案的上方。

提示

注意转印时，喜鹊的爪子一定要叠在刚刚印好的枝丫上。

step 16

待所有印花图案干透后，给中指和无名指的指甲涂上马苏拉封层，然后照灯固化30秒。

step 17

采用与无名指指甲同样的手法制作拇指指甲。制作结束。

72

中国风美甲之兰

中国风美甲之兰的灵感来自传统服饰纹样。古代女子对兰的喜爱通过衣服纹样展示出来，而如今，我们也可以通过美甲进行表达。本案例采用填色印花手法，可复制性强，制作过程简单。

使用材料与工具

01 OPI底胶
02 马苏拉封层
03 安妮丝磨砂封层
04 OPI GC BA2
05 安妮丝GF23
06 美甲专用清洁巾
07 清洁液
08 美甲灯
09 洗甲水
10 SWEETCOLOR珍珠白印油
11 MOYOU LONDON印油MN003
12 印花板CHINESE STYLE-01
13 印章（两个）
14 印花板Qgirl-056
15 斜头美甲笔
16 极细彩绘笔
17 刮板

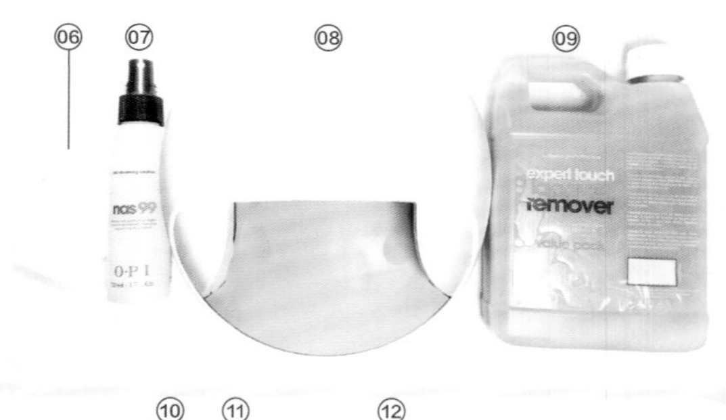

操作步骤

step 01

用美甲专用清洁巾蘸取清洁液，擦净甲面。然后给食指、中指、无名指和小指的指甲涂OPI底胶，并照灯固化30秒。

step 02

给食指和小指的指甲涂第1层OPI GC BA2，给中指和无名指的指甲涂第1层安妮丝GF23，并照灯固化30秒。

step 03

给食指和小指、中指和无名指的指甲涂第2层颜色和第3层颜色，所选颜色与第1层相同。每涂一层，就要照灯固化30秒。给这4片指甲涂一层马苏拉封层，再照灯固化30秒。

step 04

把MOYOU LONDON印油MN003涂在印花板CHINESE STYLE-01的兰草图案上，用刮板刮掉多余的印油。用印章印取图案，再转印到中指指甲上。

step 05

把MOYOU LONDON印油MN003涂在印花板CHINESE STYLE-01的花朵图案上，用刮板刮掉多余的印油，并用印章印取图案。

step 06

用极细彩绘笔蘸取SWEETCOLOR珍珠白印油，给印章上的花朵图案填色。然后把两朵花分别转印到中指指甲上的合适位置。可以转动花朵的方向，让花朵的形态根据印好的兰草的位置变化而变化。

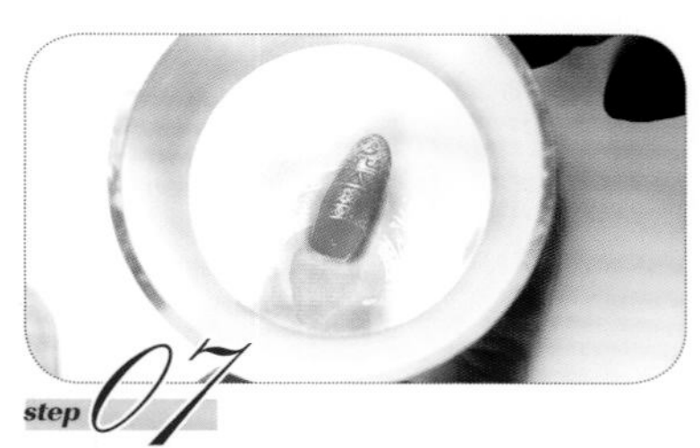

step 07

把MOYOU LONDON印油MN003涂在印花板Qgirl-056的半圆纹理图案上，用刮板刮掉多余的印油。用印章印取图案，对准无名指指甲的中心位置进行转印。

step 08

把SWEETCOLOR珍珠白印油涂在印花板Qgirl-056上，用刮板刮掉多余的印油。用印章印取图案，转印到食指指甲上。

step 09

用同样的手法给小指指甲转印图案。用斜头美甲笔蘸取洗甲水，清理干净指缘处多余的印油。给食指、中指、无名指和小指的指甲涂一层安妮丝磨砂封层。然后照灯固化30秒。照灯后呈现磨砂效果。

step 10

采用与中指指甲同样的手法制作拇指指甲。制作结束。

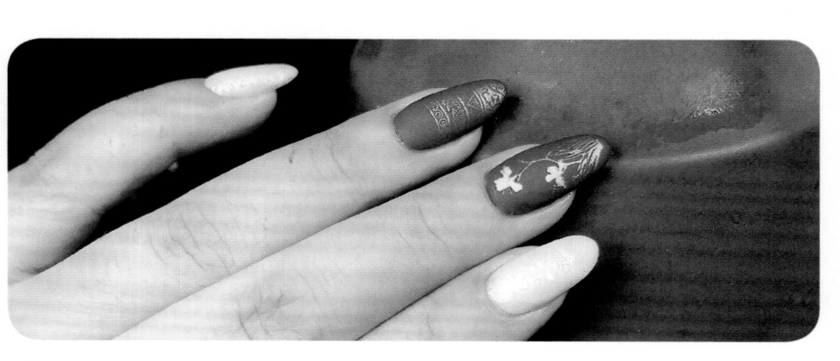

73

中国风美甲之竹

中国风美甲之竹只参考了山水写意国画，食指和小指指甲的效果旨在表达高山与流水的意境，中指和无名指的指甲上描绘的是写实的竹子，拇指指甲利用整片贝壳贴纸做出湖水波光粼粼的效果。本案例通过印花和晕染相结合制作而成，难点在于食指和小指指甲的晕染，可复制性不强，表达出一种意境即可，没必要做到完全一样。

使用材料与工具

01 OPI底胶
02 马苏拉封层
03 OPI HP F04
04 OPI GC T63
05 黑色底胶
06 蓝色彩绘胶
07 白色彩绘胶
08 MOYOU LONDON印油MN004
09 印章
10 印花板hehe104
11 刮板
12 美甲专用清洁巾
13 清洁液
14 美甲灯
15 洗甲水
16 金色线条贴纸
17 贝壳贴纸
18 黑色彩箔
19 BORN PRETTY云锦粉5号
20 斜头美甲笔
21 小肥仔笔
22 尖头镊子

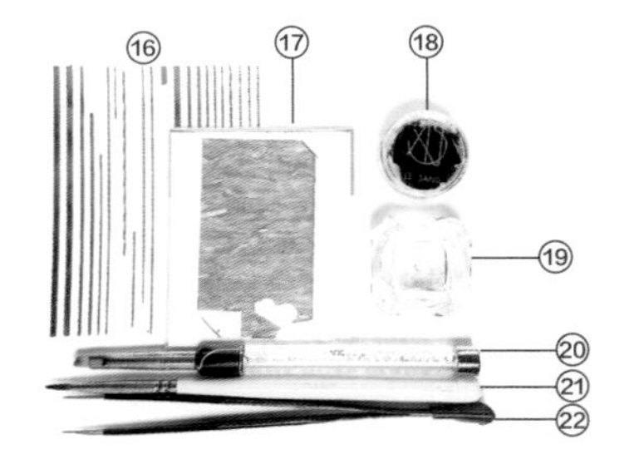

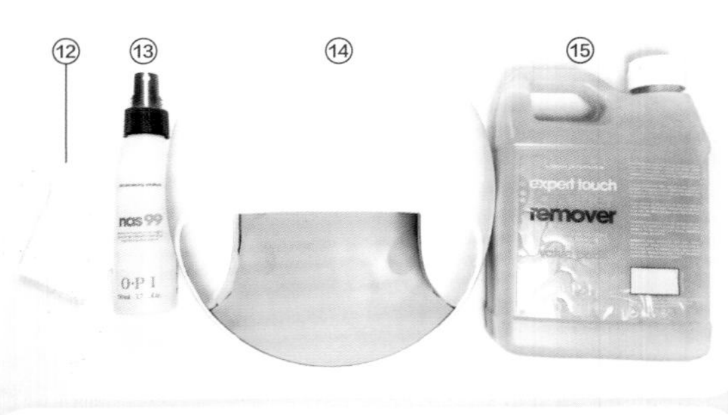

操作步骤

step 01

用美甲专用清洁巾蘸取清洁液，擦净甲面。然后给食指、中指、无名指和小指的指甲涂OPI底胶，并照灯固化30秒。

step 02

用小肥仔笔蘸取少许OPI GC T63，将其涂在食指指甲的大部分区域，模拟山雪的效果。

step 03

用小肥仔笔蘸取少许黑色底胶，将其涂在涂有OPI GC T63的大面积色块边上，模拟山涧的效果。注意下笔要重，收笔要轻，并拉出长长的尾巴。

step 04

用小肥仔笔蘸取少许蓝色彩绘胶，在黑色色块下由下往上划拉出颜色，模拟流水的效果。然后将食指指甲照灯固化30秒。

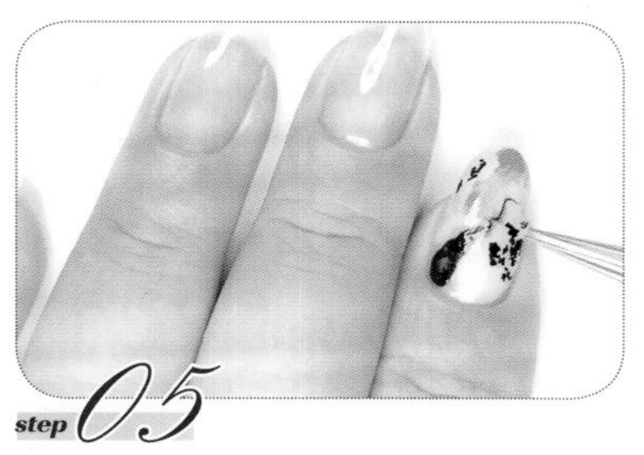

step 05

利用指甲上的浮胶，用小肥仔笔蘸取少许BORN PRETTY云锦粉5号，放在黑色色块上。用尖头镊子取一片黑色彩箔，放在白色色块上，并将其分成小碎片。

step 06

用小肥仔笔蘸取少许白色彩绘胶，在食指指甲上随意画几笔。用同样的手法给小指指甲做好晕染底色，并照灯固化30秒。

提示

由于蓝色彩绘胶质地黏稠，OPI GC T63质地稀薄，两者不会自然地流动晕染，这时可以用小肥仔笔辅助晕染。

step 07

给食指和小指的指甲涂马苏拉封层，给中指和无名指的指甲涂第1层OPI HP F04，然后照灯固化30秒。给中指和无名指的指甲涂第2层OPI HP F04，并照灯固化30秒。给中指和无名指的指甲涂上马苏拉封层，并照灯固化30秒。

step 08

把MOYOU LONDON印油MN004涂在印花板hehe104的竹子枝干图案上，用刮板刮掉多余的印油，并用印章印取图案后转印到中指指甲上。

step 09

把MOYOU LONDON印油MN004涂在印花板hehe104的竹子叶子图案上，用刮板刮掉多余的印油。用印章印取图案，转印到中指指甲上枝干图案的上方。

step 10

采用与中指指甲同样的手法给无名指指甲转印图案。用蘸有洗甲水的斜头美甲笔清理指缘处多余的印油，并给中指和无名指的指甲涂马苏拉封层。然后照灯固化30秒。

step 11

采用与中指指甲底色同样的手法制作拇指指甲的底色。然后在拇指指甲的中心位置横向贴上一块贝壳贴纸，在贝壳贴纸的上下边缘贴上金色线条贴纸后涂马苏拉封层。最后照灯固化30秒。制作结束。

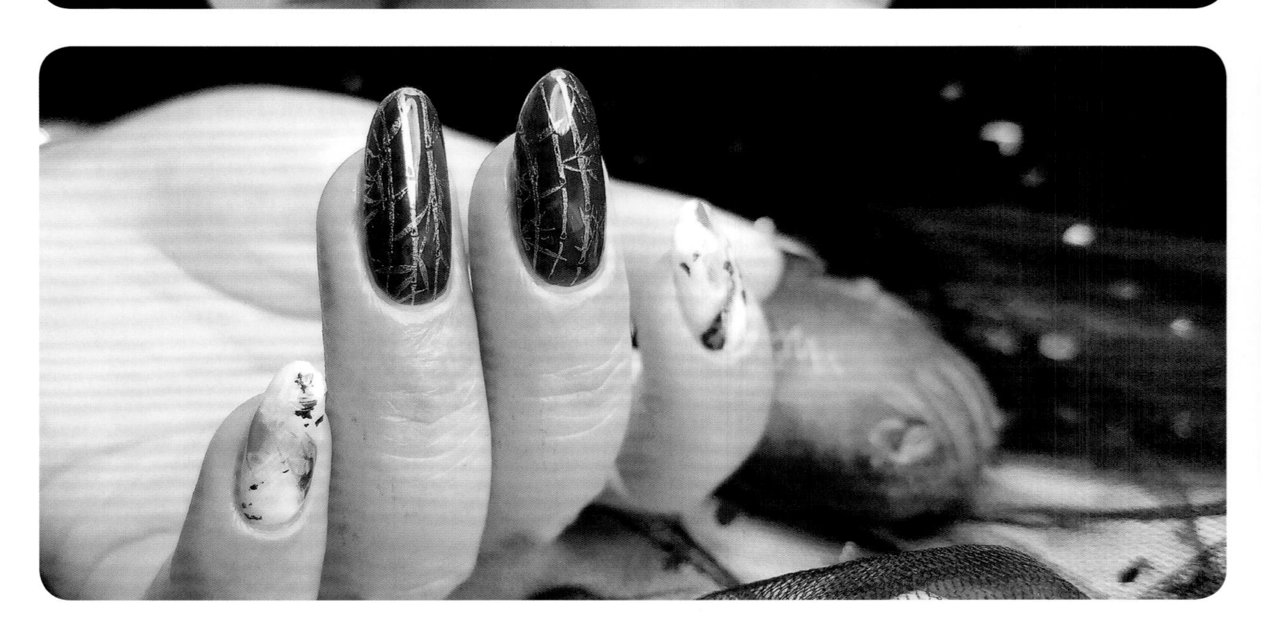

扫码观看视频

74

中国风美甲之菊

中国风美甲之菊的制作灵感来源于菊花。菊花会让人联想到重阳登高的习俗。在本案例中，笔者通过写实的亭台、山石表达了时节特点，而洒金打底和草书文字的添加可以让人联想到孝子的家书，传达感恩敬老的美好寓意。本案例通过印花叠印的方式制作图案，制作方法简单，只需注意在叠印时掌握好图案的先后顺序即可。

使用材料与工具

⓪① OPI底胶
⓪② 马苏拉封层
⓪③ 安妮丝磨砂封层
⓪④ 安妮丝GS14
⓪⑤ SWEETCOLOR绿色印油
⓪⑥ SWEETCOLOR珍珠白印油
⓪⑦ 丫亲安印油土豪金色
⓪⑧ 丫亲安印油北欧系列056
⓪⑨ MOYOU LONDON印油MN050
⑩ PUEEN粉色印油
⑪ PUEEN黄色印油
⑫ BORN PRETTY黑色激光印油
⑬ 美甲专用清洁巾
⑭ 清洁液
⑮ 美甲灯
⑯ 洗甲水
⑰ 印章
⑱ 印花板hehe108
⑲ 印花板BORN PRETTY-Autumn-L001
⑳ 刮板

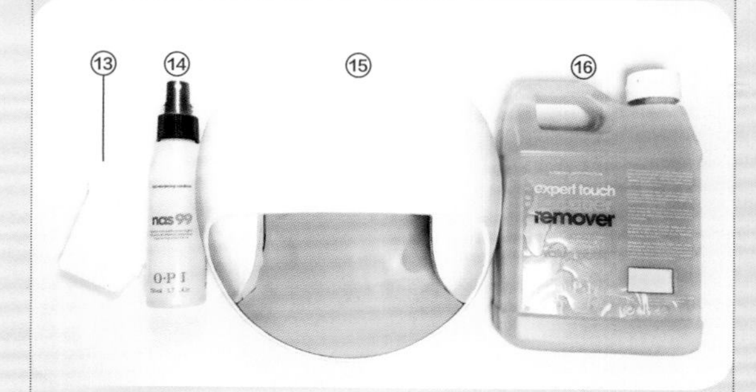

操作步骤

step 01

用美甲专用清洁巾蘸取清洁液，擦净甲面。然后给食指、中指、无名指和小指的指甲涂OPI底胶，并照灯固化30秒。

step 02

给食指、中指、无名指和小指的指甲涂两层安妮丝GS14。每涂一层，就要照灯固化30秒。给食指、中指、无名指和小指的指甲涂马苏拉封层，并照灯固化30秒。

step 03

用美甲专用清洁巾蘸取足量的洗甲水，将印花板擦干净。把丫亲安印油土豪金色涂在印花板BORN PRETTY-Autumn-L001的一块点状图案上，用刮板刮掉多余的印油。用印章印取图案，转印到食指指甲上。

step 04

将同样的图案印取后转印到小指指甲上。把SWEETCOLOR珍珠白印油涂在印花板BORN PRETTY-Autumn-L001的月亮图案上，用刮板刮掉多余的印油。用印章印取图案，转印到无名指指甲上。

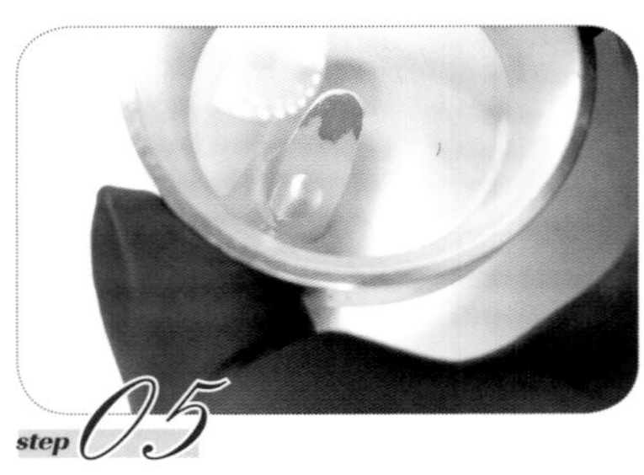

step 05

把丫亲安印油北欧系列056涂在印花板BORN PRETTY-Autumn-L001的山石图案上，用刮板刮掉多余的印油。用印章印取图案，转印到无名指指甲的指尖位置。

step 06

把MOYOU LONDON印油MN050涂在印花板BORN PRETTY-Autumn-L001的亭子图案上，用刮板刮掉多余的印油。用印章印取图案，转印到无名指指甲的山石图案上。

提示

在这一步，如果发现甲面过小，可以选择转印一半的月亮图案到甲面上。同时，转印时注意，位置一定是甲面偏左下方的位置，右下方的位置需要留白。

step 07

把丫亲安印油北欧系列056涂在印花板BORN PRETTY-Autumn-L001的太湖石图案上，用刮板刮掉多余的印油。用印章印取图案，转印到中指指甲上靠右边的位置。

step 08

把SWEETCOLOR绿色印油涂在印花板BORN PRETTY-Autumn-L001的菊花的茎叶图案上，用刮板刮掉多余的印油。用印章印取图案，转印到中指指甲上太湖石图案的旁边。

step 09

把PUEEN黄色印油涂在印花板BORN PRETTY-Autumn-L001的菊花图案上，用刮板刮掉多余的印油。用印章印取图案，转印到中指指甲的茎叶图案上。

step 10

把PUEEN粉色印油涂在印花板BORN PRETTY-Autumn-L001的另一个菊花图案的花朵部分，把SWEETCOLOR绿色印油涂在花朵下面的茎叶部分。

step 11

顺着颜色排列的方向刮掉多余的印油并用印章印取图案。将印取的图案转印到中指指甲上太湖石图案的旁边。

step 12

给食指、中指、无名指和小指的指甲涂安妮丝磨砂封层，并照灯固化30秒，呈现磨砂效果。

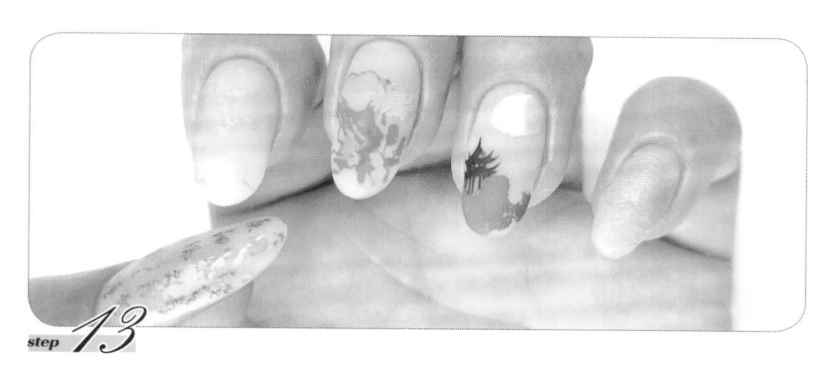

step 13

采用与食指指甲底色同样的手法制作拇指指甲底色，然后在洒金图案上叠印上草书文字图案。这个草书文字图案采用的是BORN PRETTY黑色激光印油和印花板hehe108。涂上安妮丝磨砂封层，并照灯固化30秒。照灯后呈现磨砂效果。制作结束。

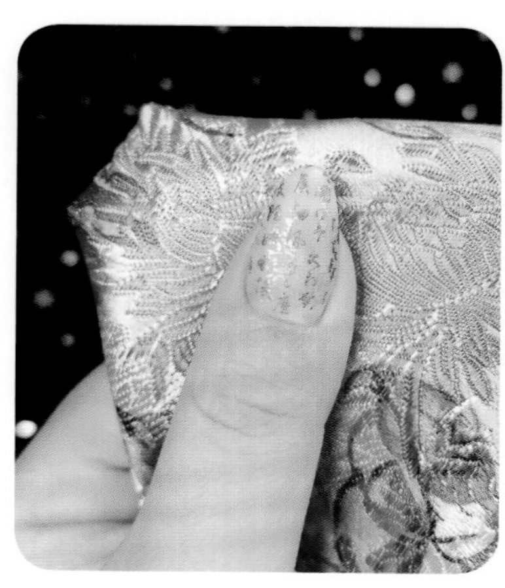

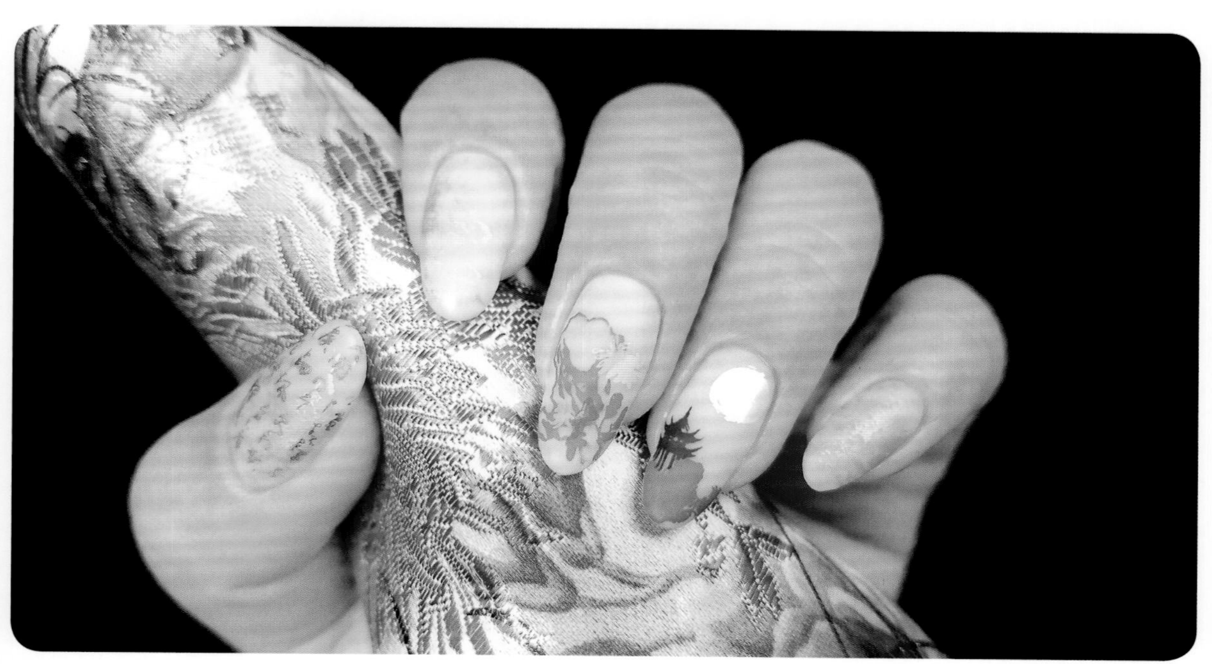

75

中国风美甲之龙

生于龙乡铜梁的笔者是看龙灯、玩火龙长大的。龙形图案于笔者而言除了具备浓浓的中国风韵味外，还有一丝家乡的味道。这次设计的中国风美甲之龙的灵感就是来自笔者从小看到大的龙灯。这款美甲主要通过填色印花制作而成，可复制性强。

使用材料与工具

01 OPI底胶
02 马苏拉封层
03 哈摩霓封层
04 OPI GC V32
05 黑色底胶
06 DanceLegend高透顶油
07 SWEETCOLOR黑色印油
08 SWEETCOLOR珍珠白印油
09 SWEETCOLOR红色印油
10 丫亲安印油土豪金色
11 MOYOU LONDON印油MN004
12 PUEEN海蓝色印油
13 PUEEN松石绿印油
14 美甲专用清洁巾
15 清洁液
16 美甲灯
17 洗甲水
18 旧死皮剪
19 剪刀
20 印章
21 印花板hehe097
22 印花板YOURS AnnaLeeYLA04
23 印花板YOURS AnnaLeeYLA01
24 尖头镊子
25 斜头美甲笔
26 极细彩绘笔
27 硅胶笔
28 刮板

操作步骤

step 01

把MOYOU LONDON印油MN004涂在印花板YOURS AnnaLeeYLA01的游龙图案上，用刮板刮掉多余的印油，并用印章印取图案。

step 02

用极细彩绘笔蘸取少许丫亲安印油土豪金色，点在游龙的眼睛上。然后蘸取少许SWEETCOLOR红色印油。填在龙的眉毛、舌头和胡须的位置。

step 03

蘸取少许SWEETCOLOR珍珠白印油，填在游龙的牙齿上。然后将同样的颜色填在浪花的上方。

step 04

蘸取少许PUEEN海蓝色印油，填在下面海浪的暗面。然后蘸取少许PUEEN松石绿印油，填在海浪的中间过渡部分。完成填色后，将印章放一边等干。

step 05

用美甲专用清洁巾蘸取清洁液，擦净甲面。然后给食指、中指、无名指和小指的指甲涂OPI底胶，并照灯固化30秒。

step 06

给食指、中指、无名指和小指的指甲涂两层黑色底胶。每涂一层，就要照灯固化60秒。给每个指甲涂马苏拉封层，再照灯固化30秒。

step 07

在填好色的印花图案上涂一层Dance Legend高透顶油，再次等干。之后用硅胶笔轻缓地刮起图案，并用尖头镊子将图案从印章上取下来。

step 08

将取下来的图案贴到无名指指甲上，注意尽量把龙头图案放在甲面的中心位置。然后用剪刀沿指甲根部小心地剪下多余的图案部分，再将剪下来的图案贴在中指指甲上。

step 09

用剪刀剪掉无名指和中指指甲周围多余的图案。然后用旧死皮剪沿甲面边缘仔细地将多余的图案修剪干净。

提示

由于游龙的鳞片只用了印油转印，并没有填色，因此这里要涂一层高透顶油，这样才能确保图案能够被完整地揭下来。

step 10

用斜头美甲笔蘸取洗甲水浸润干透的图案，让图案完全贴合甲面，并顺带清除指缘处多余的图案。用极细彩绘笔蘸取少许SWEETCOLOR黑色印油，给游龙的金色眼球点上黑色的瞳孔。

step 11

把MOYOU LONDON印油MN004涂在印花板hehe097的文字图案上，用刮板刮掉多余的印油。用印章印取图案，转印到食指指甲的中心位置。

step 12

给拇指指甲薄涂3层OPI GC V32，作为打底，然后在上面印上龙字图章。待所有指甲上的印花图案干透，给所有指甲涂哈摩霓封层，并照灯固化60秒。最后擦掉哈摩霓封层的浮胶。制作结束。

提示

在这里，拇指指甲所用的图案是通过将SWEETCOLOR黑色印油涂在印花板YOURS AnnaLeeYLA04上印取得来的。

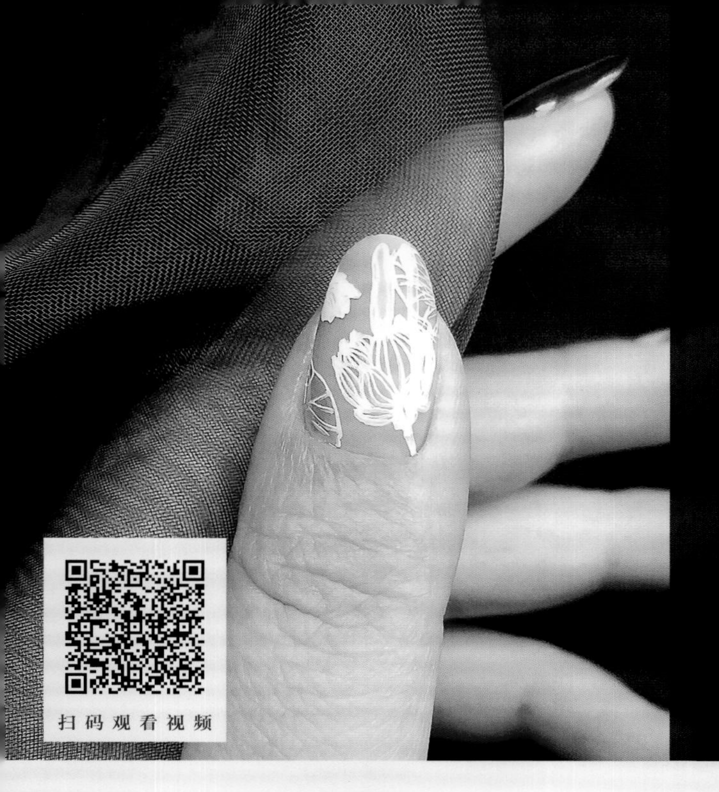

76

中国风美甲之紫荷

中国风美甲之紫荷的制作灵感来源于某电视剧中某角色所穿的一件夏衣。笔者将这件夏衣中的几种色彩提炼出来设计了这款美甲，色彩搭配上摒弃了写实的红花配绿叶的形式，通过指甲油印花和胶填色的方式把图案整个融合在紫色调里，使其更适合日常搭配。

使用材料与工具

01 OPI底胶
02 马苏拉封层
03 哈摩霓封层
04 OPI GC T65
05 OPI HP F03
06 安妮丝GS11
07 Essie gel#5037
08 Essie gel#5054
09 美甲专用清洁巾
10 清洁液
11 美甲灯
12 洗甲水
13 SWEETCOLOR白色印油
14 MOYOU LONDON印油MN048
15 MOYOU LONDON印油MN006
16 印章
17 印花板物鹿上053
18 斜头美甲笔
19 极细彩绘笔
20 刮板
21 胶带

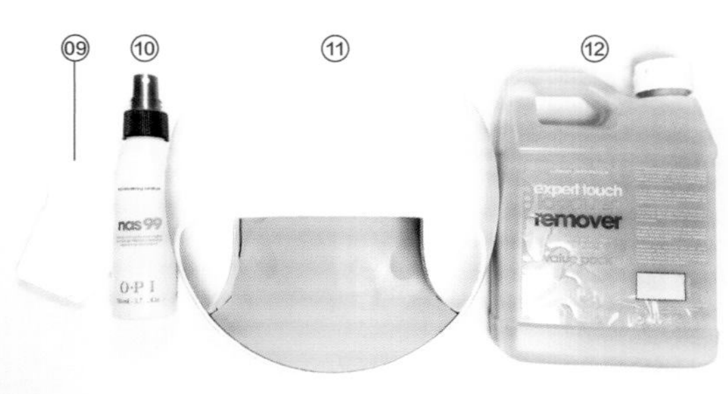

操作步骤

step 01

用美甲专用清洁巾蘸取清洁液，擦净甲面。然后给食指、中指、无名指和小指的指甲涂OPI底胶，并照灯固化30秒。

step 02

给食指和小指的指甲涂第1层OPI HP F03，给中指指甲涂第1层Essie gel#5037，给无名指指甲涂第1层安妮丝GS11。然后照灯固化30秒。

step 03

给食指和小指的指甲，以及中指、无名指的指甲涂第2层颜色，所选颜色与第1层相同。照灯固化30秒。

step 04

给食指和小指的指甲涂马苏拉封层，给中指指甲涂第3层Essie gel#5037。照灯固化30秒。擦掉中指和无名指指甲上的浮胶，准备印花。

step 05

把MOYOU LONDON印油MN048涂在印花板物鹿上053中一个荷花图案上。把MOYOU LONDON印油MN006涂在印花板物鹿上053同一个图案的空白区域。

step 06

用刮板轻刮几下，以混合颜色，然后干脆利落地刮掉多余的印油。用印章印取图案，转印到中指指甲上。

step 07

用蘸有洗甲水的斜头美甲笔清理指缘，给中指指甲涂哈摩霓封层并照灯固化60秒。

step 08

把SWEETCOLOR白色印油涂在印花板物鹿上053上的另一个荷花图案上，用刮板刮掉多余的印油，并用印章印取图案。

step 09

用胶带粘走印章上的荷花图案，只留下荷叶图案。把荷叶图案转印到无名指指甲的指尖位置。

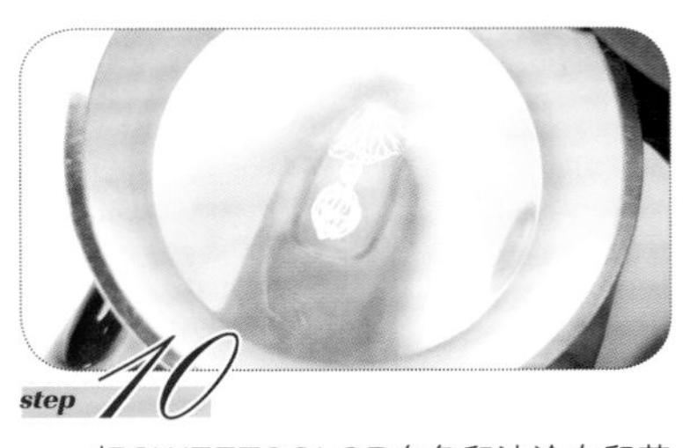

step 10

把SWEETCOLOR白色印油涂在印花板物鹿上053的荷花花苞图案上，用刮板刮掉多余的印油。用印章印取图案，对准印好的荷叶上花茎的位置转印叠印图案。

step 11

用极细彩绘笔蘸取Essie gel#5054，涂在荷花花苞的顶端部分。然后蘸取OPI GC T65，涂在荷花花苞的下半部分，并用笔尖颜色和刚刚涂的Essie gel#5054融合做晕染，让颜色形成从粉红色到裸粉色的渐变。

step 12

用极细彩绘笔蘸取OPI HP F03，涂在荷叶的阳面。然后蘸取少许安妮丝GS11，涂在荷叶的阴面。再在荷叶靠近茎部的位置点少许OPI HP F03和刚刚涂的安妮丝GS11，融合并做出颜色的渐变。照灯固化30秒。

step 13

擦掉荷叶上的浮胶。用同样的印花方法重新转印一个荷叶图案，并把这个图案叠印在涂了颜色的荷叶上，让叶脉更清晰。

step 14

给无名指指甲涂哈摩霓封层，并照灯固化60秒。擦掉无名指指甲上的浮胶。

step 15

采用与无名指指甲同样的手法制作拇指指甲。制作结束。

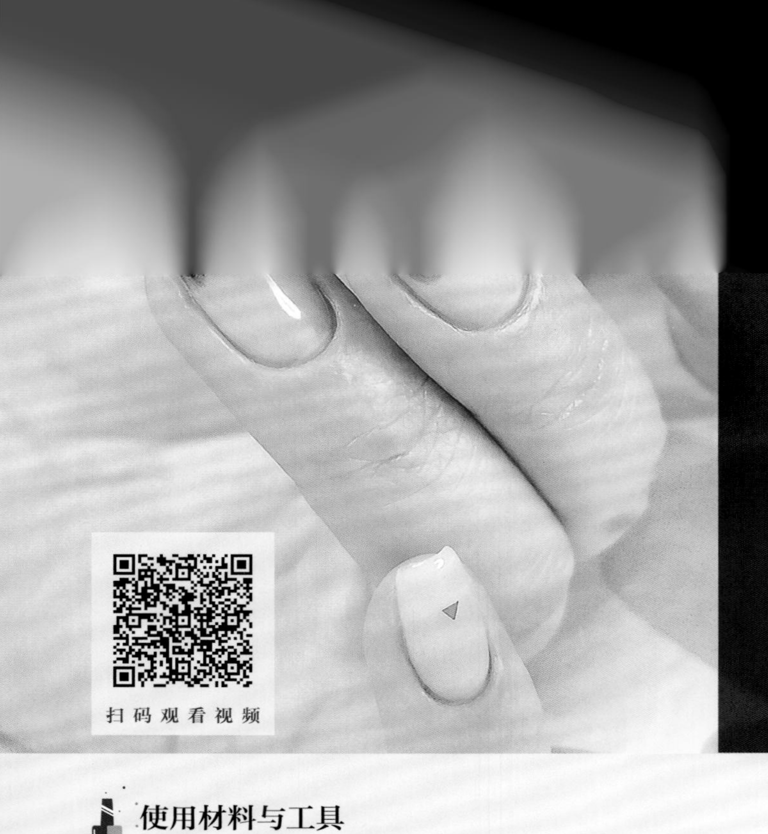

中国风美甲之青山

中国风美甲之青山的制作灵感源于中国写意山水画。这款美甲通过颜色的深浅变化来表达远山近水的意境，配色简单，整体风格清爽，是一款简约的中国风美甲。本案例用晕染液制作山水图案，在制作时为了表达出山水的感觉，点染颜色时要有目的性，所以晕染方式与其他案例不同。

使用材料与工具

01 OPI底胶
02 马苏拉封层
03 Presto磨砂封层
04 OPI GC T65
05 OPI GC G46
06 哈摩霓加固胶
07 美甲专用清洁巾
08 清洁液
09 美甲灯
10 旧死皮剪
11 深蓝色晕染液
12 湖蓝色晕染液
13 透明水
14 六边形蓝色亮片
15 尖头镊子
16 平头美甲笔

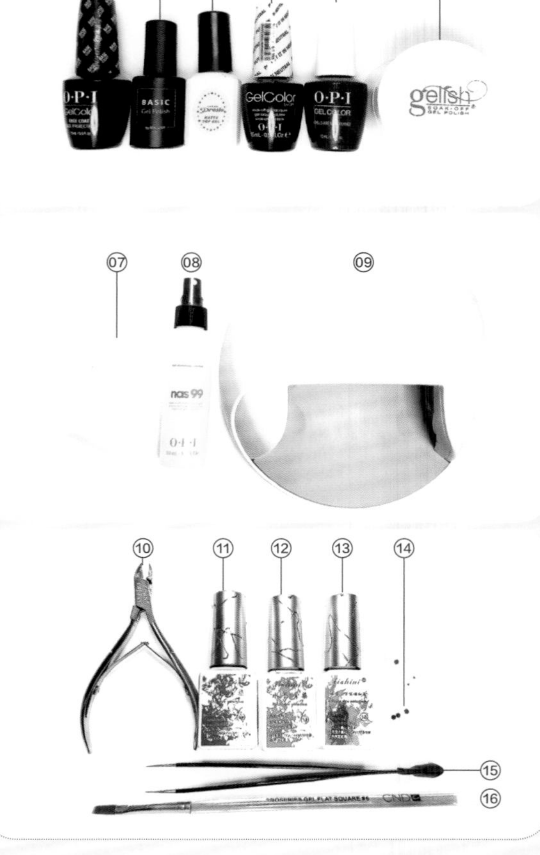

操作步骤

step 01

用美甲专用清洁巾蘸取清洁液，擦净甲面。然后给食指、中指、无名指和小指的指甲涂OPI底胶，并照灯固化30秒。

step 02

给食指、中指、无名指和小指的指甲涂两层OPI GC T65。每涂一层，就要照灯固化30秒。给中指和无名指的指甲涂Presto磨砂封层，并照灯固化30秒。

step 03

擦掉中指和无名指指甲上的浮胶，呈现磨砂效果，为后面晕染颜色做准备。给食指和小指的指甲再涂一层OPI GC T65，并照灯固化30秒。

step 04

用尖头镊子配合旧死皮剪把六边形蓝色亮片剪成几个小三角形。然后选择两个分别放在食指和小指指尖的位置。用平头美甲笔给食指和小指的指甲涂哈摩霓加固胶，包裹住亮片，并照灯固化60秒。

step 05

给食指和小指的指甲涂马苏拉封层，并照灯固化30秒。从无名指、中指指甲的中部位置开始，用深蓝色晕染液向指尖位置画出几个远山的形状。

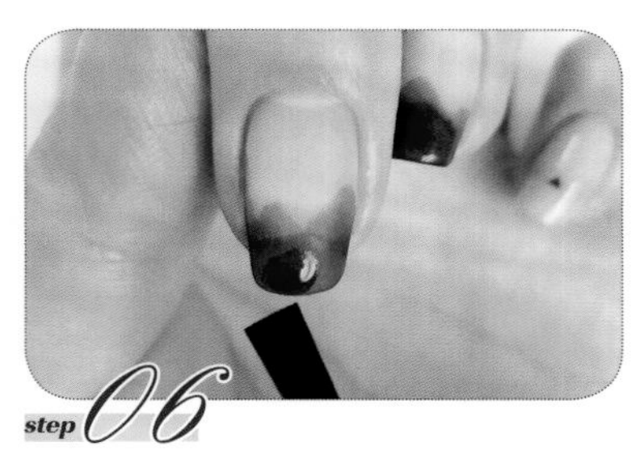

step 06

待颜色稍干后，在远山图案上叠加上色，注意笔刷的走向。再次叠加上色。这个过程可重复2~3次，直到远山出现层层叠叠的效果为止，然后等干。

step 07

用透明水点在指尖的位置，让颜色往甲面中心扩散。指尖的颜色变得透明后，在指尖透明的位置点少许湖蓝色晕染液，模拟湖水的效果，再次等干。

step 08

待晕染液干透后，给食指、中指、无名指和小指的指甲涂马苏拉封层，并照灯固化30秒。

step 09

给拇指指甲薄涂3层OPI GC G46，每涂完一层都要照灯固化30秒。再涂上马苏拉封层，并照灯固化30秒。制作结束。

Manicure

第12章

节日系列

高阶篇

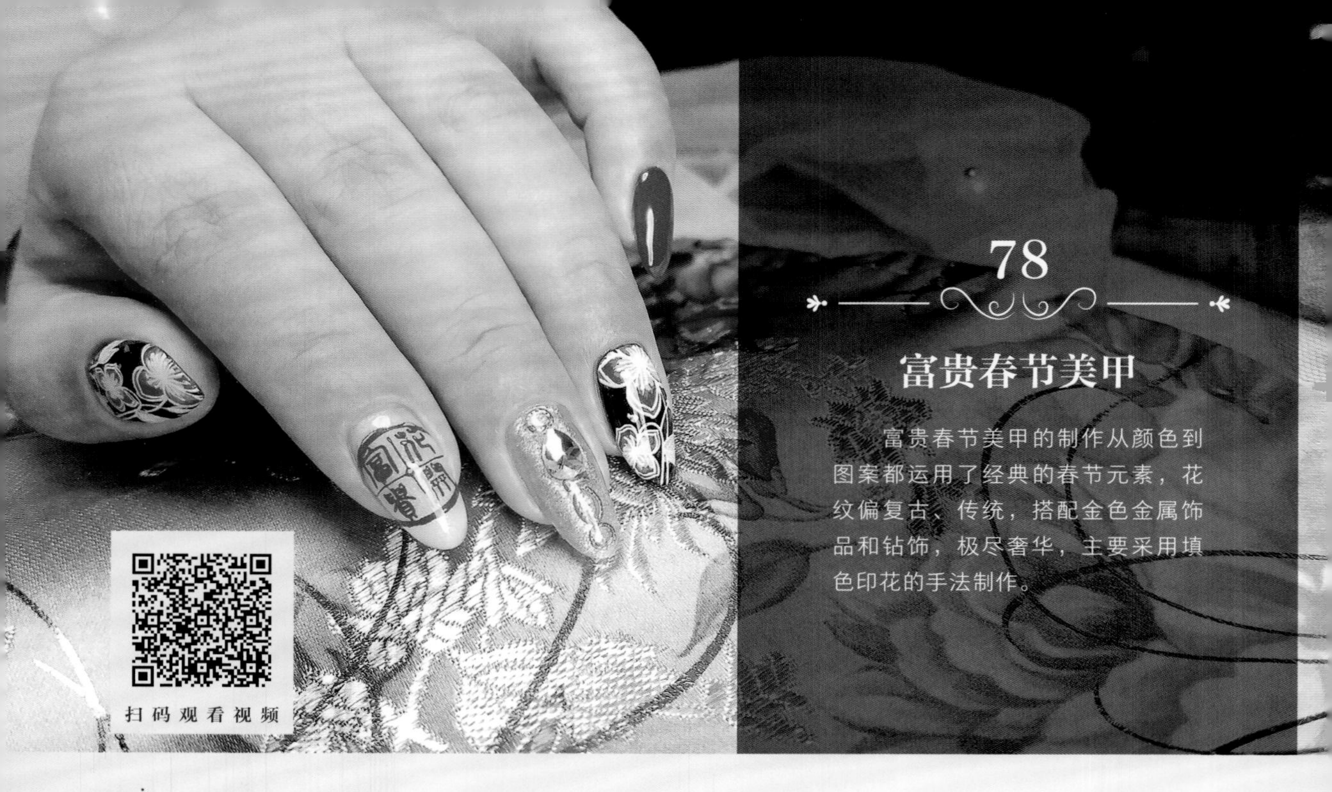

78

富贵春节美甲

富贵春节美甲的制作从颜色到图案都运用了经典的春节元素，花纹偏复古、传统，搭配金色金属饰品和钻饰，极尽奢华，主要采用填色印花的手法制作。

使用材料与工具

01 OPI底胶
02 马苏拉封层
03 哈摩霓封层
04 黑色底胶
05 Essie gel#5037
06 彦雨秀YA080
07 CND SHELLAC LUXE #303
08 哈摩霓加固胶
09 粘钻胶
10 DanceLegend高透顶油
11 SWEETCOLOR白色印油
12 DanceLegend印油01
13 MOYOU LONDON印油MN075
14 MOYOU LONDON印油MN022
15 MOYOU LONDON印油MN021
16 PUEEN黄色印油
17 美甲专用清洁巾
18 清洁液
19 美甲灯
20 洗甲水
21 剪刀
22 印章两个
23 印花板BORN PRETTY BP-A01 Flower Tango
24 印花板YOURS AnnaLeeYLA04
25 尖头镊子
26 硅胶笔
27 CND Gilded Gleam
28 金箔
29 金色螺纹金属圈
30 水滴形平底钻
31 平头美甲笔
32 斜头美甲笔
33 极细彩绘笔
34 彩绘笔
35 小刷子
36 梓木棒
37 刮板

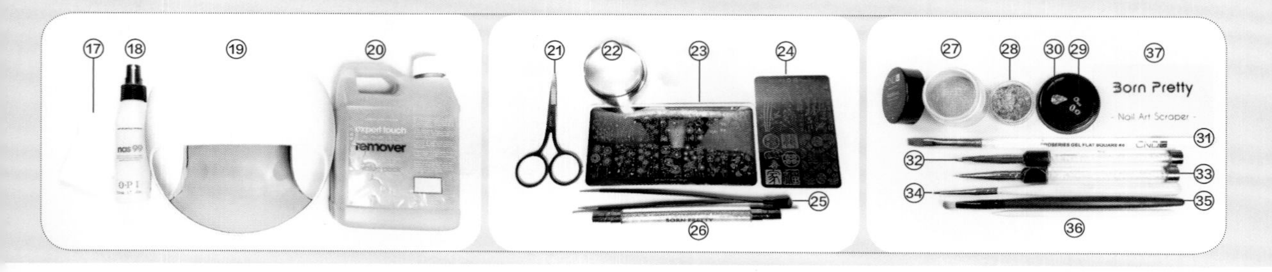

操作步骤

step 01

把SWEETCOLOR白色印油涂在印花板BORN PRETTY BP-A01 Flower Tango上，用刮板刮掉多余的印油，并用印章印取图案。

step 02

用极细彩绘笔蘸取PUEEN黄色印油，涂在花蕊的位置，从花心往花瓣方向以画线的方式涂，但是注意下笔要轻，不要拉坏印花图案。

step 03

用极细彩绘笔蘸取MOYOU LONDON印油MN075，涂在花心黄色的周围和花瓣边缘的空隙里。然后蘸取DanceLegend印油01，涂在花瓣的其他空隙处。

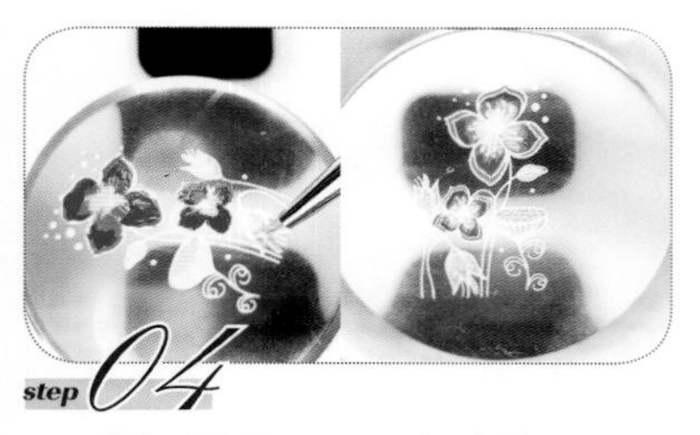

step 04

蘸取MOYOU LONDON印油MN022，涂在其他花朵的顶部。蘸取MOYOU LONDON印油MN021，涂在其他花朵的剩余部分。确保所有图案都被填满颜色后，等干。

step 05

用美甲专用清洁巾蘸取清洁液，擦净甲面。然后给食指、中指、无名指和小指的指甲涂OPI底胶，并照灯固化30秒。

step 06

给食指指甲涂第1层Essie gel# 5037，给中指指甲涂第1层哈摩霓加固胶。同时用小刷子蘸取CND Gilded Gleam，粘在中指指甲上。给无名指指甲涂第1层黑色底胶，给小指指甲涂第1层CND SHELLAC LUXE #303。照灯固化60秒。

step 07

刷掉中指指甲上的浮粉。给食指指甲涂第2层Essie gel#5037，用平头美甲笔给中指指甲涂第2层哈摩霓加固胶。

step 08

给无名指指甲涂第2层黑色底胶，给小指指甲涂第2层CND SHELLAC LUXE #303，并照灯固化60秒。

step 09

给食指指甲涂第3层Essie gel# 5037。然后在中指指甲上用榉木棒涂粘钻胶，并用尖头镊子在中心位置放一颗水滴形平底钻和几个金色螺纹金属圈。

step 10

利用浮胶，在无名指指甲上错落地放置几片金箔。然后用平头美甲笔给无名指指甲涂一层哈摩霓加固胶，给小指指甲涂第3层CND SHELLAC LUXE #303，并照灯固化60秒。

step 11

在食指指甲上叠涂一层彦雨秀YA080。然后用平头美甲笔给中指指甲涂哈摩霓加固胶，包裹金属饰品并给甲面做好弧度建构。涂的时候注意避开钻饰表面，可以换小笔刷进行。涂好后照灯固化60秒。

step 12

给中指和小指的指甲涂马苏拉封层。注意中指指甲要用彩绘笔仔细涂刷除钻饰表面以外的部分，并照灯固化30秒。

step 13

擦掉食指和无名指指甲上的浮胶。此时印花图案干透，用DanceLegend高透顶油在花朵图案上薄涂一层，然后放一边等干。

step 14

把DanceLegend印油01涂在印花板YOURS AnnaLeeYLA04上，用刮板刮掉多余的印油。用印章印取图案，转印到食指指甲的中心位置。

step 15

用斜头美甲笔蘸取洗甲水，清理指缘。然后给食指指甲涂一层哈摩霓封层，并照灯固化60秒。

step 16

擦掉食指指甲上的浮胶。用硅胶笔将印花图案从印章上取下来，并将印花图案贴在无名指指甲上。

step 17

用剪刀剪去指甲上多余的印花图案。然后用蘸有洗甲水的斜头美甲笔清理干净指缘处多余的印花图案，同时浸润图案，使其与甲面贴合。

step 18

待甲面上的印花图案干透后，给无名指指甲涂一层哈摩霓封层，并照灯固化60秒。然后擦掉无名指指甲上的浮胶。

step 19

采用与无名指指甲同样的手法制作拇指指甲。制作结束。

79

甜蜜情人节美甲

甜蜜情人节美甲主要是想体现情人节的甜蜜感，因此主要采用粉色调，整体配色清甜可爱。在案例的制作过程中，通过叠涂晕染和金属丝、贝壳、干花的修饰，让美甲效果颇具特色。在制作时，需注意无名指和拇指指甲上白色花瓣的绘制，要做到一气呵成，避免断断续续。

使用材料与工具

01 OPI底胶
02 马苏拉封层
03 OPI GC T65
04 OPI HP H11
05 安妮丝GB03
06 安妮丝GLS03
07 哈摩霓加固胶
08 粘钻胶
09 白色彩绘胶
10 美甲专用清洁巾
11 清洁液
12 美甲灯
13 粉色贝壳片
14 白色小片贝壳
15 粉色干花
16 金色金属丝
17 银色金属丝
18 金豆豆
19 平头美甲笔
20 法式笔
21 尖头镊子
22 榉木棒
23 甲面打磨砂条

操作步骤

step 01

用美甲专用清洁巾蘸取清洁液，擦净甲面。然后给食指、中指、无名指和小指的指甲涂OPI底胶，并照灯固化30秒。

step 02

给食指、中指、无名指和小指的指甲涂两层OPI GC T65。每涂一层，就要照灯固化30秒。用桦木棒在中指指甲的中间位置涂上粘钻胶。

step 03

将金色金属丝弯出两个弯钩形，并提前压出适合中指指甲的弧度。用尖头镊子把金色金属丝粘在中指指甲上，形成一个心形。然后照灯固化30秒。

step 04

在心形的中间区域涂满粘钻胶，然后用尖头镊子错落均匀地放上白色小片贝壳和粉色贝壳片，再在二者之间的空隙处放上粉色干花、金豆豆、剪成小段的金色金属丝和银色金属丝。调整好位置后照灯固化30秒。

step 05

给食指和小指的指甲涂第3层OPI GC T65，并照灯固化30秒。在食指和小指指甲的指尖部分涂上OPI HP H11。用平头美甲笔在中指指甲上厚涂一层哈摩霓加固胶，包裹所有饰品并给甲面做弧度建构，然后照灯固化60秒。

step 06

擦掉中指指甲上的浮胶。检查贝壳片是否有棱角。有棱角可用甲面打磨砂条进行打磨，打磨后注意擦净甲面的粉尘。

step 07

蘸取少量的安妮丝GB03，将其涂在无名指指尖的一边。然后蘸取少量安妮丝GLS03，将其涂在无名指指尖的另一边。照灯固化30秒。

step 08

用法式笔蘸取白色彩绘胶，在无名指指尖的粉色色块上画第1片花瓣，照灯固化30秒。再用同样的手法画第2片花瓣，注意要和第1片花瓣有所交叉。照灯固化30秒。

step 09

用法式笔蘸取少许安妮丝GLS03，将其涂在花瓣靠近花心的位置，做出花瓣的渐变效果。同时在甲面中心位置涂几笔，并照灯固化30秒。

step 10

给食指、中指、无名指和小指的指甲涂一层马苏拉封层，并照灯固化30秒。

step 11

采用与无名指指甲同样的手法制作拇指指甲。制作结束。

80

惊悚万圣节美甲

惊悚万圣节美甲的设计制作稍显夸张，主要运用了吸血鬼和蝙蝠洞元素，所用磁性胶的独特光泽给这款美甲加分不少。本案例在制作时，利用胶和油不相融的特性制作了网来模拟蝙蝠洞的效果，新颖又独特。在指甲上添加图案时可以自由组合，但需注意甲面弧度建构。

使用材料与工具

01 OPI底胶
02 马苏拉封层
03 彦雨秀YAM002
04 彦雨秀YA070
05 彦雨秀YA016
06 黑色底胶
07 哈摩霓加固胶
08 粘钻胶
09 SWEETCOLOR黑色印油
10 DanceLegend印油01
11 印章
12 印花板hehe057
13 印花板乔安QA26
14 刮板
15 美甲专用清洁巾
16 清洁液
17 美甲灯
18 洗甲水
19 OPI指缘油
20 磁板
21 玫瑰金色金属链条
22 两种大小的金豆豆
23 2颗圆形尖底钻
24 1颗水滴形尖底钻
25 玫瑰金色金属珠子
26 球形珍珠
27 调色盘
28 甲面打磨砂条
29 平头美甲笔
30 斜头美甲笔
31 极细彩绘笔
32 桦木棒

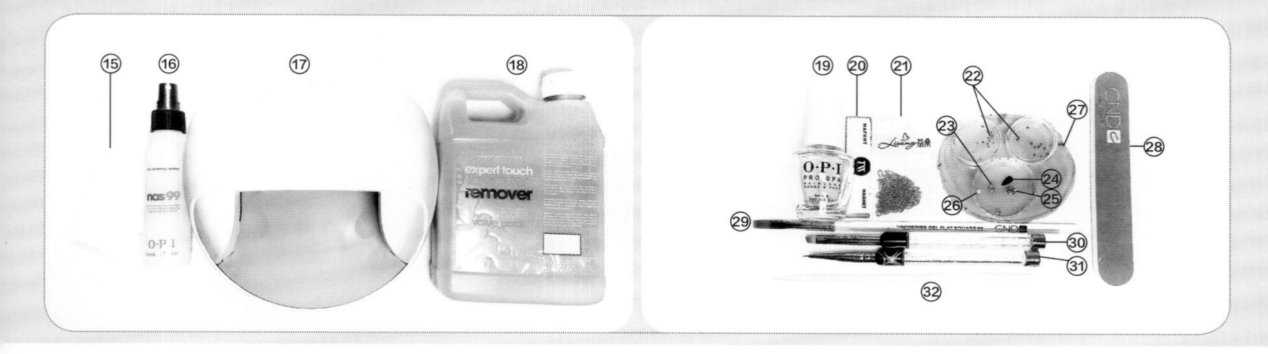

操作步骤

step 01

用美甲专用清洁巾蘸取清洁液，擦净甲面。然后给食指、中指、无名指和小指的指甲涂OPI底胶，并照灯固化30秒。

step 02

在调色盘上滴一滴OPI指缘油，用指腹均匀地涂抹开。

step 03

蘸取少量黑色底胶，薄涂在调色盘上。利用胶和油不相融的特性，在调色盘上制作出空洞纹理效果，并照灯固化30秒。

step 04

在食指指甲上涂彦雨秀YAM002，把磁板放在指甲根部，让磁性微粒只保留在指甲的根部位置。再在中指指甲上涂彦雨秀YAM002，并将磁板斜向放在指甲上，吸出一条斜线的效果。

step 05

在小指指甲上涂第1层彦雨秀YAM002，涂好后将磁板斜向放在指甲上，吸出一条淡淡的斜线。在无名指指甲上涂第1层彦雨秀YA016，并照灯固化30秒。

step 06

在食指指甲上涂第2层彦雨秀YAM002，用磁板在同样的位置吸出磁性微粒。在中指指甲上涂第2层彦雨秀YAM002，用磁板在同样的位置吸出一条淡淡的斜线。

step 07

在小指指甲上涂第2层彦雨秀YAM002，用磁板在同样的位置吸出磁性微粒。在无名指指甲上涂第2层彦雨秀YA016，并照灯固化30秒。

step 08

在食指、中指和小指的指甲上叠涂一层彦雨秀YA070，让甲面变成橙黄色。在无名指指甲上涂第3层彦雨秀YA016，并照灯固化30秒。

step 09

将黑色丝状胶体从调色盘上揭下来。黑色底胶照灯时表面接触了空气，会有一层浮胶。这里利用这层浮胶把黑色丝状胶体粘在食指、中指和小指的指甲上。

step 10

用平头美甲笔在食指、中指和小指的指甲上厚涂一层哈摩霓加固胶，包裹所有黑色丝状胶体并给甲面做弧度建构，然后照灯60秒。

step 11

擦掉食指、中指和小指指甲上的浮胶，会发现甲面有凹凸不平的情况存在。此时用甲面打磨砂条对不平整的地方进行打磨，打磨平整后擦掉甲面上的粉尘。

step 12

把DanceLegend印油01涂在印花板乔安QA26上，用刮板刮掉印花板上多余的印油。用印章印取图案，转印到食指指甲的中心位置。

step 13

把SWEETCOLOR黑色印油涂在印花板hehe057的枯树图案上，用刮板刮掉印花板上多余的印油。用印章印取图案，转印到中指指甲上。

step 14

用美甲专用清洁巾蘸取足量的洗甲水，将印花板擦干净。把SWEETCOLOR黑色印油涂在印花板hehe057的蝙蝠图案上，用刮板刮掉印花板上多余的印油。用印章印取图案，转印到小指指甲上。

step 15

给除了无名指指甲以外的3个指甲涂马苏拉封层，并照灯固化30秒。然后用榉木棒在无名指指甲上涂一大块粘钻胶。

提示

转印时尽量让枯树多的地方印在甲面右边，但是要保留开始制作的磁性光泽效果。

step 16

在粘钻胶上放3颗大小不一的尖底钻、1颗球形珍珠、1颗稍大的玫瑰金色金属珠子和一些金豆豆。同时在这些饰品的外面放上玫瑰金色金属链条，并照灯固化30秒。

step 17

用极细彩绘笔蘸取哈摩霓加固胶，填满饰品的空隙，并照灯固化60秒。然后蘸取马苏拉封层，涂在除了钻饰表面的位置。照灯固化30秒。

step 18

采用与食指指甲同样的手法制作拇指指甲，只是注意磁性微粒需要从甲面中心位置横向吸出，再把黑色丝状胶体贴在有磁性光泽位置的上方和下方，做出蝙蝠洞洞口的感觉。制作结束。

81

可爱万圣节美甲

可爱万圣节美甲的制作主要运用万圣节的节日元素，减龄且可爱。利用全息粉打造炫酷感，适合聚会装扮。采用印花技法，操作简单，但是应注意全息粉的底色要涂均匀。

使用材料与工具

01 OPI底胶
02 哈摩霓封层
03 Ratex免洗封层
04 OPI GC T65
05 安妮丝GB02
06 印章
07 SWEETCOLOR白色印油
08 SWEETCOLOR黑色印油
09 DanceLegend印油01
10 印花板CREATIVE SHOP 15
11 美甲专用清洁巾
12 清洁液
13 美甲灯
14 洗甲水
15 OPI全息粉
16 极细彩绘笔
17 小号粉尘刷
18 硅胶笔
19 刮板

操作步骤

step 01

用美甲专用清洁巾蘸取清洁液，擦净甲面。然后给食指、中指、无名指和小指的指甲涂OPI底胶，并照灯固化30秒。

step 02

给食指和无名指的指甲涂第1层安妮丝GB02，给中指和小指的指甲涂第1层OPI GC T65，然后照灯固化30秒。给食指和无名指、中指和小指的指甲涂第2层颜色，所选颜色与第1层相同，然后照灯固化30秒。

step 03

给食指和无名指的指甲涂第3层安妮丝GB02，然后给中指和小指的指甲涂Ratex免洗封层，并照灯固化30秒。

step 04

擦掉食指和无名指指甲上的浮胶，为后续印花做准备。用OPI全息粉自带的海绵棒蘸取一点点全息粉，均匀地涂抹在中指指甲上，并用硅胶笔仔细地清理指缘和指尖。

step 05

用OPI全息粉自带的海绵棒蘸取一点点全息粉，轻轻地在小指指甲的中心位置刷一笔，拉出笔触感。

step 06

用小号粉尘刷刷掉浮粉。针对皮肤上粘上的浮粉，可用美甲专用清洁巾蘸取清洁液擦洗去除，也可以完成制作后用洗手液洗净。在中指和小指的指甲上涂Ratex免洗封层，并照灯固化30秒。

step 07

把SWEETCOLOR白色印油涂在印花板CREATIVE SHOP 15的鬼新娘图案上，用刮板刮掉印花板上多余的印油。用印章印取图案，转印到无名指指甲的中心位置。

step 08

把SWEETCOLOR黑色印油涂在印花板CREATIVE SHOP 15的鬼新郎图案上，用刮板刮掉印花板上多余的印油。用印章印取图案，转印到食指指甲的中心位置。

step 09

把SWEETCOLOR黑色印油涂在印花板CREATIVE SHOP 15的骷髅蜘蛛和蛛网图案上，用刮板刮掉印花板上多余的印油，并用印章印取图案。

step 10

用极细彩绘笔蘸取DanceLegend印油01，填在骷髅蜘蛛图案里，填色完成后立马转印到中指指甲上。

step 11

给食指、中指和无名指的指甲涂一层哈摩霓封层，并照灯固化60秒，然后擦掉浮胶。

step 12

采用与食指指甲同样的手法制作拇指指甲，只是将图案换成黑白两色的骷髅小人。制作结束。

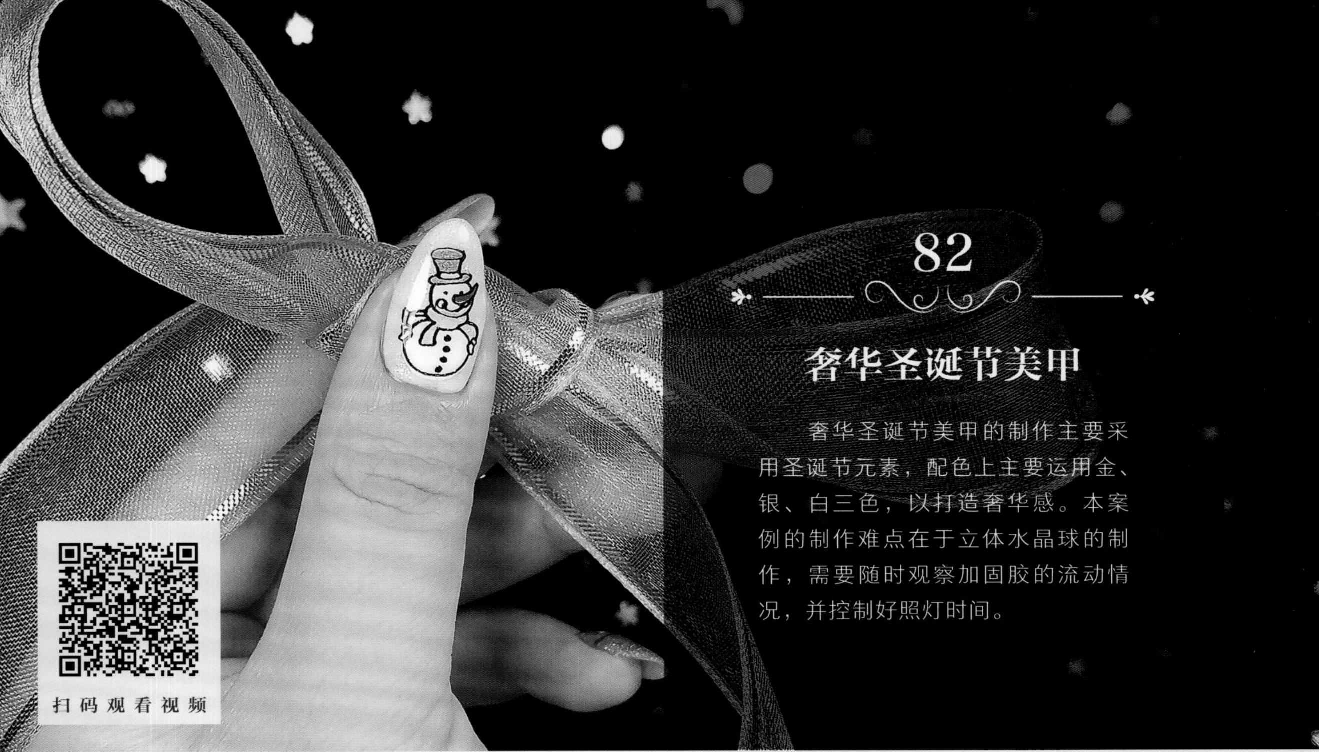

82

奢华圣诞节美甲

奢华圣诞节美甲的制作主要采用圣诞节元素，配色上主要运用金、银、白三色，以打造奢华感。本案例的制作难点在于立体水晶球的制作，需要随时观察加固胶的流动情况，并控制好照灯时间。

使用材料与工具

01 OPI底胶
02 马苏拉封层
03 OPI HP H10
04 OPI XHP F13
05 CND SHELLAC Silver Chrome
06 哈摩霓加固胶
07 金色彩绘胶
08 SWEETCOLOR黑色印油
09 SWEETCOLOR白色印油
10 丫亲安印油土豪金色
11 DanceLegend印油01
12 BORN PRETTY黑色激光印油
13 印章
14 印花板CICI&SISI Merry Christmas-CF17021
15 美甲专用清洁巾
16 清洁液
17 美甲灯
18 全息金闪粉
19 全息银闪粉
20 金色雪花金属片
21 金豆豆
22 金色三角形金属铆钉
23 金色梭形金属铆钉
24 金色五角星形金属铆钉
25 蓝色系组合亮片
26 金色线条贴纸
27 银色线条贴纸
28 旧死皮剪
29 甲面打磨砂条
30 尖头镊子
31 平头美甲笔
32 拉线笔
33 小刷子

操作步骤

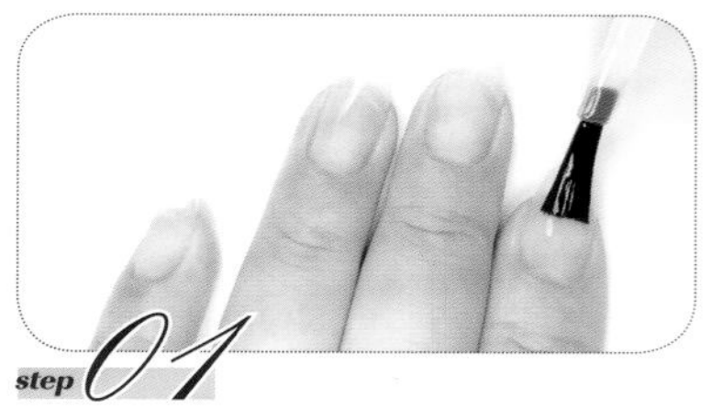

step 01

用美甲专用清洁巾蘸取清洁液，擦净甲面。然后给食指、中指、无名指和小指的指甲涂OPI底胶，并照灯固化30秒。

step 02

给食指指甲涂第1层CND SHELLAC Silver Chrome，给中指和无名指的指甲涂第1层OPI HP H10，给小指指甲涂第1层OPI XHP F13，然后照灯固化60秒。

step 03

给食指、中指、无名指和小指的指甲涂第2层颜色，所选颜色与第1层相同，然后照灯固化60秒。

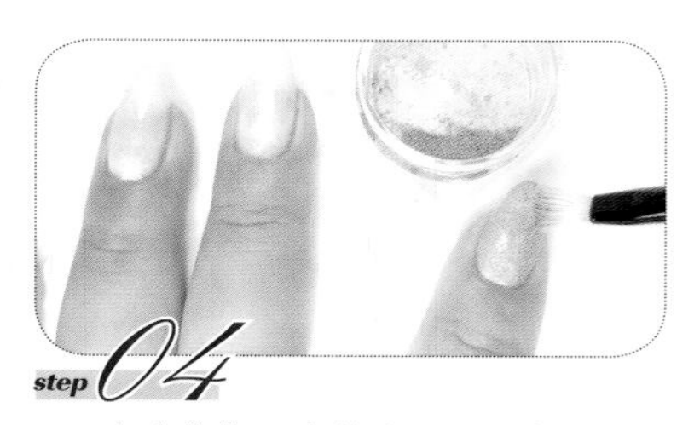

step 04

在食指指甲上薄涂一层哈摩霓加固胶，用小刷子蘸取一点激光银闪粉，粘在食指指甲上。

step 05

在小指指甲上薄涂一层哈摩霓加固胶。用洗干净的小刷子蘸取一点全息金闪粉，粘在小指指甲上。

step 06

给中指和无名指的指甲涂第3层OPI HP H10。将4个指甲一起照灯固化60秒。用洗干净的小刷子刷掉食指和小指指甲上的浮粉。

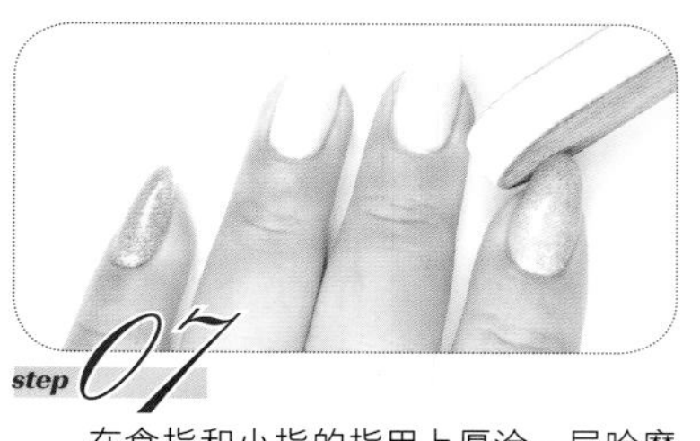

step 07

在食指和小指的指甲上厚涂一层哈摩霓加固胶，包裹所有闪粉并给甲面做弧度建构，然后照灯固化60秒。擦掉食指和小指指甲上的浮胶，会发现甲面存在一些凹凸不平的情况。此时用甲面打磨砂条对甲面进行打磨，之后擦掉甲面上的粉尘。

step 08

取一条金色线条贴纸，贴在食指指甲的中间位置。用旧死皮剪剪掉多余的部分，再用尖头镊子的硅胶头按压贴纸，直至其与甲面贴合。

step 09

用同样的手法给小指指甲贴上一条银色线条贴纸。然后用平头美甲笔在食指和小指的指甲上涂一层哈摩霓加固胶，包裹贴纸并给甲面做弧度建构。照灯固化60秒。

step 10

在中指的指尖部分薄涂一点哈摩霓加固胶，用尖头镊子放上提前压好弧度的金色雪花金属片。调整好位置后照灯固化30秒。

step 11

用拉线笔蘸取一滴哈摩霓加固胶，将其点在金色雪花金属片的中心位置，让胶自然往外流动，形成一个圆形。照灯固化60秒。这个过程可重复2~3次，让加固胶包裹住金色雪花金属片，形成一个立体的水晶半球。

step 12

蘸取一点哈摩霓加固胶，薄涂在水晶半球下面。然后在水晶半球下面放两个相对的金色三角形金属铆钉。再在中间依次排列出金豆豆和金色梭形金属铆钉。调整好位置后照灯固化30秒。

step 13

在金属饰品上涂一层哈摩霓加固胶，找平甲面后照灯固化60秒。用拉线笔蘸取金色彩绘胶，在水晶半球的周围勾出一条细细的金边，再照灯固化30秒。

step 14

在无名指指甲上薄涂一层哈摩霓加固胶，在指甲根部放一棵金色五角星形金属铆钉。在蓝色系组合亮片里找出几个大小不一的金色圆形亮片，将其粘在无名指指甲上，排列成一颗圣诞树的形状。照灯固化30秒。

step 15

用平头美甲笔在无名指指甲上厚涂一层哈摩霓加固胶，包裹所有饰品并给甲面做弧度建构。然后照灯固化60秒。

step 16

给食指、中指、无名指和小指的指甲涂一层马苏拉封层，并照灯固化30秒。

step 17

采用与中指指甲底色同样的手法制作拇指指甲底色，并在拇指指甲上用印章转印印花板CICI&SISI Merry Christmas-CF17021上的一个雪人图案，然后涂一层马苏拉封层，照灯固化30秒。制作结束。

提示

注意，这里雪人的身体是用SWEET COLOR白色印油印得的，雪人的围巾是用丫亲安印油土豪金色印得的，雪人的礼帽是用BORN PRETTY黑色激光印油印得的，雪人的鼻子是用DanceLegend印油01印得的，雪人的轮廓线是用SWEETCOLOR黑色印油印得的。

83

极简圣诞节美甲

极简圣诞节美甲的制作主要运用几种简单的圣诞元素，风格偏简单、自然、可爱，其中拇指指甲上镂空图案的边缘是用蓝、绿、金三种颜色的圆形亮片拼贴出来的，既简单又有趣。

使用材料与工具

01 OPI底胶
02 马苏拉封层
03 哈摩霓封层
04 哈摩霓加固胶
05 CND SHELLAC LUXE #176
06 CND SHELLAC LUXE #223
07 OPI GC T65
08 OPI HP H11
09 Essie gel#5037
10 安妮丝GLS01
11 SWEETCOLOR白色印油
12 印章
13 印花板 BORN PRETTY-Christmas-L005
14 美甲专用清洁巾
15 清洁液
16 美甲灯
17 洗甲水
18 Starrily Galaxy（拇指指甲用到的圆形亮片）
19 紫色系亮片组合
20 激光圆形亮片
21 银色线条贴纸
22 旧死皮剪
23 金色五角星形金属铆钉
24 金色三角形金属铆钉
25 金豆豆
26 平头美甲笔
27 法式笔
28 极细彩绘笔
29 尖头镊子
30 刮板

操作步骤

step 01

用美甲专用清洁巾蘸取清洁液，擦净甲面。然后给食指、中指、无名指和小指的指甲涂OPI底胶，并照灯固化30秒。

step 02

给食指指甲涂第1层OPI HP H11，给中指指甲涂第1层OPI GC T65，给无名指指甲涂第1层Essie gel#5037，给小指指甲涂第1层CND SHELLAC LUXE #223，然后照灯固化60秒。

step 03

给食指、中指、无名指和小指的指甲涂第2层颜色，所选颜色与第1层相同，并照灯固化60秒。

step 04

给中指、无名指和小指的指甲涂第3层颜色，所选颜色与第1层相同。先用极细彩绘笔蘸取一点CND SHELLAC LUXE #176，划拉在无名指指甲上。此时感觉颜色不太够，换用法式笔蘸取CND SHELLAC LUXE #176，在无名指指甲上做晕染。然后4个指甲一起照灯固化60秒。

step 05

用擦干净的法式笔蘸取一点安妮丝GLS01，涂在无名指指甲上，注意只是涂几笔即可。然后照灯固化30秒。

step 06

用旧死皮剪剪几段银色线条贴纸备用。擦掉中指指甲上的浮胶。在食指、无名指和小指的指甲上涂马苏拉封层，并照灯固化30秒。在中指指甲上贴上银色线条贴纸，并用尖头镊子的硅胶头按压贴纸，使其与甲面贴合。

step 07

用平头美甲笔在中指指甲上涂一层哈摩霓加固胶，用尖头镊子在银色线条贴纸的顶端放一颗金色五角星形金属铆钉、一个紫色系亮片组合里的蓝色圆形亮片和一个激光圆形亮片，并照灯固化60秒。

step 08

在中指指甲上厚涂一层哈摩霓加固胶，包裹所有饰品并给甲面做弧度建构，然后照灯固化60秒。再给中指指甲涂马苏拉封层，并照灯固化30秒。

step 09

用美甲专用清洁巾蘸取足量的洗甲水，将印花板擦干净。把SWEETCOLOR白色印油涂在印花板 BORN PRETTY-Christmas-L005的小雪花图案上，用刮板刮掉印花板上多余的印油。用印章印取图案，转印到无名指指甲的根部。

step 10

把SWEETCOLOR白色印油涂在印花板 BORN PRETTY-Christmas-L005的小房子图案上，用刮板刮掉印花板上多余的印油。用印章印取图案，转印到无名指的指尖上。

step 11

给无名指指甲涂哈摩霓封层，并照灯固化60秒。然后擦掉浮胶。

step 12

将CND SHELLAC LUXE #176涂在涂了底胶的拇指指甲周围，留出中间圆形的镂空图案，然后照灯固化60秒。在Starrily Galaxy里捞出蓝色、绿色、金色和小小的红色亮片，将其排列在甲面上镂空图案的边缘，并在顶端用哈摩霓加固胶粘上两个相对的金色三角形金属铆钉和一颗金豆豆，照灯固化30秒。涂一层马苏拉封层，再照灯固化30秒。制作结束。

Manicure

第13章 经典系列

高阶篇

84

异域风宝石美甲

异域风宝石美甲模拟的是mai_maineenail老师设计的具有复古民族风的一款晕染宝石美甲。这位老师的这款美甲中，食指和小指指甲上的黑蕾丝设计是通过手绘制作而成的，而本案例对这个操作进行了简化，主要采用印花的方式制作，更适合新手和美甲爱好者操作。

使用材料与工具

01 OPI底胶
02 马苏拉封层
03 哈摩霓封层
04 黑色底胶
05 彦雨秀YA070
06 彦雨秀YA016
07 彦雨秀YA074
08 哈摩霓加固胶
09 小布透明胶S807
10 粘钻胶
11 指缘打底胶
12 SWEETCOLOR黑色印油
13 印章
14 MOYOU LONDON印花板（探索系列25）
15 美甲专用清洁巾
16 清洁液
17 美甲灯
18 洗甲水
19 银箔
20 水晶石头
21 金色梭形铆钉
22 平头美甲笔
23 斜头美甲笔
24 极细彩绘笔
25 尖头镊子
26 金豆豆
27 刮板

操作步骤

step 01

用美甲专用清洁巾蘸取清洁液，擦净甲面。然后给食指、中指、无名指和小指的指甲涂OPI底胶，并照灯固化30秒。

step 02

利用浮胶在中指和无名指指甲上放上银箔。然后用极细彩绘笔蘸取一点彦雨秀YA070，涂在中指指甲的银箔上。

step 03

用极细彩绘笔蘸取一点彦雨秀YA016，涂在彦雨秀YA070的周围，在颜色交接处融合晕染。再蘸取一点彦雨秀YA074，涂在彦雨秀YA016的周围，并在颜色交接处融合晕染。

step 04

用极细彩绘笔蘸取一点小布透明胶S807，涂在彦雨秀YA074的旁边，并仔细涂好指甲根部。检查好后照灯固化30秒。

step 05

用极细彩绘笔蘸取一点彦雨秀YA070，涂在无名指指甲的银箔上。蘸取一点彦雨秀YA016和彦雨秀YA070，在无名指指甲上进行融合晕染，并涂成一个椭圆形。

step 06

用极细彩绘笔蘸取一点彦雨秀YA074，和刚刚涂的两种颜色进行融合晕染，根据甲面的情况扩大椭圆形的范围。再用极细彩绘笔蘸取一点小布透明胶S807，涂在无名指指甲上椭圆形色块的一侧，并在与之前的颜色交接处做晕染。

step 07

用极细彩绘笔蘸取一点彦雨秀YA070，调整无名指指甲上椭圆形色块的大小和位置，让椭圆形色块处于甲面的中心位置。调整好后照灯固化30秒。

step 08

用极细彩绘笔蘸取黑色底胶，在无名指指甲上的椭圆形色块周围画一个环形，照灯固化60秒。在无名指、食指和小指的指甲上涂马苏拉封层，并照灯固化30秒。再给食指指甲周围的皮肤涂上指缘打底胶。

step 09

把SWEETCOLOR黑色印油涂在MOYOU LONDON印花板（探索系列25）上，用刮板刮掉印花板上多余的印油。用印章印取图案，转印到食指指甲上。

step 10

用斜头美甲笔蘸取洗甲水，使甲面和指缘的印花图案分开，撕掉指缘打底胶。用同样的手法给小指指甲印好图案。给食指和小指指甲涂一层哈摩霓封层，并照灯固化60秒。

step 11

在中指指甲的中心位置涂粘钻胶，在食指指甲上印花图案的空隙处点少量粘钻胶，在无名指指甲上的黑色环形图案上涂粘钻胶，在小指指甲上印花图案的空隙处点少量粘钻胶。

step 12

用尖头镊子在食指和小指指甲上印花图案的空隙处放几颗金豆豆，在中指指甲的中心位置放一颗水晶石头，在无名指指甲的黑色环形上排列一圈金色梭形铆钉。然后照灯固化30秒。

step 13

用平头美甲笔给中指指甲厚涂一层哈摩霓加固胶，包裹所有饰品并给甲面做弧度建构。然后照灯固化60秒。

step 14

用平头美甲笔蘸取一大滴哈摩霓加固胶，滴在无名指指甲的晕染图案上，让胶体形成一个半球，并立马照灯固化60秒。重复这个操作2~3次，直至宝石弧度达到近乎完美的状态。

step 15

给食指、中指、无名指和小指的指甲涂一层马苏拉封层，并照灯固化30秒。

step 16

采用与中指指甲同样的手法制作拇指指甲。制作结束。

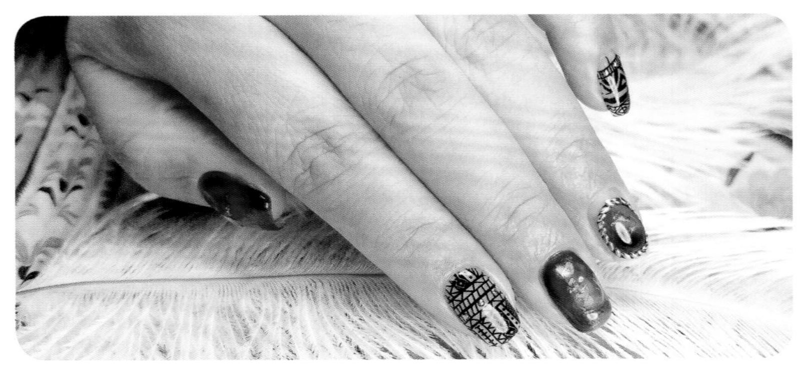

85

马卡龙水磨石美甲

马卡龙水磨石美甲的制作参考的是flickanail中川老师最近新设计的一款美甲，通过多彩的色块搭配，模拟了最近大热的室内装饰建材之一的马卡龙色系水磨石瓷砖。需要注意的是，本案例虽然风格和效果与这位老师的作品很像，但制作方式和技巧却并不相同。

使用材料与工具

01 OPI底胶
02 马苏拉封层
03 安妮丝磨砂封层
04 哈摩霓加固胶
05 白色底胶
06 黑色底胶
07 安妮丝GS23
08 安妮丝GS17
09 安妮丝GF22
10 安妮丝GS08
11 masura294-384
12 美甲专用清洁巾
13 清洁液
14 美甲灯
15 黑色闪粉
16 平头美甲笔
17 圆头美甲笔
18 极细彩绘笔

操作步骤

用美甲专用清洁巾蘸取清洁液，擦净甲面。然后给食指、中指、无名指和小指的指甲涂OPI底胶，并照灯固化30秒。

在食指、无名指和小指的指甲上涂第1层安妮丝GS17，在中指指甲上涂第1层安妮丝GS23，并照灯固化30秒。

给食指、中指、无名指和小指的指甲涂第2层颜色，所选颜色与第1层相同，然后照灯固化30秒。用蘸有哈摩霓加固胶的平头美甲笔粘一点黑色闪粉，均匀地涂在中指指甲上。

在食指、无名指和小指的指甲上涂第2层安妮丝GS17，并照灯固化30秒。然后在中指指甲上涂一层哈摩霓加固胶。在食指、无名指和小指的指甲上涂安妮丝磨砂封层，然后照灯固化30秒。照灯后的食指、无名指和小指的指甲呈现磨砂效果，这几个指甲制作完成。

用极细彩绘笔蘸取安妮丝GS08，在中指指甲上随意地涂3个色块，并照灯固化30秒。由于指甲油比较稀，照灯后在这几个色块上再涂一遍安妮丝GS08，以加深颜色。照灯固化30秒。

用极细彩绘笔蘸取安妮丝GS17，在中指指甲的合适位置涂4个色块，并照灯固化30秒。照灯后，在这几个色块上再涂一遍安妮丝GS17，以加深颜色，并照灯固化30秒。

用极细彩绘笔蘸取安妮丝GF22，在中指指甲的合适位置涂5个小面积的色块，并照灯固化30秒。

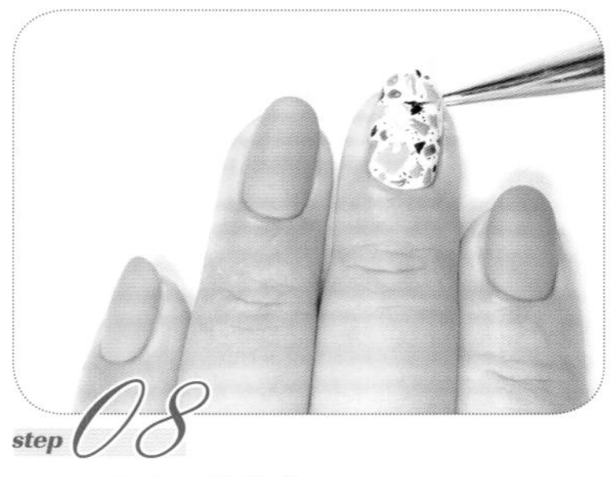

用极细彩绘笔蘸取masura294-384，在中指指甲的合适位置涂5个小面积的色块，并照灯固化30秒。用干净的极细彩绘笔蘸取黑色底胶，在中指指甲的合适位置涂6个小面积的色块。照灯固化30秒。

用极细彩绘笔蘸取白色底胶，在中指指甲的合适位置涂5个小面积的色块，并照灯固化30秒。用圆头美甲笔蘸取一点白色底胶，在开始涂的裸粉色色块上刷上几笔。照灯固化30秒。

step 10

由于色块凹凸不平，这里给中指指甲涂一层马苏拉封层，以找平甲面。照灯固化30秒。给中指指甲涂安妮丝磨砂封层，再次照灯固化30秒。

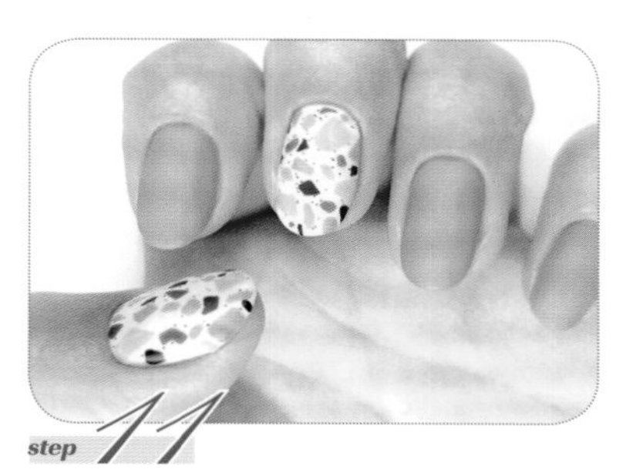

step 11

采用与中指指甲同样的手法制作拇指指甲。制作结束。

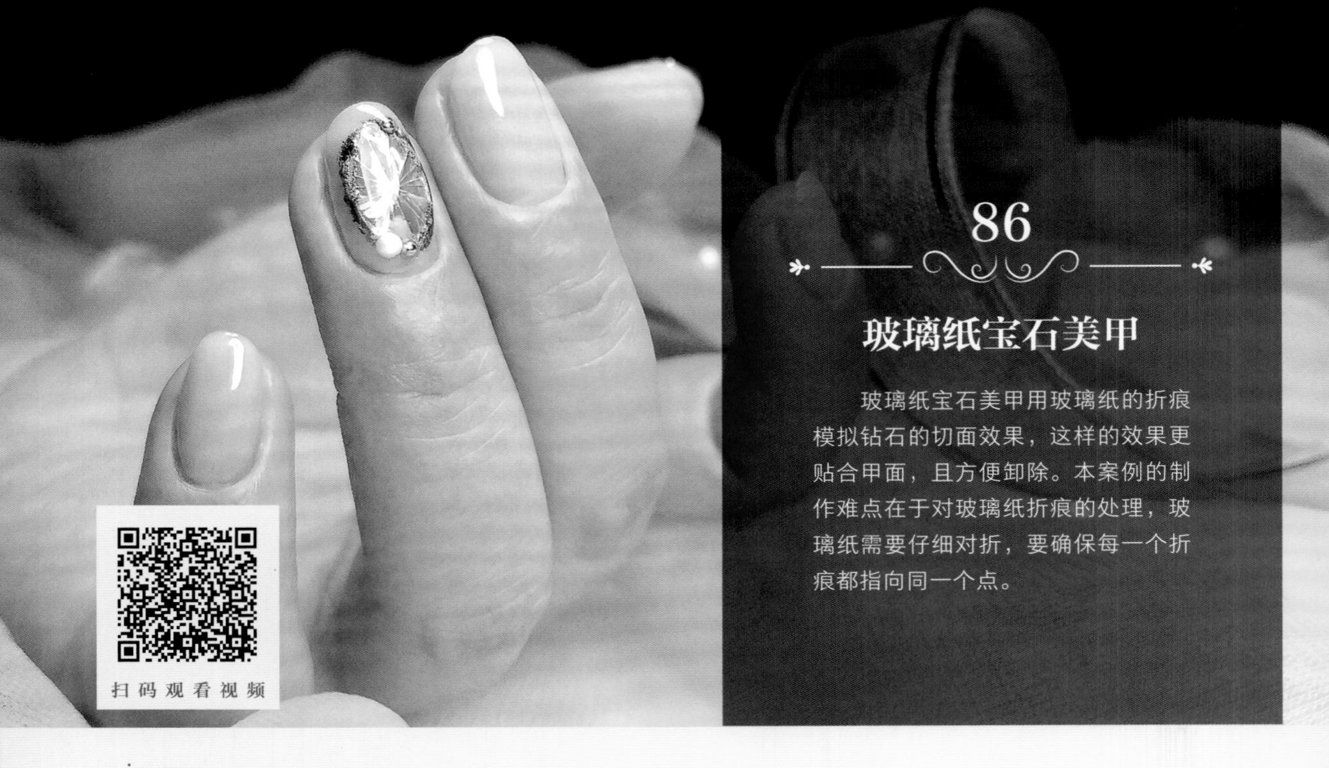

86

玻璃纸宝石美甲

玻璃纸宝石美甲用玻璃纸的折痕模拟钻石的切面效果，这样的效果更贴合甲面，且方便卸除。本案例的制作难点在于对玻璃纸折痕的处理，玻璃纸需要仔细对折，要确保每一个折痕都指向同一个点。

使用材料与工具

01 OPI底胶
02 马苏拉封层
03 OPI GC T65
04 粘钻胶
05 金色彩绘胶
06 哈摩霓加固胶
07 美甲专用清洁巾
08 清洁液
09 美甲灯
10 白色亚光金属链条
11 金色偏光碎片
12 大小金豆豆
13 银色金属短棒
14 尖底钻
15 半圆珍珠
16 球形珍珠
17 红色小球
18 玻璃纸
19 剪刀
20 平头美甲笔
21 拉线笔
22 极细彩绘笔
23 尖头镊子
24 榉木棒

操作步骤

step 01

用剪刀剪一张比甲面大一倍的正方形玻璃纸，对折，得到1条折痕，再对折，得到2条折痕，再斜向对折两次，得到8条折痕。

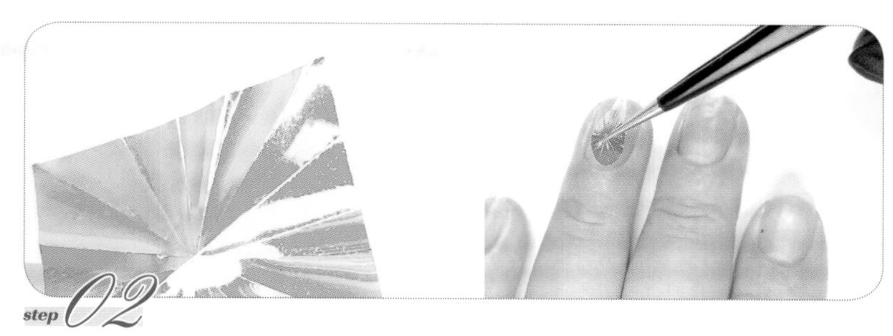

step 02

在上一步的基础上，将玻璃纸再对折一次，得到16条折痕。用剪刀剪去边角，并以折痕中心为点，比对甲面，剪出一个适合甲面大小的椭圆形。

step 03

用美甲专用清洁巾蘸取清洁液，擦净甲面。然后给食指、中指、无名指和小指的指甲涂OPI底胶，并照灯固化30秒。

step 04

给食指、中指、无名指和小指的指甲涂3层OPI GC T65，每涂一层就要照灯固化30秒。给食指、中指和小指的指甲涂马苏拉封层，并照灯固化30秒。

step 05

在无名指指甲的中心位置涂哈摩霓加固胶，注意量可以稍微多一点。然后用尖头镊子把剪好的椭圆形玻璃纸放到无名指指甲上。调整好位置后照灯固化60秒。

提示

在这里，注意不要让玻璃纸贴合甲面弧度，而是让其呈一个平面并固定在甲面上。如果一次没有完全固定好玻璃纸，甲面和玻璃纸之间看起来还较空洞，可以用极细彩绘笔蘸取哈摩霓加固胶，涂在玻璃纸下面，再次照灯固化。

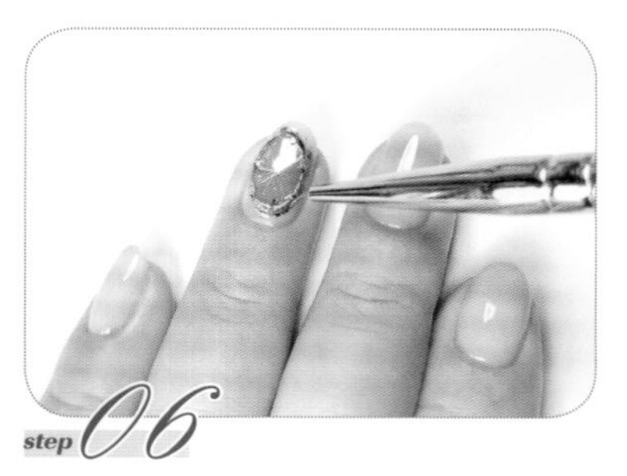

step 06

用拉线笔蘸取金色彩绘胶，涂在玻璃纸的周围，并照灯固化30秒。用蘸有哈摩霓加固胶的极细彩绘笔蘸取一点金色偏光碎片，粘在金色彩绘胶上。

step 07

用美甲专用清洁巾蘸取清洁液，擦掉不小心粘在底色上的金色偏光碎片，以保持甲面干净。用平头美甲笔给无名指指甲薄涂一层哈摩霓加固胶，并照灯固化60秒。

提示

这里涂哈摩霓加固胶时，要注意是薄薄涂一层，不要在甲面堆积胶体，更不要给甲面做弧度建构，必须保持玻璃纸上是一个平面。

用榉木棒在金色的边缘处点上一点粘钻胶，用尖头镊子在粘钻胶上放置一颗半圆珍珠和几颗大小不同的金豆豆。照灯固化30秒。

给食指、中指、无名指和小指的指甲涂上马苏拉封层，并照灯固化30秒。

采用与其他指甲差不多的手法制作拇指指甲，并酌情粘上一些饰品，如白色亚光金属链条、银色金属短棒、尖底钻、球形珍珠及红色小球等。制作结束。

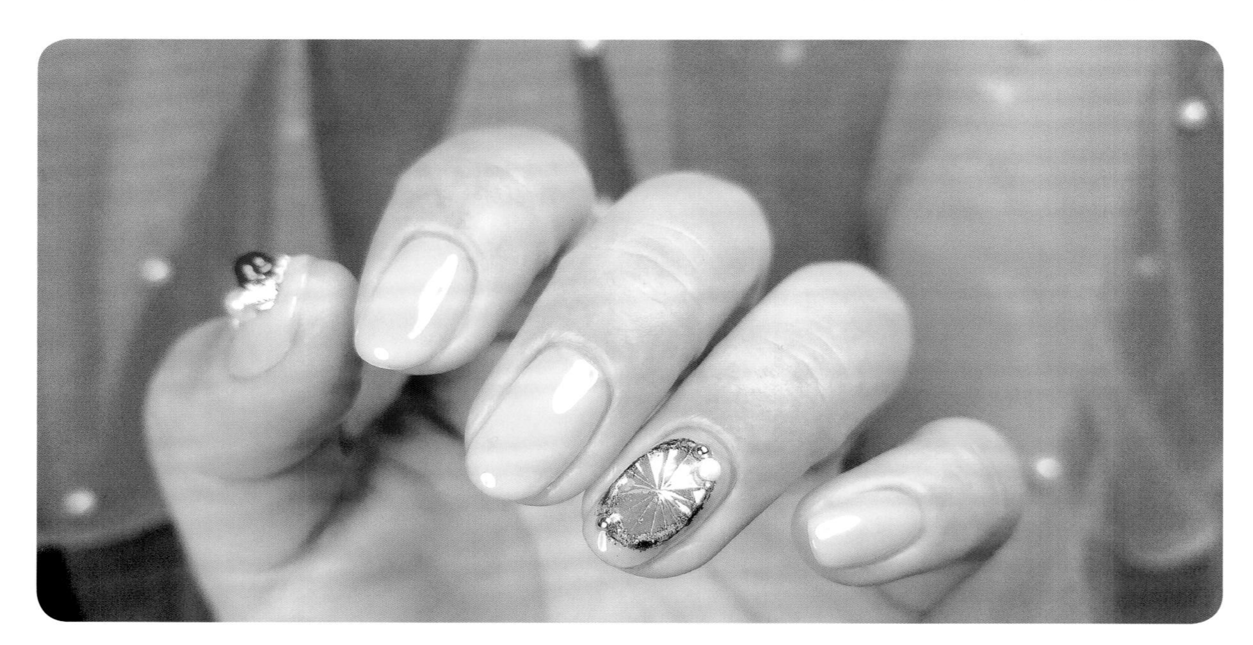

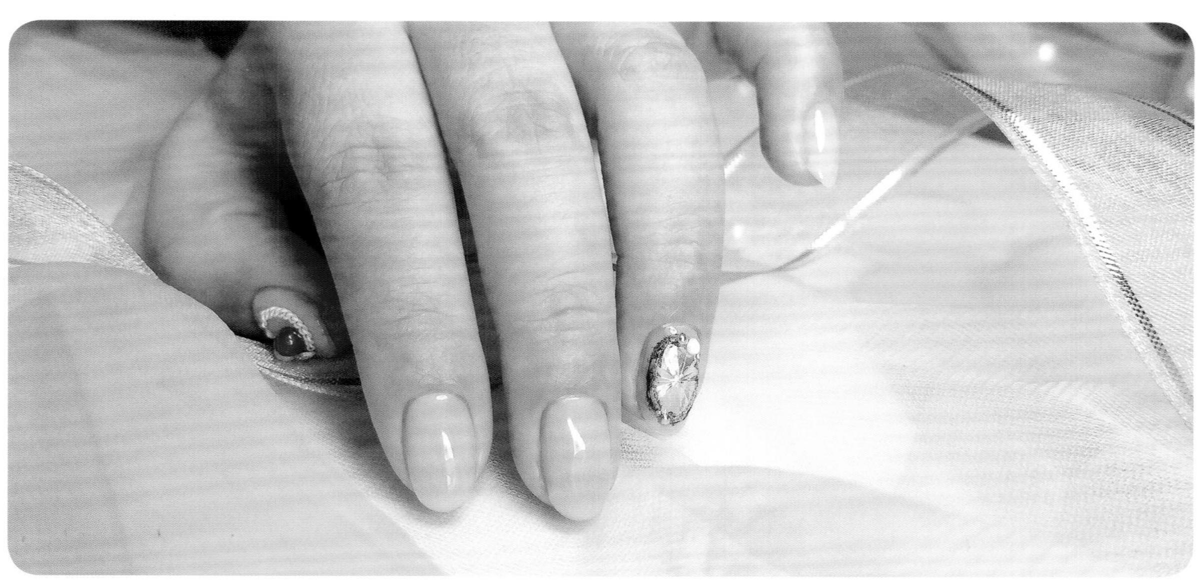

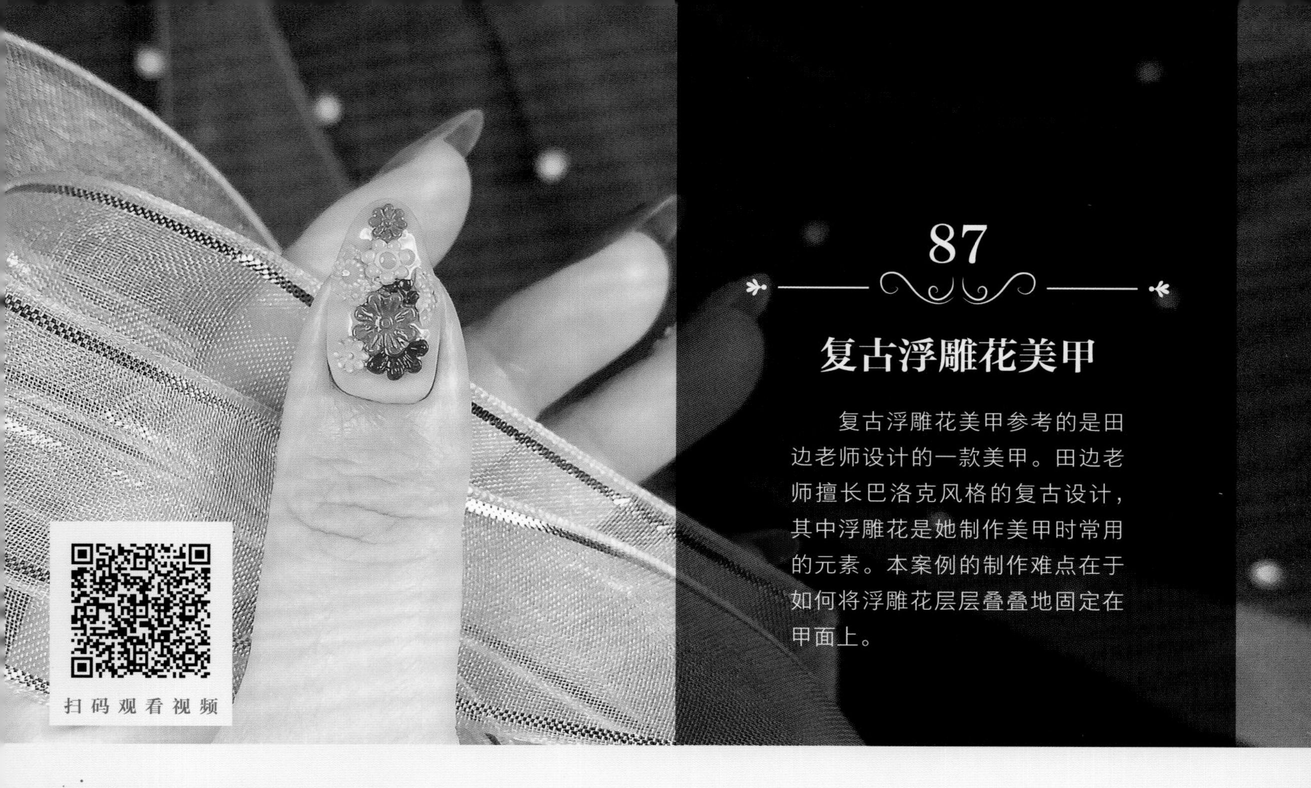

87 复古浮雕花美甲

复古浮雕花美甲参考的是田边老师设计的一款美甲。田边老师擅长巴洛克风格的复古设计，其中浮雕花是她制作美甲时常用的元素。本案例的制作难点在于如何将浮雕花层层叠叠地固定在甲面上。

使用材料与工具

01 OPI底胶
02 马苏拉封层
03 安妮丝磨砂封层
04 安妮丝GS08
05 安妮丝GAR600
06 安妮丝GF18
07 哈摩霓加固胶
08 美甲专用清洁巾
09 清洁液
10 美甲灯
11 自制硅胶模具
12 用模具制作出来的各色各样的花朵
13 剪刀
14 极细彩绘笔
15 彩绘笔
16 尖头镊子

操作步骤

step 01

由于本案例制作过程较复杂，在步骤演示时就不赘述涂底色的具体过程了，只对应说明使用的甲油胶。其中，食指和小指的指甲使用的是安妮丝GAR600，中指指甲使用的是安妮丝GF18，无名指和拇指的指甲使用的是安妮丝GS08。同时，中指指甲使用的是安妮丝磨砂封层，其他指甲使用的是马苏拉封层。

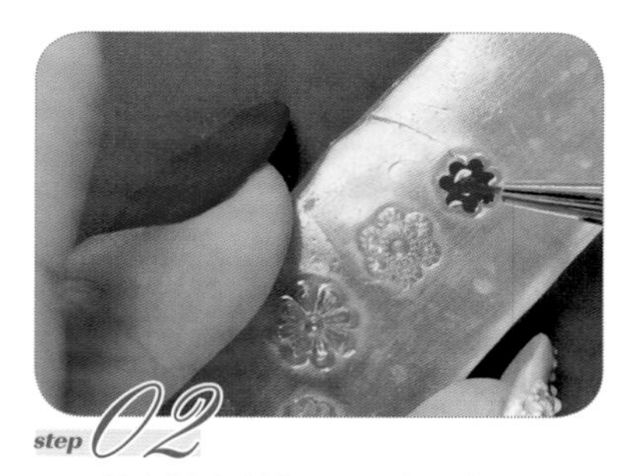

step 02

从自制硅胶模具里最小的花朵开始，用极细彩绘笔蘸取一点安妮丝GF18填色，然后再对花瓣中心位置填色。

step 03

用同样的手法给其他花朵填色，然后转过来查看是否有气泡。如果有，则用笔尖仔细地逼出气泡。照灯固化30秒。

提示

这个硅胶模具是笔者学习美甲时制作的，当时市面上没有这么小的美甲花朵模具，只能自己制作。而现在市面上已经有很多这类硅胶模具，价格也非常便宜，所以就不再讲述模具的制作方法了。

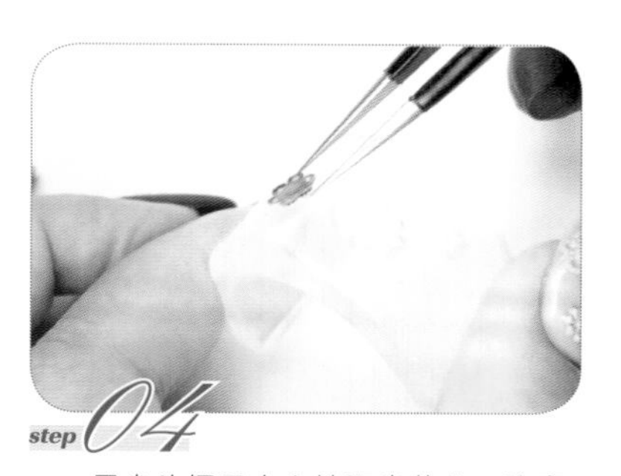

step 04

用尖头镊子小心地取出花朵。注意，为了避免在取出过程中花朵不小心碎掉，建议将硅胶模具弯曲，再用尖头镊子取出。

提示

硅胶模具是半透明的，很多地方就算检查也不可能完全避免产生气泡，所以需要提前尽量多地制作一些花朵。图中尖头镊子夹起来的这朵花的花芯有明显的凹陷，这个就是在填色时没有完全逼出气泡造成的"残次品"，无法整朵花完整使用，不过花瓣是完整的，使用时可以剪开再使用。

step 05

用彩绘笔蘸取一点哈摩霓加固胶，涂在中指的指尖位置。然后取一朵同底色的花，放在中指指甲上，用尖头镊子按压花瓣的两边。然后照灯固化30秒。

step 06

在无名指指甲的根部涂一点哈摩霓加固胶，放上一朵稍微大一些的花朵。用尖头镊子按住一边，再照灯固化30秒。这时另一边会翘起。

step 07

在翘起的花瓣下涂一点哈摩霓加固胶，然后用尖头镊子的硅胶头按住花瓣。照灯固化30秒。固定好一朵花后，可以放上两朵大小不一的花朵来判断位置，做到心中有数后，再用彩绘笔在甲面上涂一点哈摩霓加固胶。

step 08

用尖头镊子以同样的手法在无名指指甲上固定刚刚确定好位置的两朵花。

step 09

在无名指指甲的空白处涂一点哈摩霓加固胶。取一朵制作效果不太理想的花朵，用剪刀将完好的花瓣剪下来，放在甲面角落的位置，用尖头镊子按住。照灯固化30秒。

step 10

在没固定好的花瓣背面涂一点哈摩霓加固胶，用尖头镊子按住并照灯固化30秒。在无名指靠近指尖的位置放一朵稍大一些的花朵，用尖头镊子按住花朵的一侧。照灯固化30秒。

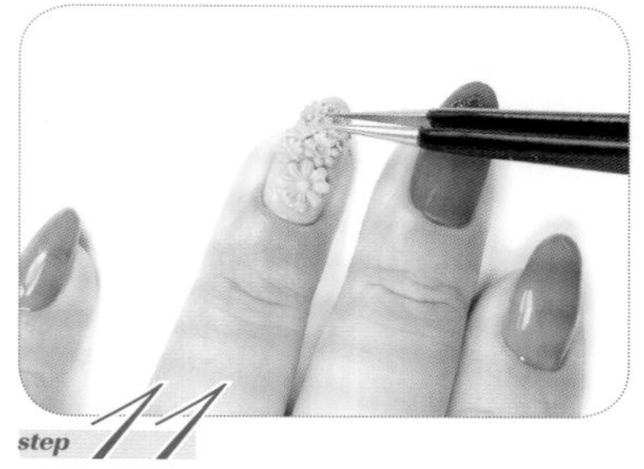

step 11

在没有固定的花瓣下方的甲面上涂哈摩霓加固胶，放进去一朵小花，用尖头镊子按住。照灯固化30秒。在没有固定的花瓣背后涂一点哈摩霓加固胶，按压花瓣，然后照灯固化30秒。

step 12

检查甲面，用彩绘笔在花瓣以外的甲面上和花瓣之间的小缝隙里仔细地涂上马苏拉底封层。照灯固化30秒。

step 13

采用与无名指指甲差不多的手法制作拇指指甲。制作结束。

提示

在这里，甲油胶在固化时只有接触空气表面才会产生浮胶，而填在模具里的颜色照灯固化时并没有接触到空气，所以就不用担心制作的花瓣表面有浮胶的问题。同时，在花瓣黏合后，建议不要再上封层，否则会破坏浮雕花效果。不过如果希望美甲效果更持久，可以小心地上一层封层。

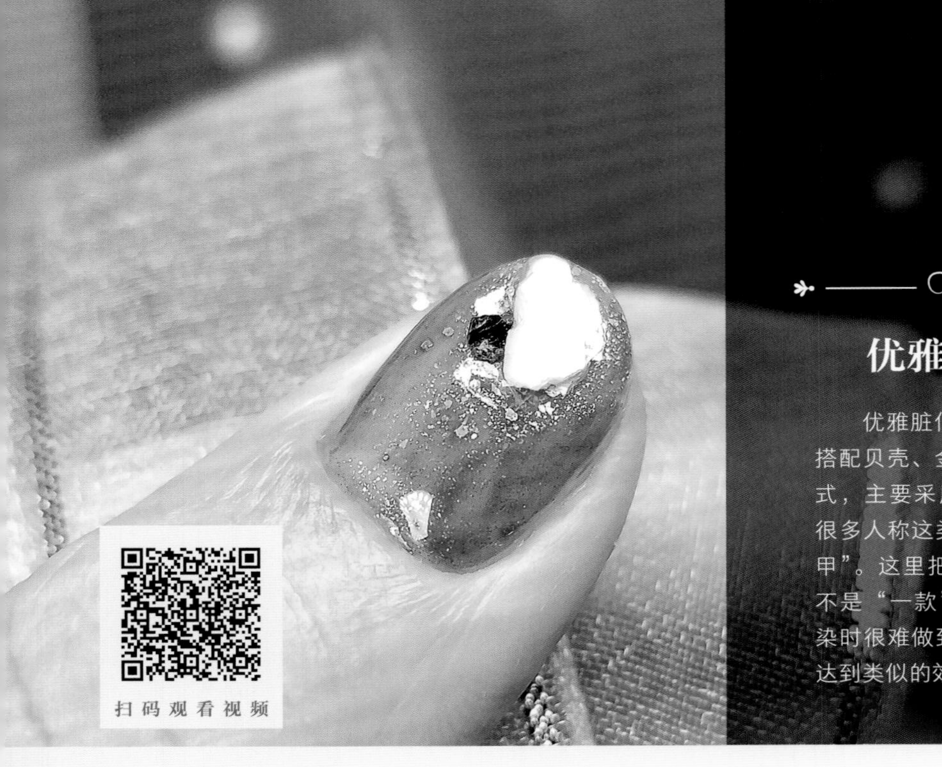

88

优雅脏仙风美甲

优雅脏仙风美甲是一类复古色调搭配贝壳、金属碎片等饰品的美甲款式，主要采用了晕染手法。在我国，很多人称这类脏仙甲为“joujou风美甲”。这里把这种风格叫“一类”而不是“一款”，是因为这种底色在晕染时很难做到百分之百一致，而只能达到类似的效果。

使用材料与工具

01 OPI底胶
02 马苏拉封层
03 哈摩霓加固胶
04 粘钻胶
05 安妮丝GB02
06 CND SHELLAC #90709
07 masura294-391
08 masura294-410
09 马宝胶S354
10 马宝胶Z102
11 美甲专用清洁巾
12 清洁液
13 美甲灯
14 幻彩贝壳片
15 白色和紫色厚片贝壳
16 灰色贝壳片
17 蓝色厚片贝壳
18 古铜色金属碎片
19 激光偏光碎片
20 紫色偏光碎片
21 极光转印纸
22 平头美甲笔
23 圆头美甲笔
24 尖头镊子

操作步骤

step 01

用美甲专用清洁巾蘸取清洁液，擦净甲面。然后给食指、中指、无名指和小指的指甲涂OPI底胶，并照灯固化30秒。

step 02

利用浮胶在食指指甲上转印极光转印纸。然后给食指指甲满涂一层CND SHELLAC #90709，并照灯固化60秒。

step 03

用圆头美甲笔蘸取安妮丝GB02，将其涂在食指的指甲根部。然后用圆头美甲笔蘸取一点马宝胶S354，涂在食指的指尖处，并使其和安妮丝GB02成对角线分布。再照灯固化30秒。

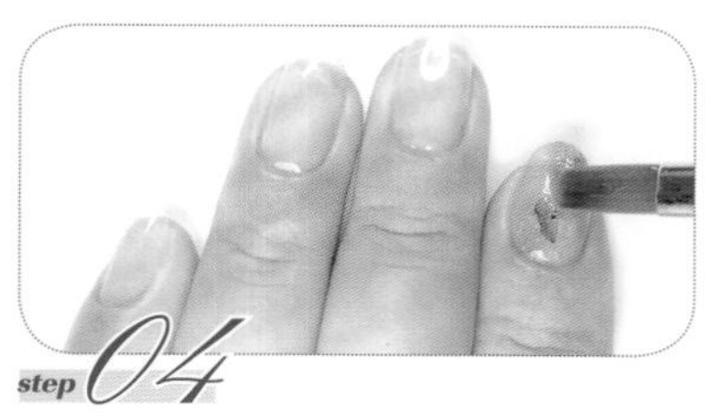

step 04

在食指指甲上涂一点粘钻胶，放上一片幻彩贝壳片，并照灯固化30秒。用平头美甲笔在食指指甲上厚涂一层哈摩霓加固胶，给甲面做弧度建构，并照灯固化60秒。

step 05

给中指指甲涂一层安妮丝GB02。用圆头美甲笔蘸取一点masura294-410，随意地在甲面上划拉几下，和安妮丝GB02做融合晕染。

step 06

在甲面上涂几笔masura294-391，并照灯固化30秒。用蘸有哈摩霓加固胶的圆头美甲笔蘸取一点激光偏光碎片和紫色偏光碎片，将其放在中指指甲的中心位置。照灯固化30秒。

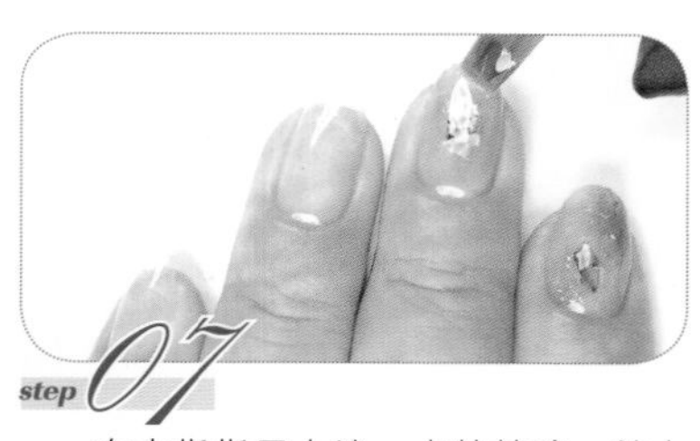

step 07

在中指指甲上涂一点粘钻胶，放上一片紫色厚片贝壳，并照灯固化30秒。用平头美甲笔在中指指甲上厚涂一层哈摩霓加固胶，包裹所有饰品并给甲面做弧度建构。然后照灯固化60秒。

step 08

在无名指指甲上涂一层安妮丝GB02，并照灯固化30秒。用圆头美甲笔蘸取一点马宝胶Z102，涂在无名指指甲的中间位置，再照灯固化30秒。

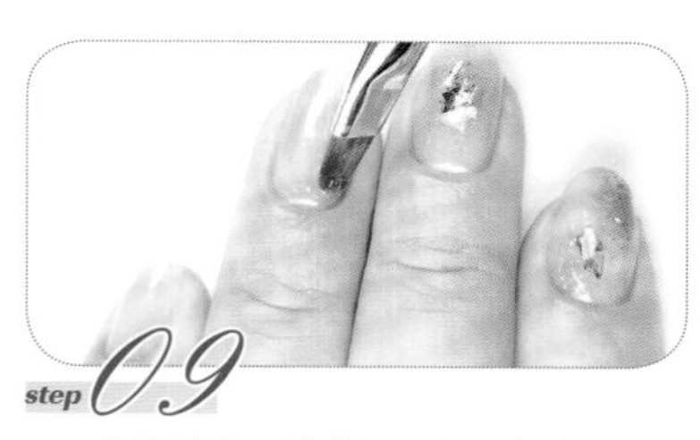

step 09

用圆头美甲笔蘸取一点马宝胶S354，涂在无名指指甲根部和指尖。然后把这种胶自带的银箔涂一点在甲面中心位置。照灯固化30秒。

step 10

在无名指指甲上涂一点粘钻胶，放上一片蓝色厚片贝壳，并照灯固化30秒。用平头美甲笔在无名指指甲上厚涂一层哈摩霓加固胶，包裹贝壳并给甲面做弧度建构。照灯固化60秒。

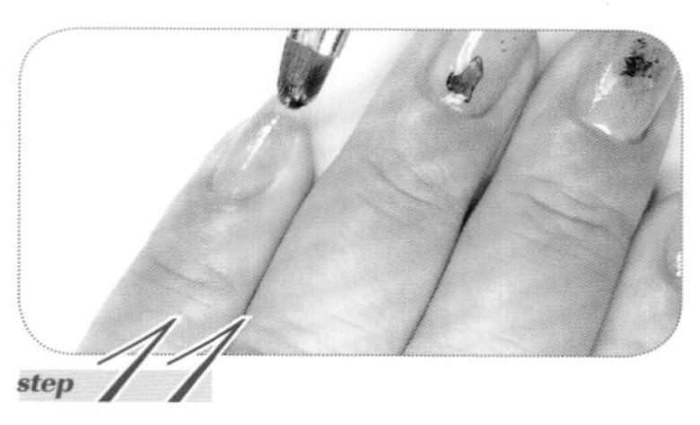

step 11

用圆头美甲笔蘸取masra294-391，涂在小指指甲的根部。然后用圆头美甲笔蘸取masra294-410，涂在小指的指尖位置，并在颜色交接处做渐变晕染。照灯固化30秒。

step 12

重复一次渐变晕染操作，以加深小指指甲的颜色。照灯固化30秒。再重复一次渐变晕染操作，以加深小指指甲的颜色，并照灯固化30秒。

step 13

在小指指甲的中心位置涂一点粘钻胶，用尖头镊子在粘钻胶上放几片古铜色金属碎片和一片灰色贝壳片。照灯固化30秒。

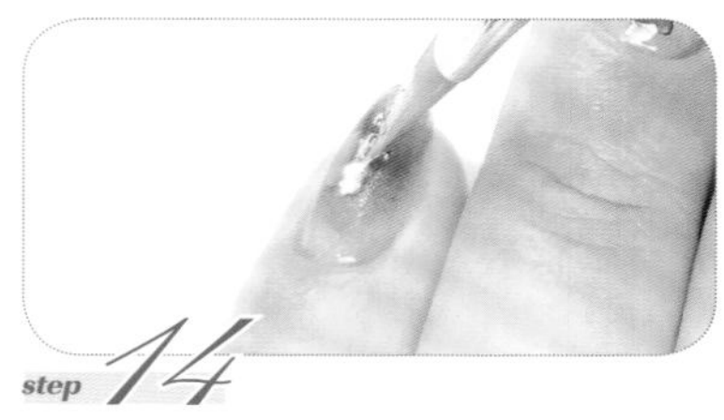

step 14

用平头美甲笔在小指指甲上厚涂一层哈摩霓加固胶，包裹所有饰品的同时给甲面做弧度建构。然后照灯固化60秒。

step 15

给食指、中指、无名指和小指的指甲涂一层马苏拉封层，然后照灯固化30秒。

step 16

用masura294-410和马宝胶S354在拇指指甲上晕染底色，并放上几片古铜色金属碎片和一片白色厚片贝壳。制作结束。

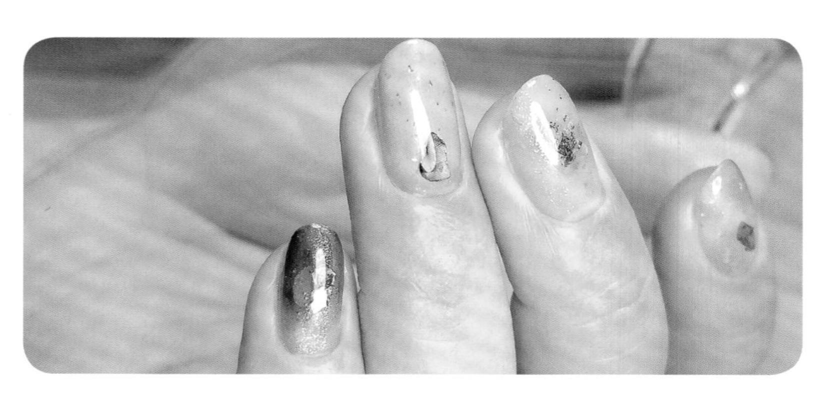